樱桃

栽培生理

吴 瑕 何晓蕾 王 霞 著

中国农业科学技术出版社

图书在版编目（CIP）数据

樱桃栽培生理／吴瑕，何晓蕾，王霞著 . —北京 : 中国农业科学技术出版社，
2020. 7

ISBN 978-7-5116-4852-5

Ⅰ.①樱… Ⅱ.①吴…②何…③王… Ⅲ.①樱桃-果树园艺 Ⅳ.①S662. 5

中国版本图书馆 CIP 数据核字（2020）第 117491 号

责任编辑	周丽丽
责任校对	李向荣

出 版 者	中国农业科学技术出版社
	北京市中关村南大街 12 号　邮编 : 100081
电　话	（010）82105169（编辑室）　　（010）82109702（发行部）
	（010）82109709（读者服务部）
传　真	（010）82106626
网　址	http : //www.castp.cn
经 销 者	各地新华书店
印 刷 者	北京建宏印刷有限公司
开　本	710mm×1 000mm　1/16
印　张	19. 5　彩插 24 面
字　数	370 千字
版　次	2020 年 7 月第 1 版　2020 年 7 月第 1 次印刷
定　价	80. 00 元

资助项目

国家自然科学基金项目（31801905）

黑龙江省农垦总局指导项目（HLKYZD190402）

黑龙江省农垦总局科技计划项目（HNK10A-01-02-03）

大庆市指导科技课题（ZD-2019-45）

黑龙江八一农垦大学校内培育课题资助计划项目（XZR2017-01）

黑龙江八一农垦大学学成引进人才科研启动计划（XDB201819）

黑龙江八一农垦大学大学生创新创业训练计划项目（2011310022）

黑龙江八一农垦大学学术专著论文基金资助

前　言

　　樱桃成熟期早，有早春第一果的美誉。我国樱桃年产量为 3 500 万 kg，随着人民的生活水平的提高，樱桃具有广阔的市场前景。大家都知道"樱桃好吃树难栽"，源于樱桃对气候等环境因子适应性差，其根系对土壤环境条件要求严格，这制约着樱桃栽培的广域发展。近十年来，国内引进了多个甜樱桃的新品种，在樱桃栽培技术上积累了大量的经验，为樱桃产业的快速发展奠定了坚实的基础。然而，如何选择适地试栽的樱桃品种，筛选樱桃扦插繁殖的适宜基质及环境条件，研究樱桃授粉受精对坐果率及果实品质的影响因子等科学问题限制着樱桃栽培的快速发展，如何解决这些问题为樱桃品种选育和栽培技术的完善奠定坚实基础，是樱桃产业可持续发展的必由之路。

　　本书基于著者自 2000 年在沈阳农业大学读本科期间，已开始对樱桃扦插繁殖技术进行系统的科学研究，2001 年就读硕士期间进行了樱桃抗寒生理及抗寒性鉴定指标相关研究为本书撰写奠定了坚实的基础，书中介绍了樱桃种类及优良品种、生物学特性及栽培分布区域，樱桃栽培中注意事项等，详细阐述了樱桃需冷量对成花的影响，深入研究了樱桃扦插繁殖成活率及影响因素，并对樱桃成花过程中解剖显微观察记录和全面分析，详细研究了人工混配基质理化性状季节变化，混合基质对樱桃生长及结实的影响，同时系统阐述了冬季不同设施内栽培樱桃枝条及根系中氮代谢、抗寒生理及相关生理生化指标的变化，为北方设施及基质栽培樱桃提供了有力的证据，在生产实践中具有重要的参考价值。

　　本书由黑龙江八一农垦大学园艺园林学院和农学院教师共同撰写完成，本书共 7 章，第 1 章、第 2 章和第 3 章由王霞撰写，第 4 章和第 5 章由何晓蕾撰写，第 6 章和第 7 章由吴瑕撰写。文中内容通过黑龙江八一农垦大学园艺园林学院杨凤军教授、沈阳农业大学杜国栋教授和河南科技大学李学强教授等的研究工作丰富完善，沈阳农业大学吕德国教授在本书撰写过程中给出了翔实的修改意见，另外大连市农业科学研究院李波和烟台市农业科学研究院李芳东为本专著的撰写提供了很多可贵的樱桃品种照片，在此一并表示感谢，同时也感谢中国农业科学技术出版社的大力支持。

由于著者专业水平有限，书中难免存在谬误和不妥之处，敬请读者批评指正！

著　者

2020 年 5 月，大庆

目　录

1 概　　述

　　樱桃果实营养价值较高，富含矿物质、胡萝卜素及维生素 C 等多种营养物质。樱桃在落叶果树中成熟较早，由于品质好深受人们喜爱。樱桃果实除鲜食外可以加工成果酱、果酒及罐头等。樱桃花果艳丽，具有较高的观赏价值，在园林绿化利用方面也是较好树种。全世界有樱桃属植物 120 种以上，主要分布在北半球温带地区。樱桃属蔷薇科（Rosaceae）、李属（Prunus. L）樱桃亚属（Cerasuspers）植物。据史书记载，樱桃在我国已有 3 000 多年栽培历史。进入 20 世纪 90 年代随着北方寒地甜樱桃设施栽培的成功，我国甜樱桃的生产开始步入一个飞速发展的新阶段。甜樱桃因其个大色艳、口味多样、营养丰富、成熟早、食用安全性高，而备受消费者喜爱。

　　对于种植者而言，樱桃果实市场销售顺畅，售价也比较高，种植效益理想，但樱桃生产中受气候因素、立地条件、人为管理等因素的影响较大，常出现坐果率低、畸形果多，种苗繁殖速度较慢，繁殖系数较低，施肥不合理，冬季越冬产生冻害等问题，分析这些问题可能产生的原因，并对这些问题深入研究成为当今研究的热点问题。前人研究结果显示，整个花芽分化期长时间30℃以上高温均可导致甜樱桃双雌蕊的发生，以花萼原基分化期和花瓣原基分化期最为敏感，其次为花萼原基分化之前的时期，但对已分化出雄蕊和雌蕊原基的花芽影响较小。而在花芽分化的后期（雄蕊开始分化后），高温对畸形果的影响较小。一定数量的优质花芽是果树丰产、稳产的基础。认识果树花芽分化的内部机理，科学地培养果树形成一定数量的优质花芽，对提高果树产量具有重要理论和实践意义。

1.1　樱桃花芽分化及相关研究进展

1.1.1　花芽分化的调控

　　花芽分化是决定果树产量和品质的关键，关于花芽分化的影响因素学者们已经做了大量科学研究。第一位使用科学方法研究果树花芽分化的是美国人Goff。他在19世纪末采用植物解剖的方法观察了苹果、梨、樱桃和李等果树的花芽形态分化，发现在开花的头一年夏季花芽开始分化，从此揭开了果树花芽分化研究的序幕。近一百年来，果树科学工作者在果树花芽分化和发育的形态学和生理学领域及花芽分化调控等方面的研究取得了可喜的成果。

果树花芽分化是指果树芽轴生长点无定形细胞的分生组织经过各种生理和形态变化形成花的过程。果树花芽分化主要包括花诱导和花发育两个过程。花诱导又称花的触发或启动，在花诱导期间果树生长点内部发生一系列生理和生物化学变化，在花发育期间生长点的外部形态上会发生显著的改变，因此，人们将这两个过程分别称为生理分化和形态分化。在果树花芽分化的两个不同阶段，生长点对外界环境条件的反应存在明显差别。花诱导期间，生长点易受外界条件的影响而改变代谢方向，向营养生长方向发展形成叶芽或向生殖生长方向发展形成花芽，故也将生长点对内外条件反应敏感时期称为花芽分化临界期；花发育期间，内外条件的改变通常仅影响花发育的质量。

在花诱导期，果树生长点内会发生一系列的生物化学变化。因为花芽的形成和叶芽相比需要更多的营养和结构物质，如碳水化合物、各种氨基酸、蛋白质以及一些矿质盐类等。因此，在花诱导期间，可以观察到这些物质在生长点内部迅速积累，并维持在一个较高的水平。这些物质大部分在叶片内合成，然后向芽内运输，所以花芽形态分化前叶片内可溶性糖、氨基酸含量显著下降，而生长点内却大幅度增加。另外，氨基酸的种类对花芽分化也非常重要。刘孝仲等（1984）在伏令夏橙上观察到，在花诱导期间，天门冬氨酸和谷氨酸有两次积累和消化的过程，脯氨酸和甘氨酸在花芽形态分化期前成倍地增加。苹果在花诱导期间中性氨基酸含量有大幅度的增加（曾骧，1981）。钟晓红等（1999）研究奈李花芽分化表明，奈李从6月初到中旬不论是叶片还是芽，细胞内水分降低、糖分升高，使细胞液浓度达到高峰值。在奈李花芽分化期，木质部汁液、长果枝的芽和叶内氨基酸总量迅速增加，花芽生理分化期后氨基酸含量下降，花原基分化前后，氨基酸含量再次出现上升和下降。郭金丽（1999）研究表明，苹果梨生理分化期的花芽和成花短枝内蛋白质大量积累，成花短枝内和叶片中淀粉积累速度快，含量较高；形态分化期，花芽各花器原基分化过程中富含蛋白质，不含淀粉，成花短枝中蛋白质含量持续下降，淀粉大量积累贮存。植物体内的能量是以高能磷酸键贮藏传递的。因此，花芽分化期间磷含量增加，ATP 合成的能力加强，含量上升，为花芽分化提供了能量物质。

在花诱导期，生长点内核物质的含量上升，尤其在花芽分化前表现更为突出。Buban 和 Faust（1982）研究发现，红玉苹果成花短枝生长点内的 DNA 或 DNA+RNA 含量高，核组蛋白含量低，不成花短枝的情况正好相反。李学柱等（1992）研究表明，锦橙大年营养芽中的 DNA 含量显著高于小年的含量，而花芽中 RNA 的含量正好相反。程洪和黄辉白（1992）报道环剥使柑橘梢端内 RNA/DNA 比值上升，于花诱导期进行叶面喷施赤霉素减少花芽形成的处理能导致 RNA/DNA 的比值下降。李秉真等（1999）研究表明，苹果梨短果枝叶片中 DNA、RNA 变化趋势是生理分化期明显增多，花瓣分化期逐渐增多，雌蕊分化期又依次下降。RNA/DNA 比值一度下降，生理分化盛期和形态分化初期至花萼分化期迅速上升。营养枝叶片中核酸变化在生长分化期，RNA 含量上升明显受阻，DNA 无明显变化。营养枝形态分化初期 DNA 减少，和短果枝叶水平一样，随后又有增加和降低，但均低于短果枝水平。RNA/DNA 比值在生理分化期较高，在形态分化期明显低于短果枝叶。综上所述，DNA、RNA 在每种果树不同花芽分化期含量及比值各不相同，这与花芽分化分子机理密切相关，有待于进一步深入研究。

植物生长调节剂对果树花芽分化影响较大，发生花芽生理分化的生长点与营养生长点的内源激素，尤其是细胞分裂素（CTK）和赤霉素（GA）的变化动态在花芽分化期间有很大差别。一般在花诱导期间，能形成花的生长点内 CTK 能维持在相对较高的水平，GA 含量较低。不同激素之间的平衡可能比其绝对含量重要。周学明等（1988）测定苹果花、叶芽 CTK 和 GA 的含量表明，成花的生长点内 CTK/GA 的比值是 4.02，显著高于叶芽的比值 1.69。李天红等（1996）分析了不同促花和抑花处理的红富士苹果花芽生理分化期的几种激素含量的变化动态，研究结果发现，激素之间的平衡较某种激素的变化对花芽形成的影响更显著。尤其是生长素（IAA）/赤霉素（GA）和玉米素核苷（IR）/GA 变化的动态，对完成花的发育具有重要的作用。李秉真等（1999）对苹果梨的花芽分化期间叶片内源激素含量变化的研究结果表明，花芽分化期要有较高水平的 Z、ZR，较低水平的 IAA 和高水平的 Z/GA$_3$、IR/GA$_3$、Z/IAA、Z/ABA 比值。

多胺类（PAS）是生物体内产生的相对分子量较小的脂肪族含氮碱，能促进植物的花芽形成和发育。Lavatt 对红玉苹果喷施外源多胺试验结果表明，在内源多胺水平低的情况下喷施腐胺（Put）、亚精胺（Spd）和精胺（Spm），对促进苹果花芽形成有明显的效果。钟晓红等（1999）测定奈李花芽分化期多胺含量变化表明，叶内 Put、Spm 含量以花芽生理分化期和花原基分化盛期最高，随花器原始体的形成含量渐渐下降。叶内 Spd 含量以花原基分化期最高。

果树花芽分化期内氧化酶的活性加强，呼吸强度明显增加。李秉真等（2001）对苹果梨花芽分化各时期叶片中过氧化物酶（POD）、IAA 氧化酶、蔗糖酶和过氧化氢酶（CAT）活性研究发现，POD、IAA 氧化酶、蔗糖酶在花芽分化临界期达最高值，而 CAT 处于较低值，到花蕾、花萼分化期，CAT 活性增强，蔗糖酶、IAA 氧化酶、POD 活性降低，花瓣、雄蕊、雌蕊分化期 POD、IAA 氧化酶活性增加，蔗糖酶变化不大，CAT 降至最低。这些酶活性的变化与花芽形态分化各时期生理变化密切相关，这种变化可能与花芽分化不同时期体内物质变化有关。

果树的花诱导期和其他的物候期一样，有一个初期、盛期、末期的动态发展过程。在花诱导初期，少数生长点进入花诱导状态，内部发生明显的生理和生化变化。花诱导盛期，大部分生长点处于花诱导状态；在末端，一部分生长点已经完成花诱导（李绍华，1988）。核果类果树桃、李、杏、欧洲甜樱桃的花诱导时期一般开始在 5 月下旬至 6 月初，持续到 7 月初或 7 月中旬。樱桃品种花诱导盛期一般处于新梢生长到最终长度的 65%~90%。

果树花芽分化分为生理分化时期和花芽形态分化时期，其生理变化的是花芽分化的关键时期。因此，为探索花芽形成过程中的生理转化，就必须首先找出它的生理转化的关键时期，这是至关重要的。去叶、疏除花果或环剥是以往几十年来的试验所一致肯定的对抑制或促进花芽形成的有效措施，普遍地被用来探索能够影响花芽形成的敏感时期。在果树花芽形态分化初期，主要是花器官原基的发生。所有的花器官原基发生完毕并不等于花分化过程的彻底完成。直到开花前，花器官仍然进一步发育，主要进行组织内的特殊分化及性细胞的形成。性器官分化主要经历了子房形成、花粉母细胞分化、胚珠形成、花粉粒的形成，以及花丝和花药壁的分化等发育过程，这样一朵具有生殖能力的完全花才真正形成。

大部分落叶果树属于夏春间断分化型，花芽分化开始于夏秋季，结束于第二年春天。花芽形态分化期长，通常从花芽开始分化到花完全形成需要半年以上，有时甚至超过一年，在冬季休眠期间，花芽分化停留在某一阶段不再继续发育或发育进程非常缓慢，休眠结束后再进一步分化与发育。秋季是桃、李、梨、杏、苹果、枣、柿等多种果树花芽分化的时期，树体营养积累的多少、花芽分化的好坏与来年果树的产量和品质密切相关。因此，这段时间除了正常的土壤、肥料、水分管理和病虫害防治外，还要根据不同的品种、树势的优劣等情况采取一些有利于花芽分化的措施，以提高果树的产量和品质。首先对幼树或老弱树要根据树势的具体情况提早采果，减轻树体营养负担，以利于恢复树势，促进花芽分化。对管理较好的丰产树采取分期采果的方法，有利于树势的恢复。

果树花芽分化除受自身遗传性影响外，还受到树体的营养生长状况，树体的负载量，外界的环境条件等多种因素影响。栽培技术措施也能影响树体的生长发育和营养生长与生殖生长的平衡，也影响果树的花芽分化。营养和气候条件对花芽形成的数量和质量有重要影响。如晚夏或秋季增施有机肥可提高的形成花的质量，延长胚囊寿命，提高坐果率。缺硼能使梨花凋萎。冬季低温总量不足会限制花芽的细胞分裂和春季的发育，甚至引起花芽脱落。遮阴、过度干旱也不利于花芽形成。大多数木本果树的花芽形成对光周期无反应。某些栽培措施如修剪幼年树，即使是轻剪，也会减少花芽形成的数量。在花芽孕育之前环剥主干或主枝往往能促进花芽形成，弯枝、断根也有同样效应。在某些无性系砧木上的果树可比嫁接在实生砧上的开花早。此外，用生长调节剂处理也能影响许多木本果树花芽的形成。赤霉素不但抑制某些果树的花芽孕育，且能使花原基在发育中部分地回复成营养器官。用化学疏除剂如萘乙酸、乙烯利、二硝磷甲酚等进行早期疏果，可减少由种子产生的抑制花芽孕育的物质，因而有利于花芽形成。因此，通过采用合理的栽培技术措施及合理控制环境条件，改变树体的营养条件及内源激素的水平，平衡果树各器官间的生长发育关系，提高花芽形成数量和质量，是确保有足够高质量花芽的有效措施。

温带果树在秋季落叶后，必须经过一段自然休眠才能正常生长。需冷量是指打破落叶果树自然休眠所需的有效低温时数，是果树区划最根本的因素。如果低温需求量不足，植株不能正常完成自然休眠全过程，必然引起生长发育障碍，即使条件适宜，也不能适期萌发，或萌发不整齐，并引起花器官畸形或严重败育。在设施生条件下，如需冷量不足，则突出表现为花期延长，坐果率偏低或绝产。对果树通过自然休眠完成低温需求量的低温有效临界值现仍有争议。有人认为≥10℃的温度对完成自然休眠都有效，有人认为0℃以下的低温有效。为了准确地预测自然休眠的结束和确切了解果树的需冷量，Erez 和 Levee（1971）曾使用"低温加权单位"的概念，以区分不同温度对芽的不同效应。Richurdson 等（1974）在此基础上提出了低温单位模式，已被广泛应用。根据他们的测定，2.5~9.1℃是最有效低温，1.5~2.4℃和9.2~12.4℃是半有效低温，低于1.4℃或在12.5~19.5℃的温度是无效低温。从16℃开始，温度产生负效应，原有的低温效应会部分解除。

高东升等（2001）采用 Utah 加权模型，先后对5个树种，65个常见设施栽培果树品种的需冷量及相关特性进行了研究。结果表明，不同树种品种间的需冷量差异显著，葡萄、西洋樱桃的需冷量最高，桃最低，李、杏居中。同种果树在不同年份间需冷量也有不同，这说明作为一种遗传特性，需冷量易受环境因素的影响。通常同一树种不同品种的需冷量高低与品种果实成熟期无关，果实成熟早需冷量较高的情况普遍存在。同一品种花芽的需冷量高于叶芽，根系在低温需求中起调控作用，与地上同步的根际高温可减少花芽的需冷量。高东升等（2001）研究表明，甜樱桃花芽为910~1 240c.u 和900~1 200 c.u；且不同品种之间需冷量差别较大。王力荣（1991）在研究中国桃需冷量时认为不同生态群和品种群与需冷量有密切的关系，并按需冷量把中国桃划分为5个适栽区和6个品种群。高东升（2001）研究认为，晚秋根外喷6-BA可降低油桃和杏的低温需求量，GA$_3$处理有增加低温需求量的趋势，而 ABA 无效果，为了尽早解除休眠，人们研究用适宜的化学药剂打破休眠，据日本有关研究报道，含氮化合物尤其氰基化合物具有打破葡萄休眠的作用。生产中常用的有石灰氮和硝酸铵，亦有采用乙烯、H$_2$CN$_2$打破休眠的报道。但药剂处理后果树萌芽不整齐，新梢生长差。章镇等（2002）研究葡萄不同品种需冷量时认为，采用高温处理也有打破休眠的效果。

1.1.2 樱桃花芽分化及结果

樱桃成熟上市的时节，经常会发现樱桃呈现单柄连体双果，单柄连体三果，单果双柱头或多柱头的畸形现象。畸形果严重影响甜樱桃的外观品质，甚至失去商品价值，造成严重的经济损失。樱桃畸形果属生理性病害，樱桃畸形果是由花芽分化过程中雌蕊原基分化不正常造成。花芽分化畸形主要与花芽分化期间气候条件有关系。品种不同花芽分化不同，产生畸形果比率不同，如'红灯'早大果等畸形果率较高；'美早'、'布鲁克斯'、'萨米脱'、'大紫'、'雷尼'、'拉宾斯'畸形果发生率较低。甜樱桃畸形果的发生与光照有关，双雌蕊的花，在树冠的南面和夏季气温高时发生多。同时，树冠的上部、外围及南面的短果枝发生多。在花芽分化期如果气温高，翌年双雌蕊的花就多，当温度超过30℃时，双雌蕊的花显著增加。在30℃时，花芽形态上是双雌蕊的为27.5%，开花时可以看到的双雌蕊的花为12.2%；在35℃时，花芽形态上是双雌蕊的为82.7%，开花时可以看到的双雌蕊的花为57.5%。在整个花芽分化期，长时间30℃以上高温均可导致甜樱桃双雌蕊的发生，以花萼原基分化期和花瓣原基分化期最为敏感，其次，为花萼原基分化之前的时期，但对已分化出雄蕊和雌蕊原基的花芽影响较小。而在花芽分化的后期（雄蕊开始分化后），高温对畸形果的影响较小。另外树势偏弱、负载量小、根系发育不良，营养失调缺乏硼锌类微肥等都会加重畸形果的发生。

　　研究证明，选用抗畸形品种如'美早'、'布鲁克斯'、'萨米脱'等，多施有机肥，适当使用化肥，增施中微肥，多施有机肥，疏松土壤，改善土壤透气性能，增强保水保肥能力，为根系健壮生长创造良好的立地条件，培育出发达的根系。8月下旬至9月上旬秋施基肥时，丰产期树株施众德生物有机肥5~7.5 kg、双泰克（11∶12∶18）2 kg、新朋友贵盖美0.5~1 kg；萌芽前亩（1亩≈667m²，1hm²＝15亩，全书同）冲施根旺5~10 L；花前株施狮马硝酸铵钙0.5 kg；坐果后至转色期施用水溶肥3~4次，前期用平衡型肥1~2次，后期根据树势选用高钾型或三得乐速溶硫酸钾水溶肥2~3次；采收后，根据树势选用高钾、高氮或平衡型肥料，中庸树可株施众德掺混肥（16∶16∶16）0.5~1 kg、生物有机肥4 kg、红牛唯美肥0.5 kg。叶面肥结合喷药或单独使用。同时做好花果管理在花期，人工辅助授粉，提高坐果率；在樱桃开花期、幼果期发现畸形花和果，应及时摘除，节约树体营养，促进正常果实膨大。在花芽分化期每隔20 d喷一次碧护，喷2~3次，增强树体生根能力，碧护中含有的赤霉素能增强雄蕊性能，使雌蕊性能稳定，这有利减少畸形花的发生（王传印和马妍超，2019）。

　　目前，关于设施条件下甜樱桃的丰产栽培技术研究较多，温度对甜樱桃花芽分化的研究也有一些报道，吕德国等（2002）研究发现，日光温室中甜樱桃采用刻芽、环剥、绞缢、PP₃₃₃等促花措施处理，促花效果以环剥后不包伤口、绞缢、短梢停长期低浓度 PP_{333} 喷布和中长梢停长期高浓度 PP_{333} 蘸尖效果较好。日光温室中甜樱桃可多次分化花芽，而且在樱桃中后期形成的花芽坐果率明显高于前期，甜樱桃在日光温室中可以在不同时期发育的新梢段上成花，形成"春梢段花芽"和"秋梢段花芽"共存的现象，不同时期采用促花措施均可促使部分枝转化为花枝。这在保证日光温室甜樱桃连年丰产方面有重要意义。花芽分化的长期性和日光温室中延长的生长季均为人们创造了更多的机会来提高产量。研究还发现中后期形成的花芽坐果率高于早期形成的花芽，这可能与早期花芽发育过度有关。甜樱桃上发育过度的花芽对外界环境条件敏感，在当年夏季可能因高温、多雨、新梢二次旺长等刺激而开放，也可因新梢二次旺长导致养分再转移而干缩（甚至生长势弱的叶丛枝也可因为新梢旺长引起的营养竞争而枯死、脱落）。次春正常开花的，也会因花器（尤其胚囊）老化而坐不住果，这也是日光温室甜樱桃生产的一大难题。

1.2　樱桃生殖发育研究进展

1.2.1　花粉萌发与受精

　　许方（1994）在露地条件下研究了甜樱桃品种大紫的受精作用，结果发现授粉后 1 h，花粉粒在雌蕊柱头上萌发形成花粉管。授粉后 2~3 h，花粉管伸入柱头的乳突细胞。授粉后 4~8 h，花粉管经柱头组织伸向花柱的引导组织。授粉后 12 h 花粉管在花柱的引导组织中向下生长。授粉后 72 h，多数花粉管到达胚囊进行受精。雌雄性核融合经历的时间约为 24 h。甜樱桃品种大紫的受精作用属于有丝分裂前配子体融合的类型。

　　花粉的萌发与温度有关。温度影响花粉的萌发和花粉管的生长，在 5℃ 时萌发率最低，花粉管生长最慢，在 15℃ 或 20℃ 时，各品种生长最好，萌发率最高，但在 5℃ 时一些品种的萌发率和生长量较另一些品种为高，说明这些品种在授粉期能较好地适应低温（PirLak，2001）。Nenadovic 等（1996）研究认为所有酸樱桃和甜樱桃品种都是在 25℃ 条件下、基质中含 12% 蔗糖时培养 24h 或 48h 时萌发率最高，花粉管生长最长。在柱头上萌发的最适温度 15~25℃，在这一温度下授粉后 24~48 h 花粉管即可到达珠孔，但在 5℃ 和 30℃ 时，授粉 72 h 后花粉管仍在柱头中。离体花粉在室温条件下，5h 以后花粉生活力逐渐下降。在 4 ℃条件下保存效果较室温和−20 ℃好（王霞等，2013）。在 27℃时 Takasago 和 Napoleon 的花粉贮藏 4 个月则完全失去萌发力，但在−1℃条件下即使贮藏 10 个月，花粉的萌发力仍相当高，在−196℃液氮中保存则花粉的萌发力最高（Beppu，1999）。

激素和硼酸显著影响花粉萌发与花粉管生长，对一些甜樱桃品种来说用 300~400mg/L Atonik 和 40mg/L 硼酸处理可提高花粉萌发率（Askin，1990）。Pirlsk（1998）研究了激素对花粉萌发与花粉管生长的影响，结果发现实验研究所有浓度的 IAA 都会抑制除甜樱桃品种 Salihli 外的所有品种的花粉萌发和花粉管伸长；25~50mg/L GA$_3$ 一般能促进花粉萌发，促进程度因品种而异，但进一步提高浓度，对花粉萌发的促进程度减弱，到 100mg/L 时则抑制花粉的萌发；所有浓度的 GA$_3$ 都能促进酸樱桃花粉管的生长，但只有浓度在 50mg/L 以下时才促进甜樱桃花粉管的生长，5mg/L 激动素能极大提高花粉的萌发率；硼酸能促进花粉的萌发和花粉管的伸长，低浓度的硼酸比高浓度的硼酸作用效果好；Biozyme 和 Colamin 能显著促进花粉萌发，但 Proton 无效果。Beppu（1999）研究认为在人工培养基上，加入硼可显著促进花粉的萌发和花粉管的生长，但是 Ca、Mg、Mn 对促进花粉萌发则没有硼有效，蔗糖浓度，基质 pH 值、培养温度都影响花粉的萌发和花粉管生长，当向基质中加入硼后，这些因素的影响作用就更大。王霞等（2015）研究表明，离体花粉在室温条件下，利用 5%的蔗糖溶液处理效果最好，但是超过 30min 后，结实率下降。甜樱桃花粉萌发和花粉管生长的最适培养基是琼脂培养基中加入 10%蔗糖和 5 mg/L 的硼，pH 值 4.5~5.5，最适温度是 25℃。

1.2.2　胚的发育

据 Furukawa（1989）对酸樱桃调查结果显示，开花时约有 25%~40%胚发育不完全或退化，或含有 4 个或更少的核，从而认为没有正常的胚囊功能，有效授粉期为 3~5d，坐果率 14%~26%，花期胚囊发育不全不是坐果率低的决定因素，可能是其他因素如生理因素起决定性作用。Pedrotti（1993）等研究发现野樱桃有 2 个胚株，但只有一个心室。对野樱桃的一个无性系研究发现，15%的果实中有 2 个胚，其中一个比另一个稍小，但两个胚都发育成熟。授粉后 23~35 d，合子胚从 1mm 长到 6mm，在 23 d 和 26 d 时分别达到鱼雷胚和子叶胚阶段，授粉后 35 d 发育完全，充满子房腔，合子胚中的主要物质是子叶中的蛋白质，授粉后 26 d 果实达到最大，但此时内果皮尚未木质化，此后的胚继续迅速生长，但果实大小不再变化。

许方（1992）在露地条件下研究了甜樱桃品种大紫胚的发育，结果表明受精卵休眠后于 4 月中、下旬开始分裂。合子的第一次分裂为横分裂，形成由顶细胞和基细胞组成的 2 细胞原胚。此后，顶细胞继续分裂，经多细胞原胚、球形原胚、心形胚、鱼雷形胚和幼胚组织器官分化等阶段，最后于 5 月中旬末，胚完全成熟。甜樱桃胚的发生属紫菀型。甜樱桃的胚珠、胚囊和花粉发育，是在春季伴随着温度逐渐升高完成的；花前 21～35 d，随着气温的升高，小孢子母细胞由相互连接在一起逐渐分离呈游离状态，在开花前 21 d 的萌芽期前后完成 2 次分裂，由 1 个细胞分裂成 4 个细胞（四分体）形成花粉粒，此过程是在较低的温度（-0.1～12.8℃）条件下完成；萌芽以后，胚珠的发育速度加快。开花前 14 d 左右完成胚珠发育过程，胚囊的形成是在开花前 7 d 内完成；甜樱桃的胚珠由单层珠被、珠心及胚囊构成（边卫东等，2006）。

温度影响胚的发育，低温胚囊发育慢，高温加速胚囊的败育。Beppu（2001）在开花前 1 个月到落瓣期将甜樱桃树种植在温度分别为 15℃ 和 25℃ 的光照培养箱中，在 25℃ 时，珠心和胚囊的衰退速度比在 15℃ 时迅速得多，而且用 Takasago 的花粉授粉时，25℃ 的坐果率也显著低于 15℃ 的，在 25℃ 时花中的 GA 比 15℃ 时多，萌芽时用 10mg/L 或 100mg/L 的 GA 处理，在花后 2 d 观察，发现含有败育胚囊或珠心的胚珠的比例大大增加，而萌芽期喷 PP$_{333}$ 则胚囊的寿命延长，坐果率增加，这表明内源赤霉素可以调节甜樱桃花中珠心和胚囊的发育，诱导胚囊的早期败育，从而使高温条件下坐果率低。王爱华等（2003）'拉宾斯'和'斯特拉'种胚的离体培养结果显示，甜樱桃胚培养的最佳取样时期为盛花后 45 d、60 d 和 80 d 的低温（2～4℃）处理对于打破胚休眠效果较好。在不进行低温处理的条件下，GA$_3$（15mg/L）对打破带种皮和不带种皮胚的休眠有作用，GA$_3$（10mg/L，5mg/L）与 BA（2mg/L，4mg/L）同时使用对打破胚的休眠更为有效。在去种皮的条件下，GA$_3$ 和 BA 打破胚休眠的作用更为明显。

甜樱桃在我国栽培面积和产量增长迅速，效益较好，特别是设施条件下栽培其效益比露地栽培可提高几倍至几十倍。但设施条件下促早栽培由于温度、光照等较难控制，从而影响了甜樱桃的坐果率，尤其是温度会对花芽分化、性细胞的形成、受精过程及胚的发育等有较强的影响，进而影响甜樱桃栽培的产量。研究表明，甜樱桃开花前 1 个月至落瓣期低温胚囊发育慢，高温加速胚囊的败育，花芽萌动期高温条件培养珠心和胚囊的降解速度显著加快，开花后胚囊快速退化（Hedhly，2003）。李燕等（2011）研究发现花芽萌动期及花药不同发育时期进行短时高温处理将导致绒毡层和中层细胞提前解体，花药异常，花粉粒萌芽率低，雌雄蕊变褐败育等，露地栽培条件下，甜樱桃的胚珠、胚囊和花粉发育，是在春季伴随着温度逐渐升高完成的，这些研究说明花芽萌动期对温度非常敏感（姜建福等，2009）。

1.2.3　甜樱桃自交不亲和

自交不亲和是被子植物雌蕊细胞分泌识别物质分子来认识和拒绝同源花粉的一种分子过程。是植物防止自交衰退的一种有效途径。这为物种的生存、发展以及种群的相对独立性提供了一定的保障，但给果树育种和果树生产带来了较大不便。生产中，果园不能栽植一个品种，必须为主栽品种配置授粉树。但如果授粉树不合适，在生产条件和环境都很正常时，仍然不能获得种子和果实（李淑平等，2007）。植物的自交不亲和（SI）存在两种类型：孢子体自交不亲和（SSI）和配子体型自交不亲和（GSI）。绝大多数自交不亲和的植物为配子体型自交不亲和。果树种间异花授粉不亲和在遗传上受 S 位点控制。S-位点特异性糖蛋白（SLSG）是 S 基因编码的决定植物自交不亲和性的关键功能性蛋白，具有核糖核酸酶活性，因此也叫 S-核酸酶。当雌雄性器官具有相同的 S 等位基因时，交配不亲和，雌雄双方的 S 基因不同时交配亲和。许多试验证明，自交不亲和反应中花柱 S-核酸酶可自由进入花粉管内，降解自花花粉的 rRNA，起着类似细胞毒素的作用。因此，不同品种的 S 基因型是田间合理配置授粉品种的重要依据。根据品种间杂交的坐果率和杂种一代与亲本回交的坐果率，人为地划分了不同品种的 S 基因，如 S1、S2、S3 等。这为以后用分子手段研究 S1 特性提供了基本的前提。Mau 等在 1982 年报道了甜樱桃花柱中的一种糖蛋白。该蛋白有两种成分，可能是两种 S 基因的产物；Bogkovie 和 Tobutt（1996）用 IEFPAGE 方法发现甜樱桃花柱蛋白的分离及其 RNase 活性与 S 基因相对应，并证明在花柱中有 RNase，在叶片中没有。蕾期授粉是克服自交不亲和性最为成功的方法。辐射可以用来克服自交不亲和性。在花粉母细胞时期，用 X 射线对花芽进行辐射，以诱导突变。Lewis 和 Ci'owe（1953）曾研究了欧洲甜樱桃 S 基因座上自发的和诱发的突变，辐射后可以产生 3 种类型的突变：可恢复突变、永久性花粉突变和永久性花柱突变，使花粉或花柱中的 S 等位基因失活，从而克服自交不亲和性。

1.3 樱桃扦插及相关研究进展

扦插繁殖是无性繁殖的一种，是将植物营养器官扦插于基质中，使其生根、抽枝成为一株完整的与母株遗传性一致的种苗的过程。扦插繁殖具有繁殖周期短，成本低，扦插材料获得容易的特点，便于大量繁育苗木。植物生长调节剂对扦插繁殖的作用最明显，影响果树扦插成活的因素有很多，关于此方面的研究也最多，且扦插历史悠久。

古希腊的特奥弗拉斯妥斯、克尔托和罗马的普利尼等的文献中以及中国现存最古老的农书《齐民要术》等中都有关于扦插繁殖的记载。19 世纪后半期，植物生理学进入迅速发展期，Sachs（1892）、Loeb（1917）、Lek（1925）等先后对植物扦插生根进行了深入的研究，逐步了解了成根物质对不定根形成的特殊作用。以后 Went（1928）进一步证实并分离出植物生长激素。Went（1934），Cooper（1935）以及 Hitchcock 和 Zimmerman（1936）等人，开始进行植物生长激素促进扦插生根的研究。Skoog 等（1948）在根插、叶插，块根插等试验中，对细胞分裂素对不定芽形成的促进作用，以及和植物生长素的关系也进行了较深入的研究。1841 年法国的 Bouchardt 发现生根器官，并命名为 rhizogen（根原基）。1900 年德国的 Von Gravenits 研究了 20 种杨柳科植物，认为有 8 个种的枝条内有根原基，具有根原基的植物多为灌木，乔木较少。但在扦插容易生根的植物中，不一定都存在根原基。Van Des Lek（1924）曾用红醋栗、葡萄等为材料，研究发现黑醋栗扦插的根，从节部发生的比节间发生的多，将它命名为根胚。根胚多发生在叶迹内，有时也发生在皮孔下，但并不是有根胚的植物都能扦插生根。

Carpenter（1961）报道，有些植物在枝条中存在不定根原基，称为潜伏根原基。潜伏根原基通常处于休眠状态，在适宜环境条件下根原基可进一步发育形成不定根。Beakbance（1969）和 Gemma（1983）报道，李和桃插条的不定根发生于韧皮部薄壁细胞。林伯年和胡春根（1988）等报道，甜橙试管新梢不定根原基也发生于韧皮部薄壁细胞。茅林春（1987）等指出，梅嫩枝扦插 10 d 后，维管束形成层外侧的某些韧皮部薄壁细胞大量分裂形成不定根原基。

梅嫩枝插条不定根原基产生于韧皮部薄壁细胞，而硬枝插条不定根原基则产生于形成层细胞。梅嫩枝扦插和硬枝扦插分别在插后 15 d 和 20 d 根原基开始分化，到 20 d 和 25 d 根原基内部的组织继续分化，其输导组织与茎内输导系统连通，不定根伸出组织的外部，形成完整的根。在不同植物间，有些不定根形成于以形成层为中心的未分化细胞，有些形成于扦插后产生的愈伤组织。植物扦插生根的部位多在切口附近，以及叶迹、枝迹、皮孔和节部。解剖观察表明，扦插不定根的发生，取决于皮层的解剖结构。如果皮层中有一层或多层由纤维细胞构成的一圈环状厚壁组织，发根就较困难。如没有这种组织或有但不连续成环，发根就比较容易。油橄榄一年生枝条扦插时，梢段比茎段生根率高是因为茎段已形成较多厚壁纤维细胞。

通常枝条扦插的生根能力随母株年龄增加而逐渐降低，降低程度因树种、品种不同而别。山路（1960）报道，扦插北美乔松时在 4 年生母株上取插穗生根率达 100%，而 45 年生则完全不生根。Robison J C（1977）报道，苹果两年生植株根插成活率为 16%，4 年生为 13%。Vietez E（1976）年指出，对不易生根的树木，在童年树上采取插穗比成年树容易生根。5 年生杨梅枝条扦插几乎不生根，但将树干齐根茎处伐去取分蘖扦插生根率可达 80%（大山，1962）。田中（1965）扦插冲山柳杉时发现，从母株中下部取的插穗生根率和生存率比上部高，并提出此结果可能与不同部位枝条受光量不同有关。一般认为，枝条扦插生根能力随母株年龄增加而降低，主要是由于高龄母株生活力衰退，生根所必需的物质减少，阻碍生根的物质增多所致。枝龄对扦插生根也有一定的影响，一般枝龄小插穗易成活。尾崎报道，一年生的油橄榄扦插生根率为 100%，而 2 年生为 50%。根插也有类似情况，梨和苹果的幼龄根扦插的发芽生根都比老龄根好。

插条的生根和萌芽都需要消耗大量营养物质，所以插条的营养积累状况与扦插生根能力密切相关。Knight（1926）提出碳水化合物对扦插生根十分重要，用蔗糖浸泡插穗可增加某些落叶果树的扦插生根率。Durhan（1934）报道，常绿树插穗的淀粉含量与愈伤组织和新根的形成密切相关。试验证明，葡萄插穗淀粉含量越高发根越好。茅林春等（1988）研究了梅插穗贮藏营养与扦插生根率的关系，结果表明可溶性糖含量和生根率之间呈显著正相关。插穗的磷、钾、钙等矿质元素含量也与扦插生根有关。古川（1961）在辽杨、意大利杨的扦插试验中发现，插穗的氮、磷、钾、钙含量在生根发芽中消耗

50%以上，如不及时补充，新生茎叶就不能正常生长。Bussler（1960，1961）研究表明，植物扦插时从根原基和初生根的形成，到根的生长、分支，以及根的进一步生长发育都与硼密切相关。许多研究证明，维生素 B_1、B_2、B_6，维生素 C 和烟碱是扦插生根过程中所必需的，因此，维生素和生长素混合使用可促进扦插生根。

早在 1937 年前后，一些学者提出植物体内可能存在一些抑制植物生长素作用、阻碍扦插生根的物质。森下和大山（1952）报道，用新鲜锯屑作扦插基质能够抑制插穗的生根和发芽。为此，他们选择了栗树、杨梅等 7 种生根较困难的树种，用它们的浸提液做扦插试验。结果发现，浸提液中含有对垂柳、紫穗槐扦插生根的抑制物质。大山（1962）分析了柳杉、赤松、杨梅、栗插穗的浸提液，发现大多数都含有酸性物质。这些酸性物质加热到 100℃ 即可分解，估计可能是有机酸、单宁或生物碱类物质。韩伟等（2009）对贴梗海棠扦插后插穗内部水分、可溶性蛋白、单宁含量和多酚氧化酶活性进行了研究，结果表明，贴梗海棠扦插后插穗内部水分含量先下降后上升；可溶性蛋白和单宁含量先上升后下降；而多酚氧化酶活性呈上升趋势。这些单宁等物质滞留在切口，会造成插条吸水不良，影响成活率。扦插后 11 天内插穗失水较多，保持土壤充足的水分，是提高插穗成活率的关键环节。综上所述，抑制物质对扦插生根的影响主要表现在两个方面，一方面抑制物质通过抑制植物生长素的作用影响生根；另一方面是抑制物质滞留在切口表面，影响插条吸水使生根率下降。在扦插时，除去插穗中的单宁和其他抑制物质，可有效地提高成活率。清除的方法可采用清水，温水，酒精，乙醚—酒精混合液，以及高锰酸钾、硝酸银、石灰溶液浸泡插条。但这些处理的效果在不同植物间明显不同，扦插时应根据树种选择适宜的处理方法。

1.3.1 插条类型及营养状况

扦插的方法较多，可以分为硬枝扦插、绿枝扦插、根插、叶插和叶芽插等不同的方法。扦插时应根据扦插作物的种类和插穗的类型选择适宜的扦插方法。硬枝扦插采用一年生枝，最好在秋末冬初或次年春季进行。

硬枝扦插，顾名思义即是用已经木质化的一、二年生枝条进行扦插的方法。落叶果树于早春休眠期，常绿果树于生长期进行，此方法简便易行，且成本低，当前果树生产上应用硬枝扦插最广的有葡萄、无花果、石榴等。插条树龄、枝龄对扦插成活影响也较大。枝龄较小，皮层幼嫩，其分生组织的生活力强，扦插宜生根成活。随着树龄的增大，发根率降低，也导致成活率降低。插条的营养状况以碳素营养和氮素营养对促进生根关系密切。插条中的淀粉和可溶性糖类含量高时发根好，易繁殖成活。张连忠等（1993）扦插肥城桃硬枝认为，强硬枝比长硬枝生根率高，长软枝条最差。同一枝条基部组织生根率高，中部次之，上部产生愈伤能力很差，不易生根。Nam 等（1987）认为插条碳水化合物含量高生根好。且硬扦插条适宜的剪取时间是 1 月下旬，这时的碳水化合物含量最高。弦间洋（1989）指出，插穗生根的能力的变化不仅与插穗所含还原糖的消长一致，而且在扦插生根能力强时插条内部还原糖与碳水化合物的比值也高，内源激素含量也高。Sen（1983）等从 10 月 20 日到 1 月 20 日每月剪取硬枝插条 IBA 处理后露地直插发现，10 月 20 日的扦插存活率最高。

绿枝扦插一般采用半木质化的新梢扦插，樱桃绿枝扦插相比较硬枝扦插来说易于生根且成活率高，在生产上常用。许多试验表明，绿枝扦插比硬枝扦插容易生根。但绿枝扦插对土壤和空气湿度要求严格，采用间歇弥雾装置保持较高的湿度可提高扦插效果。绿枝扦插时期与生根率有很大关系，魏书等（1994）认为在南京的气候条件下的 5 月下旬至 6 月初及生长季节后期 9 月下旬是两个适宜的扦插时期。胡孝葆等（1993）在杭州的试验表明，不同时期绿枝扦插成活率以 6 月最高，7 月和 9 月最差。姜兆华（1994）在山东省海阳县朱关乡果业站，6 月下旬从 3~8 年生健壮樱桃树上采当年生半木质化外围新梢，剪成 12~15cm 长一段，每段 3~5 节，采用塑料小棚进行樱桃绿枝扦插育苗，生根率 95% 以上。

1.3.2　生长调节剂对扦插成活的影响

有些生长调节剂能促进形成层细胞的分裂，加快愈伤组织的形成，同时还加强淀粉和脂肪的水解，提高过氧化酶的活性，从而提高生根能力，提高成活率，如生长素、赤霉素、细胞分裂素等对根的分化均有作用。Overbeek（1959）总结了生长素对扦插生根的影响，提出生长素可使生根所需时间缩短 1/3 以上；生长素能提高扦插的生根率；生长素可以使扦插时产生少数长根的种类形成短而紧凑的根系。研究表明，激素处理后的插穗呼吸速率明显提高，茎部氨基酸含量显著增加，促进营养物质向插穗基部运输。生长素处理方法主要是稀溶液浸蘸法，硬枝用 5~100 mg/L 药液浸泡插穗基部 12~24 h，嫩枝一般用 5~25 mg/L 药液浸 12~24 h。处理时也可将生长素配成 2 000~4 000 mg/L 高浓度药液速蘸 5 秒钟，这样处理的时间短且方便快捷。也可用滑石粉作填充料，将生长素配成 500~2 000mg/L 粉剂，充分混合 2 h 后处理插条效果较好。处理时先将插条基部用清水浸湿，然后蘸粉进行扦插。苹果、梨等秋季或冬季采插穗后用 2 500~5 000 mg/kg 的吲哚丁酸进行处理，促进愈伤组织形成，生根效果显著。适宜浓度 NAA、IBA 可以促进野生樱桃李的生根，浓度过低，达不到促进效果，浓度过高，则可能抑制了插条的生根，相比而言，效果 NAA 较好，其适宜处理浓度为 200 mg/L。但各种激素处理后，无论生根率高低，对根的生长具有显著的促进作用。此外还可对扦插生根较难的果树品种，采用纵伤、环剥、环刻的方法机械处理以及黄化处理，也能促进生根。针对早春扦插因土温低生根困难，成活率低，可采用加温愈伤处理，再进行扦插，效果更好。

1.3.3 扦插基质对扦插成活的影响

扦插繁殖时采用的基质对扦插效果有明显影响。扦插基质的作用主要是保持插穗正常位置，提供充足的气体、水分和营养物质，为扦插成活创造良好的环境条件。理想的生根基质主要表现为多孔、通气好，保水性强，含有一定的营养物质，不带有害真菌、细菌、线虫。扦插常用的基质有河沙、蛭石、珍珠岩、苔藓、草炭等。由于不同基质特性不同，可单独使用，也可与其他基质混用。扦插中首先是保证有较高的生根率，生根率的高低与插床材料各主要营养成分的多少关系不大，往往插床材料过肥，易引起腐烂、降低成活率，所以不易用过肥插床材料。褚丽丽等（2012）通过对 8 种基质配比试验结果表明，粉状基质和粒状基质的混合体积比是影响樱桃扦插效果的关键因素。粒状基质中掺入任何一种粉基质都将降低扦插效果，纯河沙是一种理想的基质。野生樱桃李在蛭石与河沙中的生根效果好于锯末中的生根，蛭石与河沙中插条的生根率接近，生根率分别达到了 40.0% 和 39.6%（廖康等，2008）。

王雪娟等（2008）研究证实，在不同基质物理性质中以珍珠岩和蛭石混合（1∶1），珍珠岩较好，其保温、保湿、通气状况优于其他基质，为插条生根提供了良好条件；在不同基质中，其幼根的生长情况不同，其中珍珠岩和蛭石（1∶1），珍珠岩较快；不同基质对夜香树根长、根粗、根重等影响很大，其中珍珠岩和蛭石（1∶1）效果较好；根据根系活力、叶绿素含量、可溶性糖指标的测定，珍珠岩和蛭石（1∶1）与珍珠岩较好，适合作为夜香树嫩枝扦插繁殖的基质。对吉塞拉樱桃砧木进行了弥雾嫩枝扦插繁育试验。试验证明用 ABT 1号、IBA、NAA 等激素速蘸处理扦插材料，具有明显促进生根的作用。ABT 1号生根效果较好。扦插基质中生根效果最好的是草炭∶蛭石∶河沙（体积比1∶1∶1）混合的基质。6月是扦插的最佳时期，'吉塞拉6'生根率高达92%，且'吉塞拉6'梢段生根率最高，基段生根率最低（陈相国等，2010）。贾璐婷等（2015）研究证实，在10月下旬至翌年1月上旬，以1年生樱砧王扦插苗梢部的嫩枝为扦插材料，以炉渣、珍珠岩和泥炭混合（7∶2∶1）复合基质根系的综合生长指数最高，且最为经济。采用 IBA 浓度为 100 mg/L 浸泡，以沙和土比例为3∶1混合作基质扦插沙棘成活率最高达到90%以上（吴瑕等，2010）。

1.3.4　扦插环境因子对扦插成活的影响

插条内水分的过量损失和水分供需的失调常是扦插失败的重要原因。因此，无论是扦插前的插条保存，还是各种方式扦插的插条均不能缺少水分，否则会影响根的萌发和扦插的成活率。大多数种类的插条生根要求适宜的气温是白天 21~27 ℃，夜间 15 ℃，过高的气温促使芽在发根前发育，增加叶片水分的散失，因此，根的发育应在新梢发生之前，这是果树扦插繁殖成功与否的关键。不同种类的植物对光的要求不一致，但插条生根部位必须在无光的条件下孕育不定根，在有光的条件下结果则相反。将冬季剪好的枝条，剪成适当的长度，置于冷凉潮湿的地方或埋在砂土、沙和锯末里面，还可以埋在水平地的土内，头朝下，基部向上垂直在土中。这种方法可促进根的发育，同时抑制顶芽的萌发。在北方寒冷地区须将存放在 0 ℃以上的环境条件下，并保持适当的湿度。

1.4　基质栽培的研究进展

1.4.1　历史和现状

栽培基质是植物生长发育的基础和媒介，除了支持、固定植株本身外，还能保证植物根系按需要有选择地吸收养分和水分，使植物正常生长发育和开花结实。栽培基质的物理、化学特性要满足一定要求，即固、液、气三相比例合适，容重适宜，阳离子交换量大，保肥性能优良，基质 pH 值接近中性，基质本身具有较好的缓冲能力，具有一定的 C/N 比，以维持栽培过程中基质的生物稳定性（李谦盛，2002）。

沙砾是最早被植物营养学家和植物生理学家用于栽培植物，进行养分吸收、生理代谢研究的栽培基质（休伊特，1965）。Woodcock（1946）用蛭石来作为兰花的栽培基质；随后固体栽培基质很快发展到陶粒、珍珠岩、岩棉、硅胶、泥炭、锯末、稻壳、炉渣以及一些混合基质（Penningsfeld，1978）。栽培基质的大规模研究始于 1970 年丹麦 Grodan 公司开发的岩棉栽培技术和 1973 年英国温室作物研究所的 NFT 技术。这一阶段研究的内容主要侧重于基质与植物营养供应的关系，基质与水分、养分、空气利用的关系，基质与栽培技术等。20 世纪 90 年代以来，随着人们环境保护意识的不断增强，诸如岩棉使用后易造成污染，天然草炭资源有限，不宜大量使用等问题已经受到了广泛的关注，新型廉价、可再生、无公害的基质成为人们研究的重点。

我国基质方面的研究起步较晚，但关于基质方面的研究报道较多。主要涉及蔬菜、花卉、林业方面，研究侧重于用植物生长势和产量及某些生理指标来对基质进行评价，而对基质本身的理化性状、微生物活性、基质对植物根系作用机理的研究较少（张勇，2002；赵明，2002）。对基质的结构保持、水分养分运移、基质孔隙、吸水性、保水性等缺乏系统的研究，未能开发出科技含量高的商品化基质及配套技术，因此，我国发展步伐远远落后于世界先进水平。

1.4.2 栽培基质的特性

1.4.2.1 有机基质

草炭、腐叶土、炭化稻壳、腐熟秸秆、椰子壳纤维等，作为通透材料在园艺作物栽培中应用较多，对改善土壤的通气状况，促进根系发生都起到了积极的作用。优点是具有团聚作用或成粒作用，能使不同的材料颗粒间形成较大的空隙、保持混合物的疏松、稳定混合物的容重。杨夏（2013）研究结果显示，有机基质栽培提前了两个葡萄品种的萌芽期和花期约 1~2 d，使葡萄'先锋'的成熟期提前 21 d，对葡萄'亚历山大'的成熟期无显著影响。有机基质栽培下的'亚历山大'葡萄在整个的生长期枝条和叶面积较小，在幼果期和硬核期叶面积低于土壤，进入成熟期时与土壤栽培无显著差异。'先锋'葡萄有机基质栽培的叶面积小于土壤栽培，但采收期时叶片叶绿度高于土壤栽培。有机基质栽培下的两个品种根系密度明显高于土壤栽培。有机基质栽培提高了两个葡萄品种果汁的糖酸含量、果皮和果实的白藜芦醇含量；提高了'亚历山大'葡萄果实挥发性香气物质含量，对果实大小无显著影响；改善了'先锋'葡萄果皮色泽，但减小葡萄果实单果重。

草炭是基质栽培中首选的基质材料，是世界上应用最广泛、效果较理想的一种栽培基质（Harada *et al* .，1980）。它本身富含有机质，具有吸附力强的特性（刘祥林，1994；Harada*et al*.，1980）。草炭能释放一定量的磷、钾元素，充足的钙、镁等中量元素和锌、硼等微量元素，是容器育苗中的重要肥源之一；草炭中阳离子代换量高，保水保肥性较好，贮藏和释放养分的能力较强。美国的 Shbata（1989）究草炭为重要成分的基质，认为具有良好的保水、保肥特性，是花卉无土栽培的适宜基质。在基质中添加草炭后，可以增加基质的渗透性，使基质更疏松、通透性更好、容重降低，增加基质的缓冲能力，增加微生物活性和养分的持续供给。添加草炭的基质可提高根系的穿透能力，使植株地上部鲜重增加。但在对有机基质的研究中表明，草炭一般不宜单独作为栽培基质使用，而与其他基质配合使用，才能发挥其良好作用效果。尽管草炭含有一定的养分，但氮素营养仍然供应不足，需要补充。砧木移栽后或直播砧木的幼苗期的肥液浓度要控制，用 0.2%尿素和 0.3%复合肥（45%三元复合肥）。砧木移栽后每 3 d 左右追施一次，即用 0.2%尿素、0.3%复合肥混合液浇施，浇透。成活以后，每 7~10 d 追肥一次，尿素和复合肥浓度可适当逐渐提高，但尿素浓度不能超过 1%，45%复合肥浓度不能超过 2%。

碳化稻壳亦称砻糠，是加工稻米的副产物经炭化后而形成的一种栽培基质材料。具有多孔构造、重量轻、通气性良好、不易腐烂、持水量适度的特点（胡杨，2002）。在较高温度（500℃）获得的碳化稻壳阳离子交换量较高，水容量大。高坤林（1992）研究认为碳化稻壳具良好的通透性，但 pH 值过高、离子浓度大、作物无法生根，一般与其他基质配合使用效果好。碳化稻壳经过高温处理后，通常呈碱性反应（林大厚，1992），因此，在使用前必须进行脱盐、脱碱处理。在日本的草莓生产中，碳化稻壳作为栽培基质有较广泛的应用，并已经实现了工厂化生产（Kampf *et al*.，1991）。王鹏程等（2014）研究显示，单施稻壳在增肥效应上效果不显著，但能明显增大风化土土壤酶活性。

因此，不同类型土壤应该有目的地采用适宜的改良基质，生产中可采用草炭、炉渣混合或者草炭、稻壳混合施用来改善3种类型果园土壤的肥力。赵玲玲等（2014）研究证实，富士苹果每株3.0 kg复合肥的基础上增施2.5 kg的稻壳炭肥，可有效提高富士苹果果实中的可溶性固形物含量。降低可滴定酸含量。提高果实糖酸比。从而提高果实的品质。同时，增施稻壳炭还能缓和复合肥的释放，降低养分消耗，增加枝条的粗度，抑制当年生枝条的旺长。提高花芽分化质量，实现丰产稳产。

1.4.2.2　无机基质

无机基质主要包括沙砾、蛭石、珍珠岩、炉渣等。在现代基质栽培中无机基质通常不单独作为栽培基质使用，而与有机基质配合使用。无机基质的优点是耐分解，质量稳定均匀，孔隙度大。缺点是阳离子交换量少，缓冲性差（NeioBragg，1995）。

蛭石是一种通透性较好、无菌的常用基质。是火山岩（硅酸盐）经800~1 100℃的高温煅烧而成，含有一定的钾、钙、镁等矿质元素，一般质地较轻，透气性、吸水性都较好，在实际生产中，一般通过添加蛭石来提高混合基质的保水保肥能力（孙向丽等，2008）。但蛭石容易破碎而结构被破坏，需要经常更换。在扦插和基质栽培中国内外应用较多。

炉渣是燃煤锅炉燃烧后形成的废弃残渣。一般呈强碱性，但用作栽培基质具有物理性质好、通透性好、阳离子代换量大等许多优点，经过处理后可以作为基质使用。张国新等（2009）研究结果显示，以土培为对照（CK），研究了碳化稻壳、炉渣、炉渣+碳化稻壳、炉渣+芦苇渣、炉渣+玉米秸等混合基质的理化性质，同时对基质栽培番茄的生长发育及产量、品质指标进行了对比分析。结果表明，混合基质炉渣+碳化稻壳、炉渣+芦苇渣综合表现最好，且取材方便、廉价，适宜在滨海盐碱区应用。

1.4.2.3　混合基质

无机基质一般含有很少养分，缓冲性较差。有机基质是天然或合成的有机材料，含有一定的养分，保水性好，阳离子代换量大，具较强的缓冲性能。经大量试验表明，单独使用其中任何一种，都无法发挥出各自所具有的优点。而将结构、性质不同的有机、无机基质原料按一定比例混配成混合基质，可以改善单一基质物理性状上的不足之处（Hand，1989；李谦胜，2003），使混配基质的水、肥、气、热等因子协调一致，基质的理化性状得到一定的优化。与理化性状稳定的无机基质混合使用时，有机基质的用量不能超过一定比例（Verdonc and Boot，1986）。

潘颖和李孝良（2007）研究结果证实，对几种基质的理化性质分析结果表明，几种基质吸水性能存在较大差异，以珍珠岩和珍珠岩蛭石（1：1）的基质持水力和透气性最好，石英砂的持水力最弱。试验选用的几种基质以石英砂容重最高，珍珠岩最低为，几种基质养分含量有较大差异。全氮以蛭石含量，以珍珠岩速效钾、有效磷含量最高，石英砂在氮、磷、钾含量上均为最低。几种基质酸碱性差异不大。pH 值以炉灰渣最高为 8.00，以石英砂最低为7.56；几种基质交换性盐基含量差异较大。蛭石最高，石英砂最低；基质的选用应以保水保肥能力强、通气性好、pH 值条件适宜、有一定容重可支撑作物生长的基质为佳。试验中选用的几种基质以蛭石、珍珠岩按质量比 1：1 混合后作为基质最好，但要注意选用 1：1 混合基质时要加入石英砂或其他基质以增加容重，防止作物倒伏。

1.4.3　果树基质栽培

邵泽信于 2000—2002 年用玉米秆、炉渣及锯末做基质，以固态基肥取代营养液，在日光温室中进行草莓简易无土栽培试验。元旦前后采收上市，每棚产草莓 1 450 kg，折合亩产量为 2 685.3 kg，经济效益显著。蔗渣基质幼苗比其他基质苗木根尖部内源 GA 和 IA A 含量明显增高，故其根系活力较强、根群较发达，良好的根系又使蔗渣基质幼苗地上部生长较快，苗木更健壮（马培恰等，2000）。基质除了育苗以外多用于组培面的移栽，扦插过程中基质的混配直接影响插条生根和成活。王鹏程等（2014）研究了不同栽培基质（草炭+炉渣、稻壳、稻壳+草炭、稻壳+炉渣）对 3 种类型果园土壤（山坡地风化型园土、河岸沙地型园土和壤土型园土）的改良效应及其对树体的影响。结果表明，添加栽培基质可显著改善土壤性状，草炭+炉渣处理对果园土壤肥力具有较好的提升效果，单施稻壳在增肥效应上效果不显著，但能明显增大风化土土壤酶活性。因此，不同类型土壤应该有目的地采用适宜的改良基质，生产中可采用草炭、炉渣混合或者草炭、稻壳混合施用来改善果园土壤的肥力。

1.5 樱桃氮素代谢生理相关研究进展

氮素是果树的必需矿质元素之一，它既参与树体的构成，又参与树体内物质代谢、能量代谢及信号传导，对果树的产量和果实的品质起着决定性作用。因此，研究氮在果树上的生理作用对于合理施用氮素、提高产量和品质、协调施肥与环境之间的矛盾具有重要的现实意义。

1.5.1 氮素在果树体内存在形式及分布

氮素在树体内的存在形式很多，许多物质中都含有氮素，其中含量最多的是氨基酸、酰胺、蛋白质、核酸、磷脂、胆碱、叶绿素、维生素、激素、多种酶和辅酶等。最新研究证明树体内还有 NO，它起信号传导作用。氮素在树体中的分布、含量与形态因器官不同而不同，顾曼如等（1981）以 8 年生'金帅'为实验材料，测定了树体各部分氮含量，发现含氮量以叶片最多，短枝、芽稍次，枝条中的含量随枝龄的增长有递减现象。细根的含量高于粗根，枝条的皮层高于木质，根是木质大于皮层，而且这种规律不受氮肥形态和追施氮肥时期的影响。在年周期中一般春天树体氮素含量最高，此期氮为上年积累，多以氨基酸和蛋白质形态存在，此期氮水平对器官建造至关重要；从新梢旺长高潮后至果实采收前一般为营养稳定期，此期氮含量明显下降，硝态、氨态、氨基态氮均处于低水平，此期氮主要用于维持各部分正常功能及果实发育；果实采收后为氮营养贮备期，叶中氮素逐步向树体及根中回撤，根系中氮养分明显升高，此期以氨态氮为主。高东升（1996）研究了苹果普通型与短枝型品种根系的全氮含量，结果表明，两类品种根系全氮含量的变化动态相似，4 月下旬、7 月中旬、9 月中旬是根系全氮含量的 3 个高峰期，高峰期短枝型品种的氮含量高于普通型品种，其他时期均低于普通型品种。

1.5.2 氮素的吸收、贮藏和分配

1.5.2.1 氮素的吸收

果树根系是氮素吸收的主要部位，根系可以从土壤中吸收无机氮和简单的有机氮，但以无机氮为主。果树根系吸收的无机氮是硝态氮和氨态氮，多数试

验证明果树是喜硝态氮作物，但也有例外，如蔓越橘不能利用硝态氮（Beevers，1980）。顾曼如等（1987）试验表明，苹果植株吸收的氮量无论秋施还是夏施均是 $^{15}NO_3^--N$ 多于 $^{15}NH_4^+-N$，枝干和根系中的 $^{15}NH_4^+-N$ 的量比 $^{15}NO_3^--N$ 量少 30%~40%，不同季节新生器官吸收不同形态氮肥的 ^{15}N 量不同，春季差异小，二者差 10%~20%，夏季差异增大，尤其是春梢及其叶片 $^{15}NH_4^+-N$ 量比 $^{15}NO_3^--N$ 的量分别少 70% 与 50%。一些木本植物硝酸还原主要在根内进行，不少蔷薇科果树就是如此，在田间条件下，其木质部汁液内基本测不到硝酸盐。但一些果树叶片可以还原 NO_3^-，杏、李、酸樱桃、甜樱桃、核桃、葡萄叶内测出硝酸还原酶活性。由 NO_3^- 还原生成的 NH_4^+ 或果树直接吸收的 NH_4^+ 在根系氨基酸生物合成酶系统作用下，合成各种氨基酸。向地上运输的氮化合物主要是天冬氨酸、谷氨酸及它们的酰胺，因树种不同而不同。氨基酸可以通过木质部或韧皮部向上运输，但以木质部运输量为大（曾骧，1992），地上部分枝、叶都可吸收氮素（束怀瑞，1993）。

1.5.2.2　氮素的贮藏

休眠期间樱桃、桃、杏等核果类果树植物体内的呼吸强度、碳水化合物、蛋白质、酚类物质、多种酶活性等在不同的休眠阶段都有变化。甜樱桃休眠期前期花芽和叶芽呼吸强度均较弱。先期缓慢下降且叶芽降幅低于花芽。低温来临后其呼吸强度有较大幅度下降之后平稳；休眠末期其呼吸强度缓慢上升（李霞等，2005）。在休眠期氮素主要贮藏在根中，但地上部分也是重要贮藏部位，贮藏形态以蛋白态氮为主。在生长季，氮素主要存在叶片中，在全树的总氮量中，成年苹果树生长期叶片含氮量占总氮的 40%~50%，结果的甜橙树也有 50% 的氮在叶片内，幼树叶片所占比例更大。在叶片停止生长时，叶片氮的 94% 为蛋白质，而其中 54% 是 RUBP 羧化酶（曾骧，1991）。根系能否作为贮藏氮的重要部位，前人研究得出观点不一。Titus 等（1982）认为多年生落叶果树冬季贮藏氮的主要部位是细枝和树干的皮层。孙俊等（2002）认为根系是果树贮藏氮的重要部位。对甜樱桃来说，休眠期树体各器官均有贮氮能力，但能力大小有差异，当年秋季吸收的积累趋势和总氮积累趋势一致，都是根部大于地上部分，而且更趋向于在根中积累。这说明作为休眠期氮素营养的贮藏器官，根系可能是更强大的氮素贮藏"库"。

1.5.2.3　氮素的分配

（1）叶片氮素向树体中回流

一些研究认为新梢一停止活跃生长，可能氮素即开始回流，以谷氨酰胺态运输，叶片中谷氨酰胺合成酶活性增强，叶片中的氮素可分配到根部贮藏，但地上部分分配比例较多（曾骧，1991）。高东升等（2005）研究结果证实，根癌病对氮素分配的影响干扰氮素由地上部向根部的回流；如果根癌病发生厉害，进而影响氮素从叶片向树体其他部位的回流。生产中对于樱桃根癌病的防治除了进行物理、化学及生物技术手段进行防治外，还要加强土壤施肥和叶面喷肥，以加强树体的营养供应，提高樱桃树体光合作用，增强树势。

（2）萌芽期氮素分配

萌芽期运输到地上部分的氮素随生长中心的转移而转移，而以叶内积累较多。施肥方式对氮素分配有较大影响，顾曼如等（1986）试验结果表明秋季土壤追氮，所吸收的^{15}N 80%留在根系与多年生枝中，而根外追氮则相反，75%分配在新生器官中，并且土壤追氮的氮肥利用效率为根外追肥的2~3倍，虽然根外追氮吸收量小，但发挥作用较快。

1.5.2.4　施氮的效应

（1）施氮影响营养生长

增施氮肥能改善植株的营养状况，提高果树产量，改善果实品质，这已从世界各国的试验中得到了验证（束怀瑞等，1993），但施肥效果受氮肥种类、施肥时间、施肥水平及作物本身等多种因素影响（Sikora *et al.*，2000）。多数试验证明，果树是喜硝态氮作物，利用硝态氮作氮源时，生长良好；而铵态氮作氮源，则作物的生长发育常常会受到抑制。有研究发现，施用硝酸钾后明显提高了植株的成花数量与成花比例，对以获得生殖器官为目的的果树生产来说是十分重要的。Kato（1986）认为铵态氮对根系生长有明显的抑制作用，并指出这种抑制作用可能与铵态氮中铵根离子对根系的毒害有关。而蒋立平等（1990）试验表明，供铵态氮的植株，根系和地上部分含氮量均明显大于以硝态氮为氮源的植株。氮在植株体内过剩，使地上部分消耗大量的碳水化合物，使运输到根部的碳水化合物相对减少，是引起根系生长减弱的原因之一。李祝贺等（2007）研究发现，硫酸铵处理对根系生长具有明显的促进作用，但对地上部分生长量影响效应小于硝酸钾和尿素处理。可见，不同形态氮肥对樱桃植株各器官生长发育的影响效应不同。一般认为施氮促进树体营养生长（Matzner *et al.*，1982），于锡斌（1995）试验证明，根外追施尿素能明显提高苹果叶片氮含量，叶面积及比叶重，叶绿素及光合强度也相应提高。桃树施氮可使叶子变宽、增大、更绿，单位面积叶绿素及单位面积光合速率均随施氮量增加而增加（Eynard *et al.*，2000）。不同种类的氮肥对树体的影响不同，NH_4^+-N 比例增加，叶中氨基酸、总糖含量增加，淀粉含量下降，而根中的总糖和淀粉含量下降，NO_3^--N 肥对比叶重和净光合速率没有影响，但高氮使叶片叶绿素含量增加（Schembecker *et al.*，1989）。氮对营养元素的吸收和它们在植物体中的分配也有重要影响（Scholz *et al.*，2000）。一般认为，施氮使叶片氮含量提高，磷和钾含量下降（Ganimr. *et al.*，1995；Geogiev *et al.*，1988；Ravindrakumar *et al.*，1994；Motosvuim *et al.*，1990）。周年追氮对提高氮素的贮藏水平有显著的效果（谢海生，1986）。

（2）氮与生殖生长关系密切

霍光华等（1999）研究发现花芽膨大期为花器官中蛋白态氮及各类氨基酸积累速度最快时期，花器官中氨基酸积累尤其是脯氨酸、精氨酸及天门冬氨酸的积累对花粉发育至关重要，其含量在减数分裂期开始明显上升，可育品种的游离氨基酸含量与脯氨酸含量明显高出败育品种，有时高出几倍，据此他认为脯氨酸的亏缺与雄性败育密切相关。

（3）施氮可影响果实品质

不同氮素形态对植株果实品质的影响，在果树上的研究还在起步阶段。植物叶片对不同氮素形态吸收、利用的效果不同，相应生理代谢活动会受到影响，也将导致果实品质性状的差异。适量施氮可提高果实品质，Jia 等（1999）研究表明适量施氮桃果实风味最佳，高氮处理使果实中精氨酸等游离氨基酸含量过高，芳香物质含量下降，果实风味变劣。杨阳等（2010）研究表明，氮素处理显著提高了葡萄果实总糖和维生素 C 含量，不同氮素形态对果实总糖和维生素 C 含量影响显著。喷尿素和较高比例的硝态氮（硝态氮和铵态氮的比例为 70∶30、50∶50）果实的总糖和维生素 C 含量较高，全硝处理的糖和维生素 C 积累较低，全铵处理的则最低。喷氮处理均有利于提高葡萄果实的单粒重，但只有硝态氮比例高的干重大，说明硝态氮有利于干物质的积累。这是一方面 NO_3^- 可能有利于植物对钾、钙等阳离子的吸收和积累，另一方 NO_3^- 也可能是一种信号物质，促进细胞分裂素及细胞的膨大，从而干物质的积累。

施用有机肥以后降低了小白菜硝酸盐，增加了可溶性蛋白质、维生素 C 及可溶性糖含量，提高了品质（靳亚忠等，2009）。氮素浓度为 3.2mmol/L，NO_3^--N 与 NH_4^+-N 的比例为 75：25 和 50：50 时，面条菜产量高，硝酸盐含量低，营养品质较高（马光恕等，2011）。顾曼如等（1992）研究表明果实总糖含量与叶片全氮含量呈负相关。但过量施氮会降低果实品质，加重某些果实生理病害的发生，如苦痘病、木栓斑点病；使果实成熟期不一致，同一果实成熟度不均匀，萼端已充分成熟，而胴部可能仍保持绿色；延迟红色品种果实着色，使果实硬度与耐贮性下降，果实更易感染真菌病害。

（4）施氮还影响树体内其他代谢

施用氮肥，能提高苹果产量、单果重和含糖量，但降低果实硬度、含酸量，还会提高贮藏过程中乙烯含量和 NADP—苹果酸酶活性，促使果实软化加快。Fallahi（1985）等报道氮肥影响苹果采后的呼吸与乙烯释放，果实的 N、Ca 比例同果实的内源乙烯含量呈正相关，特别是在 MM106、M7 和 M26 这 3 种砧木苹果品种上表现明显。追施铵态氮肥（NH_4）$_2$$SO_4$ 与硝态氮肥 Ca（NO_3）$_2$，可不同程度的提高苹果植株的 SOD 和 POD 活性（李宪利等，1997）。束怀瑞等（1993）对山东省 12 个不同类型的苹果园调查，发现其产量与土壤、细根的氮素水平正相关。因此，施氮量与产量、品质等关系密切。顾曼如等（1992）研究表明，果实总糖含量与叶片全氮含量呈负相关。过量氮会加重某些果实生理病害的发生，如褐腐病、黑痘病。过量施氮会延迟红色品种果实着色，产生厚皮。

1.5.3 甜樱桃氮素营养

1.5.3.1 氮素在不同器官中的分布

不同器官中所含营养物质不同，Baghdadi（1998）等研究认为甜樱桃叶中营养物质一般比根和枝中都高，但大部分大量和微量营养物质在繁殖器官如种子、花、苞片、果实中较高，N、K、Ca、Mg、Fe 的含量在叶中较高，N、P、Mg、Zn 在芽中含量也较高，但 K、Fe、Mn 在春季芽中较高，细根（<1mm）中 N、Mg、Fe 和 Al 的含量比粗根中的多，除 Ca 外大部分营养物质都随树龄的增加而降低。果实中蛋白质的含量，从花后 34 d 一直减少，一直到红色阶段后期，然后开始增大，到成熟期达最大（Andrews，1995），成熟果实中含

量最高的一种可溶性蛋白质是 29kDa 的多肽，这种多肽在果实转色期即由黄转红时开始积累，现已被提取纯化。

1.5.3.2　氮素在树体中的变化

Grassi（2002）等研究发现氮的再利用从芽萌发立即开始，而根吸收的氮在 3 周后才在叶中出现。树体中的氮影响着氮再利用的数量和动态，木质部中的氨基酸高峰在萌芽不久即出现，而此时氮的再利用最快，木质部中运输氮的形式只有少数几种氨基酸和酰胺，但它们在春季中的相对积累是变化的，氮再利用的主要形式是甘氨酸，而根吸收的主要形式是天冬氨酸。苹果树体氮素养分特性从果实收获后至休眠期根系吸收了大量的氮素储存在树体中，致使休眠期氮素在树体各器官中的含量达到最高（樊红柱，2006）。丁阔等（2016）研究结果表明，库尔勒香梨单株树体在年生长周期内从土壤中吸收氮素总量为 96.11 g，其中开花期吸收氮素占 20.86%，坐果期吸收氮素占 27.93%，膨果期吸收氮素占 41.62%，开花期、坐果期和膨果期是库尔勒香梨树体氮素营养的 3 个关键时期。年生长期内库尔勒香梨树体叶片携带走的氮量为 38.74 g，占总吸收量的 40.31%。果实携带走的氮量为 24.45 g，占总吸收量的 25.44%。库尔勒香梨树体各器官中以当年新生器官叶和果实为主要的氮吸收、积累和分配部位。

1.5.3.3　影响氮素在树体中变化的因素

（1）修剪

修剪可以改变树体中矿质营养元素的含量，Fallahi（1993）对 20 年生甜樱桃树（品种为 Bing）连续 2 年重剪使叶中 N、P、K、Ca，果实中 N、P、Ca、Mg、S、Fe、Si、Zn 和 Sr 含量增加，和不修剪树相比，修剪果树的果实中总固形物含量增加，色泽更好。

（2）砧木

砧木影响叶中的矿质元素，在酸樱桃中 Mazzard 砧木上的叶中 K、Ca、B、N 和 Mn 较低，而 Mahaleb 上的 Mg 较低，这种差异不是由于产量和长势引起的，而是由砧木引起的（Hanson，1989）。Neilsen（1996）等研究了砧木对甜樱桃品种 Bing 叶中营养物质含量的影响，发现嫁接在 GM79、GI148/1，GI195/1，GI196/4 的产量比嫁接在 Mazzard 上高，叶 Mg 含量低，除 GM79 外，其他几个砧木的叶 K 都比 Mazzard 低，GI195/1 和 196/4 上的叶氮低于

Mazzard。Ystaas（1995）等也认为叶中 N、P、K 受砧木的影响，F12/1 上的显著高于'考特'，叶中 Mg、Ca 则'考特'高于 F12/1。

（3）土壤 pH 值

土壤 pH 值可以改变树体中矿质营养元素的含量，Melakeberhan 等（1993）认为当土壤 pH 值比正常值低 2.5 时，可减少有效态 Al，叶中 Ca、N 含量不足。有研究显示，氮元素与营养液 pH 值密切相关，氮元素浓度与营养液 pH 值呈负相关，即 pH 值随着营养液氮元素浓度的增大而减小（赵敏等，2019）。铵态氮是导致根系大量分泌硝化抑制剂的主要原因，并且在根际 pH 值<6 时，抑制剂的活性与分泌速率随着根系分泌氢离子数量的增加而增强。研究表明，铵态氮营养下植株根系分泌生物硝化抑制剂高于硝态氮营养可能是根系保护根际铵氧化，提高氮素利用率的一个重要生理机制（张莹等，2012）。

（4）施肥

施肥可以改变树体中矿质营养元素的含量，高施氮量使叶中 N、Mn、Cu 增加，使 P、K、Ca、B、Mo 降低，使果实中 N、Mn、Zn、Na、Sr 增加，但推迟果实成熟。丁莉（2002）以品种'抉择'为试材定期施用 KNO_3 或 $(NH_4)_2SO_4$ 结果发现施氮使叶片叶绿素含量、可溶性蛋白质含量和游离氨基酸含量降低，淀粉和糖含量增加，但使树体其他部分的游离氨基酸含量、木质部的淀粉和糖含量、细根的淀粉含量和芽可溶性糖含量增加。每次施用 5 g 的硫酸铵处理在提高新梢长度、地上部、根系总重量方面效果最明显。

（5）土壤管理制度

Szwedo（2000）等则研究了果园覆草和除草剂除草对土壤理化性状及树体生长的影响，结果发现试验处理 3 年后耕层有效态 P、K、有机碳含量相似，5 月覆盖处理土壤 0~10cm 土层含水量较除草剂处理高，5 月、6 月、7 月叶中 P、Ca、Mg 含量两处理相似。但叶中 N、K 含量是覆草处理的高。处理对前 3 年的累积产量无影响。

Baghdadi（1990）等研究了栽培在冲积粉沙壤土上以 Mazzard 为砧木的酸樱桃根中矿质元素的分布。氮含量最高的细根分布在最上层（0~15cm），而且除草剂带下细根含氮量较生草带下含量高。随着根分布的加深，根中的 P 含量下降，而除草剂带下与生草带下含量相似，深层根中的 Ca、Mg 含量显著高于浅层根，在上层 15cm 内，除草剂带下根含有较多的 K、Mg、Mn、Fe、

Al，但生草带下含有较多的 Ca，在所有深度的根中，除草剂带下 Zn 含量较生草带下高。

1.5.3.4　樱桃对氮肥的利用

Sadowski（2001）等对种植在冲积壤土中的自根及嫁接在野樱桃实生苗上的 Schattenmorelle 连续进行 11 年氮肥试验，结果表明，定植后前 4 年施氮与否对树体中氮含量影响不大，而且叶中含氮量高，可达 2.4%～2.73%，从第 5 年开始，与施纯氮 60kg/hm² 的处理相比，未施氮肥的树叶片含氮量下降，含氮量降为 2.06%～2.39%，并认为氮含量为 2.3% 可作为酸樱桃缺氮与否的指标。Sadowski（1996）研究了除草带宽度与施氮肥对酸樱桃树生长的影响，发现在定植后前 4 年，留除草剂带的地块施肥与否对树体生长影响不大。第 5 年不施肥处理的树中叶氮下降到 2.3% 以下，生长量下降，随后 2 年生产量都下降，而除草剂带加氮肥处理可使产量增加 38%，前期对施氮无反应是因为根系在除草剂带内，而大树根系伸展到草皮下而引起树草间对氮的竞争，加宽除草剂带只是稍微增加了氮的供应。在不施氮的情况下，除草剂带的宽度对叶中营养物质的含量无影响，不论施氮与否叶中氮含量总是在最适范围之内，这可能是因为土中有机质含量高。自根树中含 Mg、Ca、Mn 较野樱桃砧中低，而 N、K 含量较野樱桃砧中高。因此，砧木类型对树体营养状况的影响比施肥量更有效（Jadczuk，1995）。

1.6　抗寒生理及抗寒性鉴定指标研究进展

植物的寒害、冻害严重地威胁着农作物的生产。每年由于低温为害所造成的农作物、园艺作物、经济作物的损失是十分惊人的。美国 Florida1983—1985 三年大冻，每年损失柑橘果实 500 万 t，许多橙汁厂因缺乏原料而倒闭。从 1947—1989 年大约每隔 10 年就发生一次严重的冻害，果树大量死亡，给生产带来巨大的损失。1954 年和 1977 年我国南方大冻，柑橘、香蕉百万株受冻。我国北方由于低温几乎每年都发生不同程度的果树冻害（富强，1992）。1956—1957 年冬，辽宁省熊岳地区气温降至-25℃以下，造成大量甜樱桃受冻毁园（吴禄平等，2003）。2001 年 3 月 28 日的晚霜（-8～-6℃）使我国华北地区近 10 万亩核果类果树花器官受冻而减产或绝产，造成直接经济损失近 5.6 亿元（沈洪波，2002）。总结果树产生大面积冻害的原因主要有，果树是盲目发展，比如在辽宁-10℃以北栽植'富士苹果'，在大石桥北部栽植'大石早生李'，在盖州栽植'爱宕梨'，在凌海栽植'水晶梨'，辽宁有的地区甚至大量栽植枣树、桃树等，均是盲目栽培导致冻害年年发生。由此可见，发挥果树资源优势，发展名特优新品种，如辽南的富士系苹果、巴梨、黄桃和甜樱桃，辽西的金冠苹果、白梨、锦丰梨、葡萄，辽北的尖把梨、山楂、酿造葡萄，辽东的草莓，辽中的苹果梨、李等，做到适地适栽。才能减少冻害发生，形成品牌优势生产，在全国都占有重要的一席之地，具有良好的市场前景（杜建一等，2001）。

1.6.1 果树冻害及防治方法

果树冻害是果树栽培中较为常见的现象，又叫越冬"抽条"，主要发生在我国北方干寒地区，西北、华北各省比较严重"抽条"发生在冬春季节，由于土壤温度低，土壤水分不能被果树根吸收或吸收量小，而空气干燥，地上部分枝条的蒸腾作用却一直进行，树体中水分获得少而失去多，造成树体水分比例失调，当树体水分散失超过果树忍受最低限度时，枝条就会因失水而干缩死亡的一种生理干旱现象，亦称为冻旱。苹果、梨、桃、葡萄、无花果、核桃、板栗、柿等均可发生"抽条"现象，冬季抽条通常表现为整体自上而下的枝干干缩而死，"抽条"严重树体死亡，轻者抽条后树形偏斜，生长势减弱，推迟结果时间。一直以来果树的冻害问题深受国内外果树专家的关注。近几年来，在果树抗寒生理、抗寒性鉴定、抗寒资源评价及抗寒性遗传育种等方面做了大量的研究，并取得了巨大成功，为果树业发展做出了卓越的贡献。抗寒性是植物对低温寒冷环境长期适应中通过本身的遗传变异和自然选择获得的一种能力。果树对零下低温的抗性主要来自两个方面的适应性变化：一是膜体系稳定性的提高；二是避免细胞内结冰和脱水能力的加强。多年来，前人从不同侧面对果树抗寒性做了大量的研究，并取得了较好的成果。

冻害是一种水分不平衡造成的生理现象，在建园时应该选择背风向阳的地区栽植果树，栽植的品种应选择抗旱及抗寒性较强的品种和砧木，建园同时营造防护林，达到防寒保暖、减轻风害的目的。在果树栽培生产过程中可通过加强土壤水分管理、提高果树树体水分吸收量、增强果树枝条的保水能力，这样就能减少果树枝干蒸腾失水，防止冬季枝条抽干。一般果园在土壤上冻前灌1次封冻水。一般在土壤上冻前20~30 d完成。若当年冬季特别干燥，雨雪少，土壤保墒不好，水分蒸发量很大时，一般在土壤开始化冻时灌水，可明显缓解果树的"抽条"的发生，沙土园更加明显。有的果园树盘覆膜或树行两侧铺地膜，对土壤保湿效果显著，同时还能提高早春果园的地温，加强果树根系吸收能力，为减少枝条抽条也是比较好的果园管理技术之一。在生长季节，加强果树树体管理，采用前促后控方式，前期使枝条成熟充实，积累大量养分，后期新稍能及时停长，枝条内养分积累充足，为果树越冬蓄积了大量的养分基础，这样为果树预防越冬"抽条"提供了保障。同时，在果实采收后正常落叶前 15 d 叶面喷施 3%~5% 磷酸二氢钾 2~3 次，树体通过自身养分回流，提高树体贮藏营养含量提高抗寒性。

另外，幼龄果园及藤本果树冬季埋土防寒，也能很好地预防"抽条"。也可以用塑料条紧密缠严树干，在土壤上冻前，用塑料条把整个枝干从上到下，一圈压一圈全部缠严，来年春季开始萌芽时，去掉塑料条。该法较费工，效果很好，但费工费力，且易折伤枝干。果园面积大时采用这种方法有一定困难。也有果园喷涂抗蒸腾的保护剂，200 倍羧甲基纤维素、2%~3% 乙烯醇等，也可在枝干上涂抹凡士林、矿物油等，这样自然形成致密保护层，显著减少水分蒸发防止抽条。防护剂使用简单省力，但一定要做到细致、均匀、周到。一般有效期为 20~30 d，所以防护剂应该在发生"抽条"的关键时期使用，才能既节省劳动力又达到理想的防护效果。此外，越冬前对树体主干和主枝进行涂白或喷白，可防止树干冻裂和日烧，并且能兼治一些病虫害和推迟萌发等作用，能明显减轻"抽条"的发生（孙红波等，2019）。

1.6.2　果树抗寒原理

1.6.2.1　膜透性与抗寒性

当植物组织受到各种逆境条件（如干旱、低温、高温、盐碱以及大气污染等）为害时，膜的透性增大，使细胞内含物有不同程度的外渗，胞间物质浓度增大，电导率值增大。抗寒性较强的品种细胞受害程度轻，膜透性增大程度轻，且透性变化可逆转，易恢复正常。反之，抗寒性差的品种膜透性增加程度大，不能逆转恢复正常。自 Dexter（1930）提出利用电导法测定电解质渗出率作为植物抗寒性测定方法以后，众多学者利用电导法测定了葡萄（郭修武等，1989）、苹果（曲柏宏等，1998）、梨（陈长兰等，1991）、柑橘（纪忠雄，1983）、李（刘威生等，1999）、桃（刘天明等，1998）、杏（王飞等，1998）等很多树种的抗寒性。Proebsting（1978）在桃和樱桃花芽抗寒性研究中利用电导法测定半致死温度。目前公认电导法是比较简便、准确、快捷的方法。朱根海等（1986）较早地利用 Logistic 方程求拐点温度来确定半致死温度，该法较科学地反映了植物发生不可逆伤害的温度。现已有广泛的应用（王飞等，1998；Proebsting，1978）。

1.6.2.2　膜的成分与抗寒性

Lyons 等（1965）提出细胞膜系是低温冷害的首要部位，认为含有硬脂酸（18:0）的混合脂肪酸比含有亚油酸（18:2）和亚麻酸（18:3）的混合脂肪酸具有更高的凝固温度。植物细胞膜在低温下由膜液晶状态转变为凝胶状态。膜的不饱和程度高，在低温胁迫的情况下，膜能够保持液晶态，从而降低了膜质的相变温度。一些学者已在苹果（张永和等，1998）、葡萄（邓令毅等，1982）、小浆果（宋洪伟等，2000）等树种上得到相同的结论。即脂肪酸的不饱度高，抗寒性强。苏联学者在 1983 年就指出，寒冷驯化期间植株体内核酸中的磷含量升高，磷脂糖含量也升高。Kuiper（1960）在研究首蓿叶片膜脂及其组分与抗冷性的关系时指出，抗冷性强的品种其不饱和脂肪酸指数（IUFA）和亚麻酸/亚油酸的比值都比不抗寒的品种高。刘祖祺（1989）在有关文章中指出，柑橘的脂肪酸的不饱和指数（IUFA）与抗寒性高度相关，即凡是 IUFA 高的品种抗寒性较强。经过低温锻炼后 IUFA 提高，同时抗寒性也增强。凡是经脱锻炼后，IUFA 迅速下降，抗寒性也急剧减弱。因此，低温锻炼过程中不饱和脂肪酸含量，可以作为鉴定果树抗寒性的生理指标。

1.6.2.3　膜质过氧化反应和抗寒性

低温胁迫后细胞膜发生相变，膜收缩。这种变化引起细胞膜透性增大的同时也引起了膜上的一些功能酶改变，导致植物细胞代谢的变化和功能紊乱。如细胞膨压丧失、细胞液泡化、内质网和质膜等膜系断裂、胞质流动性减小等，最终造成植物体冷害。简令成（1986）等研究认为，低温影响膜系 ATP 酶，使其活性降低或失活，从而使细胞对物质的主动吸收和运输功能降低，物质的被动运输和物质的渗透增加，导致细胞的膨压丧失，胞内溶质外渗。因此，低温胁迫过程中，ATP 酶活性的强弱可以作为抗寒性鉴定的指标。

植物体内存在活性氧和自由基的清除剂保护酶系统，包括过氧化物酶

（POD），过氧化氢酶（CAT），超氧化物歧化酶（SOD），抗坏血酸氧化酶（ASAPOD）。这些酶能消除活性氧和自由基对膜伤害，维持细胞膜稳定性。近年来许多学者围绕着酶保护系统做了大量研究工作，我国学者以柚（马翠兰等，1998）、柑橘（彭昌操等，2000）、无花果（姜卫兵，1994）、葡萄（王丽雪等，1993）、香蕉（周碧燕等，1999）为试材，分别测定 CAT、POD、SOD 与抗寒性关系均表明：抗寒性强的品种酶活性高，且随着秋末抗寒性锻炼的逐步深入保护酶活性下降，以抗寒性强的品种下降的幅度小，且与抗寒性呈显著相关。在香蕉（梁立峰等，1994）上有类似报道。

植物体内还存在清除自由基的非酶类，如维生素 C。一些学者研究表明，维生素 C 的积累与植物抗寒性发展密切相关。王泽槐等（1994）对香蕉低温下维生素 C 含量变化研究表明，较强抗冷力的品种无论在人工降温还是在自然越冬过程中，叶片均保持较高的维生素 C 水平，而抗寒性弱的维生素 C 均明显下降。石雪晖等（1996）研究柑橘抗寒性时指出，维生素 C 是一种低分子量抗氧化剂，普遍存在于植物体内，能清除多种活性氧。据此可以初步认为，低温胁迫下维生素 C 含量可用来衡量柑橘抗寒性强弱的指标。抗寒性强的品种在低温胁迫下维生素 C 含量高，抗寒性弱的品种在低温胁迫下维生素 C 含量低。

延长低温时间或加强低温胁迫的程度，自由基产生和消除反应之间的平衡遭到破坏，酶活性、维生素 C 含量下降，使防御机制破坏，致使膜质过氧化加剧，膜质过氧化物丙二醛（MDA）积累。王飞等（1995）对杏的花器官耐寒性研究表明，MDA 含量随着温度的降低而增加，与膜质透性上升的起点和拐点温度相吻合，并发现抗寒性强的品种低温胁迫下 MDA 含量低于抗寒性弱的品种。因此，低温胁迫下 MDA 含量是鉴定品种抗寒性一种有效的方法。这在柑橘（石雪晖与刘昆玉等，1997）上已得到验证。

同工酶是指来源相同，催化性质相同而分子结构不同的蛋白质分子。它是基因表达的直接产物。同工酶在抗寒锻炼中表现不同的形态。吴经柔（1990）对抗寒性不同苹果的过氧化物同工酶测定，结果显示，抗寒性强的品种有两条明显的酶带（Rs 区的 A1 带、A3 带），不抗寒的品种只有一条酶带（Rm 区 A6 带）。王丽雪等（1996）对葡萄叶片研究指出，抗寒品种在越冬前的抗寒锻炼中 SOD 同工酶谱带增多。研究同工酶谱带的多少与深浅可作为品种抗寒性强弱的鉴定指标。

1.6.2.4　可溶性糖与抗寒性

大量研究表明，可溶性糖类的含量与植物抗寒性之间呈正相关。糖在植物的抗寒生理中，可以提高渗透液的浓度，降低水势，增加保水能力，从而使冰点下降。糖还作为一些物质合成的基础原料。抗寒性强的品种，可溶性糖含量高，抗寒性差的品种含量低。无论抗寒性强弱，品种可溶性糖含量均随温度下降而增加。这在葡萄（王淑杰，1996）、柑橘（纪忠雄，1983）、梨（刘艳等，2002）、草莓（万清林，1990）等许多树种上的研究都有相同的结论。因此，可溶性糖含量可以作为抗寒性鉴定的指标。

1.6.2.5　可溶性蛋白与抗寒性

许多植物的研究中发现，可溶性全蛋白含量增加与抗寒性有相关性。蛋白在植物的抗寒生理中，作为亲水性胶体，对于提高渗透液的浓度更有效。抗寒性强的品种全蛋白含量高，抗寒性差的品种全蛋白的含量低。但无论是抗寒性强或弱的葡萄品种全蛋白含量均随温度的下降而增加，但抗寒性强的增加的幅度大。这在葡萄（王丽雪等，1996；王淑杰，1996）、柚（马翠兰等，1998）、桃（姚胜蕊等，1991）、黄瓜（于贤昌等，1998）、香蕉（周碧燕等，1999）等植物上都有验证。

抗冷蛋白首先发现于动物细胞（Georges，1990；DeVries，1997）。国内外学者对拟南芥菜、油菜和菠菜的研究显示，低温锻炼能使植物的基因表达发生改变，并有新的蛋白质合成（李晓萍等，1993）。但对于在低温锻炼诱导的蛋白质功能及其有关的分子调控机理目前尚不清楚。Hightowet（1991）利用基因工程的手段，将鱼类抗冻蛋白基因导入烟草和番茄中，产生的蛋白有抑制冰晶形成的作用。人工化学合成的比目鱼抗冻蛋白基因成功导入玉米原生质体，并得到表达（Georges，1990）。Wada（1992）等已从一种抗冷的蓝绿藻 Synechocystis 克隆了一个与膜脂肪酸不饱和度有关的基因 desA，并导入另一个不耐冷的蓝绿藻 Anacystis nidulans，改变了后者的膜脂组成，从而使其光合作用在5℃下可不受明显抑制。日本科学家 Murata（1992）通过向烟草导入拟南芥菜叶绿体的甘油-3-磷酸乙酰转移酶基因，以调节叶绿体膜脂的不饱和度，使获得的转基因烟草的抗冷性增加。这些研究表明，抗冷基因工程有可能成为植物抗冷改良的一种新的育种途径。

1.6.2.6　游离氨基酸与抗寒性

游离氨基酸的存在增加了细胞液的浓度，对细胞起保护作用。Widing（1960）研究了苜蓿游离氨基酸与抗寒性的关系，发现了抗寒品种的根部8—12月游离氨基酸增加21%，而非氨态氮增加31%，不抗寒的品种的含氮化合物无显著变化。对于抗冻植物来说，精氨酸和脯氨酸的积累具有积极的意义。其中游离脯氨酸与植物抗性之间的相关性的研究较多。如美国学者Yelenosky（1985）在柑橘研究中指出，柑橘叶组织游离氨基酸含量随环境温度下降而增加，并指出游离脯氨酸含量变化与不同种类抗寒性强弱相关性较小，而与抗寒锻炼有关。牛立新等（1989）在葡萄枝叶抗寒性研究中得出类似结论。游离脯氨酸能促进蛋白质水合作用，它能维持细胞结构、细胞运输和调节渗透压等，在低温胁迫时使植物具有一定抗性。因此，游离脯氨酸含量可作为抗寒性鉴定的指标。这在柚（马翠兰，1998）及草莓（万清林，1990）已有验证。但何若韫等（1984）研究草莓叶片的低温驯化效应中推断，驯化期间游离脯氨酸含量增加更主要的是一种伴生的低温效应。

1.6.2.7　细胞组织形态及变化与抗寒性

质壁分离与抗寒性相关研究有所报道，黄义江等（1982）对不同抗寒性的苹果枝条进行对比观察，发现低温使枝条皮层细胞出现质壁分离，胞间连丝中断。抗寒性强的品种出现的较早且快。姚胜蕊等（1990）对越冬过程中抗寒性不同的桃花芽进行观察，再次证明了低温使质壁分离、原生质体孤立现象的真实性，也指出抗寒性强的品种质壁分离开始早，恢复晚，深冬时原生质体孤立程度强烈，维持了比较稳定的抗寒力。

细胞结构及紧密度与抗寒性方面研究很多。郭修武等（1989）对葡萄根系抗寒性研究表明，抗寒性强的品种皮层细胞和射线细胞小，导管小且密度低。皮层在根系中所占的比率低，木质部所占的比率高，品种较抗寒。LIPH（1978）认为，射线细胞具有深过冷能力，一定温度条件下能抵御细胞结冰。皮层主要由活细胞组成，对低温敏感易受冻，木质部多具硬而厚的壁，可避免结冰脱水引起的膜破裂和原生质变形。所以可把皮层与木质部在组织中所占比率作为抗寒性鉴定的一个形态指标。简令成（1986）等对多个柑橘品种的叶片的解剖结构及抗寒性研究指出，叶片构造的紧密度（CTR）与柑橘抗寒性呈正相关，疏松海绵组织厚度指数（SR）与抗寒性呈负相关。这一观点在龙眼

（张惠斌与刘星辉，1993）、荔枝（余文琴与刘星辉，1995）、香蕉（1990，刘星辉）等多个树种上都有验证。

1.6.2.8　植物激素与抗寒性

激素是抗寒基因表达的启动因子。罗正荣等（1992）认为植物低温半致死温度与叶片内 ABA 和 GA 比值成线性相关。同一品种在低温锻炼期间，ABA 和 GA 比值高，抗寒力增加。脱锻炼期间，ABA 和 GA 比值下降抗寒力下降。刘祖祺（1990）在柑橘研究中表明，ABA 含量及 ABA 和 GA 比值水平提高是一个前奏，可能打开合成特异蛋白质的"扳机"，进而使抗寒力发育。植物生长调节剂也表现出提高果树抗寒力的效应。马翠兰等（1999）在越冬期喷布 PP$_{333}$ 处理柚，发现抗寒指标增加，植物抗寒性增强。林定波等（1994）在多胺对柑橘抗寒力效应的研究中指出，多胺可以通过对自由基清除剂的调节作用、某些蛋白合成的启动作用及膜稳定剂等综合效应，来诱导果树抗寒性。

1.6.3　果树抗寒鉴定方法

可靠的植物抗寒性鉴定方法是研究植物低温伤害、抗寒机制和选育抗寒良种必不可少的。目前，国内外测定果树抗寒性的方法可归纳为以下几类：寒冻灾害调查法、生长恢复法、组织褐变法、生理生化指标测定法、同工酶谱法、电阻抗图谱法等。每种方法都是有利有弊的，应根据试验材料的实际情况选择相适应的方法。

1.6.3.1　寒冻灾害调查法

自然界发生的寒冻灾害虽然会造成重大损失，但却是研究植物抗寒性的极佳时期，在植物抗寒性研究中是传统、重要、直观、可靠的方法。1999 年广东发生了严重的冻害，统计不同柑橘栽培品种的受冻情况得出，主栽品种沙田柚冻害程度为 2～3 级，而温州蜜柑冻害程度为 1～2 级、无死树现象（王玉珍，2001）。2015 年发生了严重的低温冻害，使郑州果树研究所石榴资源圃中软籽石榴品种被冻死 3/2（地上部分），而大部分硬籽石榴品种存活下来了，从一定程度上能说明硬籽石榴品种的抗寒性比软籽的强。2008 年 2 月，对长江三峡库区宜昌退耕还林区柑橘冻害情况的调查结果表明，不同种类柑橘抗冻性不同，表现为温州蜜柑类>柑类>脐橙类>柚类。脐橙冻害程度随海拔升高而加重，海拔高于 600 m 的地方 3 级以上冻害达 80% 以上；果实负载量过大加剧冻害；阴坡果园的冻害比阳坡严重，坡顶和坡谷的果园冻害重；水库减轻其周边柑橘果园的冻害。距离越近效果越好；良好的果园防护林体系可在大约 10 倍林高范围内有效减轻果园冻害；冻害前采取包树干、覆盖等措施可明显减轻冻害（周席华等，2008）。

1.6.3.2　生长恢复法

生长恢复法建立在寒冻灾害调查法基础之上，是判断组织受冻害是否还有生命力的一种比较可靠、直观的方法。并且不需要复杂、昂贵的仪器设备，成为其他鉴定方法的对照方法。生长恢复法是根据果树受低温胁迫后恢复生长的能力来判断其抗寒性。把果树枝条经过低温处理后，放在培养箱内水培或沙培，每天喷水补充，经过一段时间培养后调查枝条萌芽率，确定临界致死温度（牛立新和贺普超，1991）。苏向辉等（2012）对天山樱桃进行资源评价时采用了 4 种不同的抗寒性鉴定方法，采用主成分分析各抗寒指标的得分结果显示，恢复生长法和电导率法标准贡献率达 85%以上。应用恢复生长法和组织褐变法比较了 9 种苹果矮化砧木的抗寒性。结果显示，9 种矮化砧木萌芽率和冻害指数在各个降温阶段的差异明显，'GM256''辽砧 2 号'和'77-34'的萌芽率相对较高，降低幅度小，抗寒性较好（赵同生等，2018）。

1.6.3.3　组织褐变法

组织褐变法也称全株冰冻测试法，是鉴定果树抗寒性的传统方法之一。具体方法：样本低温处理后进行温育，观察组织褐变，最后检测枝条、花、根系等器官组织的褐变情况，并以此作为检验植株抗寒性的依据（Duryea，1985）。高爱农等（2000）用 51 个苹果品种枝条为材料，研究组织褐变法与抗寒性的关系，认为组织褐变法比较直观，不需要复杂计算。组织褐变法能准确预测全株的死亡率，是估测真实抗寒性的最有效的选择。但对于测量样本较小精度低；对受害组织和活组织目测分级时存在主观性误差；对于大量的苗木样本不实用，无论是贮藏或是在生长室温育期间，均需较大的实验室。郭燕等（2018）以源自 8 个省份的 16 个板栗品种（系）休眠期 1 年生枝条为试验材料，采用电导法、氯化三苯基四氮（TTC）染色法和组织褐变法，配合 Logistic 方程确定枝条的低温半致死温度（LT_{50}），分析 3 种方法确定的 LT_{50} 之间的相关性，以及板栗枝条各生理指标和组织结构与 LT_{50} 的相关性，建立了板栗抗寒性的鉴定评价方法。

1.6.3.4 生理生化指标测定法

低温胁迫下树体内一些生理、生化指标如电解质渗透率、可溶性糖、可溶性蛋白质、脯氨酸、自由水和束缚水，活性氧清除酶系统，会发生相应的变化，由于这种变化明显地出现在外部形态变化之前，可以通过测定这些指标的变化来鉴定果树抗寒性。生理生化指标测定的方法，只要把植株的离体器官进行低温胁迫处理，叶片要保证正常供水，茎段要用塑料薄膜袋和蜡封严，然后进行各项指标的测定。且几天内就可以得到不同品种或处理的抗寒性差异结果，且试验可进行大量的重复；试验所用仪器除制冷设备外，其他设备相对低廉。但抗寒性鉴定是在离体条件下进行，得出的结果有可能误差较大，甚至导致错误结论。为此，应注意通过延长低温处理后的温育时间以改善数据质量（张钢，2005）。

延长低温时间或加强低温胁迫的程度，自由基产生和消除反应之间的平衡遭到破坏，酶活性、维生素 C 含量下降，使防御机制破坏，致使膜质过氧化加剧，膜质过氧化物丙二醛（MDA）积累。王飞等（1995）对杏的花器官耐寒性研究表明，MDA 含量随着温度的降低而增加，与膜质透性上升的起点和拐点温度相吻合，并发现抗寒性强的品种低温胁迫下 MDA 含量低于抗寒性弱的品种。因此，低温胁迫下 MDA 含量是鉴定品种抗寒性一种有效的方法。这在柑橘（石雪晖等，1997）上已得到验证。

大量研究表明，可溶性糖类的含量与植物抗寒性之间呈正相关。糖在植物的抗寒生理中，可以提高渗透液的浓度，降低水势，增加保水能力，从而使冰点下降。糖还作为一些物质合成的基础原料。抗寒性强的品种，可溶性糖含量高，抗寒性差的品种含量低。无论抗寒性强弱，品种可溶性糖含量均随温度下降而增加。这在葡萄（王淑杰，1996）、柑橘（纪忠雄，1983）、梨（刘艳等，2002）、草莓（万清林，1990）等许多树种上都有相同的结论。因此，可溶性糖含量可以作为抗寒性鉴定的指标之一。

许多植物的研究中发现，可溶性全蛋白含量增加与抗寒性有相关性。蛋白在植物的抗寒生理中，作为亲水性胶体，对于提高渗透液的浓度更有效。抗寒性强的品种全蛋白含量高，抗寒性差的品种全蛋白的含量低。但无论是抗寒性强或弱的葡萄品种全蛋白含量均随温度的下降而增加，但抗寒性强的增加的幅度大。这在葡萄（王丽雪等，1996）、柚（马翠兰等，1998）、桃（姚胜蕊等，1991）、黄瓜（于贤昌等，1998）、香蕉（周碧燕等，1999）等植物抗寒生理研究上都有验证。

　　游离氨基酸的存在增加了细胞液的浓度，对细胞起保护作用。如美国学者Yelenosky（1985）在柑橘研究中指出，柑橘叶组织游离氨基酸含量随环境温度下降而增加，并指出游离脯氨酸含量变化与不同种类抗寒性强弱相关性较小，而与抗寒锻炼有关。牛立新等（1989）在葡萄枝叶抗寒性研究中得出类似结论。游离脯氨酸能促进蛋白质水合作用，它能维持细胞结构、细胞运输和调节渗透压等，在低温胁迫时使植物具有一定抗性。因此，游离脯氨酸含量可作为抗寒性鉴定的指标之一。

1.6.3.5　组织细胞结构观察法

　　植物的组织结构是对环境长期适应的结果，树体的组织细胞结构与抗寒性有一定的关系。郭修武等（1989）利用 5 个抗寒力不同的葡萄品种进行了电镜扫描，分析根系结构与抗寒性关系得出：细胞大小、密度可以作为抗寒性鉴定的一个指标；导管大小、密度与抗寒性顺序比较一致；品种越抗寒皮层比例越低。也可以通过对叶片角质层细胞数量、角质层厚度、栅栏组织厚度、海绵组织厚度、叶片厚度等指标的观测，来鉴定果树的抗寒性。赵德英等（2010）研究指出，抗寒的苹果品种生长早期气孔开放较大，晚期则较小，保卫细胞及栅栏细胞较小，栅栏细胞较细长，胞内叶绿体数目较多。田景花等（2012）对核桃属 4 个树种展叶期抗寒性鉴定的研究结果表明，核桃叶片的叶片厚度和栅栏组织厚度与其半致死温度之间呈极显著负相关，可作为鉴定核桃展叶期抗寒性的指标之一。赵红星等（2010）对柿种 1 年生枝条经低温处理，通过观察芽组织褐变程度，确定抗寒性强弱；并利用相同材料的叶片低温处理后测定其 SOD 活性、蛋白质、脯氨酸和 MDA 含量，利用主成分分析法和隶属函数法对 39 份柿属资源抗寒性进行了综合评价，结果显示，'老鸦柿''夕红''君迁子'等品种抗寒性较强，这一结果与组织褐变观察法得出的抗寒性结果基本一致。

1.6.3.6　同工酶谱法

　　同工酶是指来源相同，催化性质相同而分子结构不同的蛋白质分子。它是基因表达的直接产物。同工酶在抗寒锻炼中表现不同的形态。它们几乎存在于所有生物中。广泛存在于植物体内的过氧化物酶同工酶是植物体适应环境变化并做出灵敏反应的一类酶，被认为是植物抗逆能力大小的标志（王振英，1996）。吴经柔（1990）对抗寒性不同苹果的过氧化物同工酶测定，结果显示：抗寒性强的品种有两条明显的酶带（Rs 区的 A1 带、A3 带），不抗寒的品种只有一条酶带（Rm 区 A6 带）。陈艳秋等（2000）通过对引入的寒富等 6 个抗寒苹果新品种及花红等 14 个不同抗寒性的苹果品种的过氧化物酶同工酶谱分析，发现抗寒新品种均有 1 条明显的抗寒酶带，抗寒性的强弱与该酶带的强弱一致，而其他抗寒品种另外还有 2 条明显的抗寒酶带，不抗寒的品种没有明显的不抗寒酶带，这种特性在枝条皮部，叶柄的酶谱分析中都是一致的，其稳定性强。王丽雪等（1996）对葡萄叶片研究指出，抗寒品种在越冬前的抗寒锻炼中 SOD 同工酶谱带增多。研究同工酶谱带的多少与深浅可作为品种抗寒性强弱的鉴定指标。在田间栽培条件下，7 月中旬气温最高时，各个葡萄材料中 SOD 同工酶谱带最少，各个种、品种间 SOD 同工酶谱带数差异不显著。随着气温逐渐降低，葡萄进入越冬前准备时期，各品种间的 SOD 同工酶谱带数均明显增加。抗寒力强的种和品种 SOD 同工酶谱带数增加的多，SOD 同工酶活性也强。嫁接苗 SOD 同工酶谱带数变化趋势相同，且嫁接苗 SOD 同工酶谱带数增加情况与砧木自根苗相同，而与接穗自根苗不同。砧木自根苗抗寒性强于接穗自根。入冬前 SOD 同工酶谱带数增加和酶活性增强是对逐渐降低的温度的反应，可以作为葡萄抗寒性坚定的主要参考指标之一。

1.6.3.7　电阻抗图谱法

生物的电阻抗是一种物理量，这种物理量是一种电学特性，它可以体现出生物体、组织、器官乃至细胞的特性。电阻抗图谱法可以得到一些参数，如胞外电阻、胞内电阻、弛豫时间、弛豫时间分布系数等（Repo et al.，2000）。以往的研究表明，胞外电阻在正常情况下是决定冷冻后抗寒性的最适合参数（Mancuso et al.，2004）。用电阻抗图谱法测定果树的抗寒性不用进行繁琐的试验，也不用对果树的样本进行培育。

近年来在国内外大量学者的努力下，果树抗寒性研究已取得很大进展，随着分子生物学及基因工程原理和技术在果树学领域的应用，今后果树抗寒性研究应突出以下几个方面（王毅等，1994）。果树抗寒性鉴定指标的优化。应用植物生长调节剂提高果树的抗寒性，保证果树丰产稳产方面的研究。加强果树抗寒分子生物学和基因工程方面的研究，实现通过 DNA 重组技术获得抗寒植株。植物第二信使在低温下作用机制研究。抗冷生理学与育种学结合，研究育种中苗期抗冷诊断的可靠生理选择指标。通常选育果树抗寒品种主要采用常规杂交育种的方法，但是利用常规育种方法存在抗寒性资源不足、选择周期长等缺点，很难满足生产上对果树抗寒品种的迫切需要。随着生物技术的发展和广泛应用，对抗寒分子机理的认识不断加深，人们开始采用基因工程手段培育抗寒新品种。将抗冻蛋白基因、冷诱导基因、脂肪酸去饱和酶基因、抗氧化酶活性基因以及渗透调节相关酶基因中的 1 种或几种导入果树中，获得转基因植株，均可以提高果树的抗寒性。金万梅等（2007）利用根癌农杆菌介导的方法，将拟南芥 *CBF*1 基因导入草莓中，提高了草莓对低温胁迫的抵抗力。

1.7　樱桃栽培管理存在的问题

甜樱桃生产是典型的劳动密集型产业，廉价劳动力及合理运距使中国成为日本、中国香港、中国台湾和东南亚等国家和地区进口的首选地，国际市场前景广阔。在中国甜樱桃的传统生产区，已经实现其经营方式由分散经营向规模化和标准化经营的根本转变，扩大了设施栽培的规模，使果品上市过于集中的矛盾得以缓解。然而，随着社会经济的发展和人民生活水平的不断提高，人们对果品的需求趋于周期性、季节化和多元化，对新鲜、无污染、高档次果品的需求与日俱增，彰显出巨大的市场潜力和效应。欧洲甜樱桃果实自身的优良品质、早熟性、适应性和抗逆性决定其在剧烈市场竞争中占尽优势，因此，引进外域优良基因资源，采取设施栽培的方式，规模化地生产超时令的果品，是我国发展名贵林果品的一个新趋势，亦为地域经济的快速发展培植新的经济增长点，经济、社会和生态效益显著。目前，我国欧洲甜樱桃的生产和经营存在新品种匮乏、栽培密度不合理、繁殖和栽培方式单一、综合经营技术滞后、保鲜贮存技术落后、市场体系不完善之现状，鉴于此，在今后的生产和经营过程中，应重点解决如下关键技术问题。

一是，通过对草原樱桃扦插繁殖方法进行了较系统的研究，对于繁殖、推广、利用这一优良果树资源，综合评价优良品种的生态适应性，构建与之相适应的新品种繁殖育苗技术体系。

二是，拓展设施栽培技术的应用范围，揭示基质影响甜樱桃植株生长发育的效应因子，筛选出比较适合甜樱桃生长发育的栽培基质，以期为甜樱桃土、肥、水管理和基质栽培，实现甜樱桃经济果园高产稳产、可持续经营的目标。

三是，开发甜樱桃特色功能型食品，提高产品的科技附加值，满足人们对绿色无公害果品的需求。

四是，通过低温驯化期间及低温处理过程植株枝条中生理生化指标测定评价植株抗寒性，选育优良新品种，优化不同成熟期的品种搭配方式和配置模式，实现品种结构的调整。

五是，通过对草原樱桃开花结实习性进行了较系统的研究，丰富寒地果树栽培的树种和品种构成，扩大草原樱桃在我国栽培区域和面积，引进外域优良基因资源，广泛推荐优异种质，筛选适应性强、嫁接亲和力高、抗根癌病的优良砧木品种，从根本上解决栽培区域狭窄的瓶颈问题，丰富我国樱桃种质资源的遗传多样性。

六是，研究甜樱桃的氮代谢相关生理指标，为甜樱桃设施栽培和基质优质高效栽培提供依据和参考。

综上所述，国内外关于樱桃栽培相关生理方面的研究较多，但生产中还存在各种各样的问题，如氮素是果树矿质元素的核心元素，其重要性已如前述。已有的研究证明樱桃是需氮量较少的果树之一，年净吸氮量少于 40 kg/hm²，施氮可以提高树体内各部分的含氮量及果实品质，但幼树和成年树对施氮的反应不同，这说明幼树和成年树对氮肥的利用效率不同，对产生这种不同的机理尚未见报道，另外有关氮的吸收、贮藏、分配等方面内容系统性研究较少。草原樱桃作为一种较抗寒樱桃资源在生产上具有较高的应用价值，但关于草原樱桃花粉形态，授粉树如何搭配及授粉受精过程中植物解剖学方面的研究鲜见报道。樱桃基质栽培过程中基质混配后不同季节基质理化性状的如何变化，在冬季进入休眠期，樱桃枝条内哪些生理生化性状能够作为樱桃的抗寒性的鉴定指标，这对减少樱桃生产过程中冻害的发生，具有重要的理论和实践意义。鉴于此本文根据目前我国甜樱桃的生产需要和国内外研究现状提出来的，对樱桃种类及生物学特性进行介绍，同时对甜樱桃花芽分化、雌雄配子形成、受精及胚发育等影响因素及栽培技术，比较甜樱桃的扦插繁殖的基质、插条取样时间及扦插环境条件等，筛选樱桃扦插繁殖适宜的组合方法。对樱桃基质栽培过程中不同混配基质的理化性状进行详细测定，筛选适宜樱桃生长的最佳基质，为基质栽培提供理论依据和有力参考。本文对不同繁殖方式和不同设施内栽培甜樱桃枝条抗寒性进行深入系统的阐述，同时揭示了不同树龄甜樱桃植株对氮素的吸收运转贮藏过程中规律。本文涵盖了樱桃栽培过程中与生产实践密切相关的多方面问题，为露地及日光温室樱桃的高产优质栽培提供有效途径，也为其他果树相关研究提供理论依据和参考。

2 樱桃的种类及其生物学特性

樱桃果实营养价值较高，富含蛋白质、糖类、磷、铁、胡萝卜素及维生素 C 等多种营养物质。因营养丰富而倍受消费者的青睐，被誉为"黄金水果"，目前正以较快的速度在全国推广。

2.1 樱桃的主要种类及品种

2.1.1 主要种类

樱桃为蔷薇科樱桃属植物，本属植物种类甚多，分布在我国的约有 16 个种，主要栽培的有 4 种。即中国樱桃、欧洲甜樱桃、欧洲酸樱桃和毛樱桃（毛樱桃为短果两类型，亲缘关系稍远），常作砧木用的有马哈利樱桃等。

2.1.1.1 中国樱桃

中国樱桃（*Prunus psendocerasus* L.）灌木或小乔木，树高 4~5m。叶片小，叶缘齿尖锐。果实小，单果重 1 g 左右，多为鲜红色，果肉多汁皮薄，肉质松，不耐贮运。中国樱桃产量为 3 500 万 kg，具有广阔的市场前景。在中国南方省区仍以中国樱桃为主栽品种，中国樱桃主要品种有：安徽太和的'大鹰甘樱桃''金红樱桃''杏黄樱桃'；南京的'垂丝樱桃''东塘樱桃''银珠樱桃'；浙江诸暨的'短柄樱桃'；山东的'泰山樱桃'、枣庄的'大窝娄叶'和'小窝娄叶'、莱阳'短把大果'、滕州'大红樱桃'、崂山'短把红樱桃'、诸城'黄樱桃'；北京的'对樱桃'等都属于中国樱桃地方优良品种（彩图 1 和彩图 2）。中国樱桃按色泽分为红色和黄色两类，按果形分为圆形和心形两类，心形品种的突出特点是果顶突尖。中国樱桃历史悠久，基本上是红色圆形果实，其他类型极少。中国樱桃品种单一，成熟期集中，采收时间短，满足不了人们的需求。而一些优良品种普遍表现出果小、味酸、采前裂果、落果等诸多缺点。近些年中国樱桃优良品种——'黑珍珠'的选育，成功地弥补了这些缺点。

2.1.1.2　欧洲甜樱桃

欧洲甜樱桃 (*Prunus avium* L.)，乔木，株高 8~10 m，生长势旺盛，枝干直立，极性强，树皮暗灰色有光泽。叶片大而厚，黄绿或深绿色，先端渐尖；叶柄较长，暗红色，叶基部有 1~3 个红色圆形蜜腺；叶缘锯齿圆钝，这是和中国樱桃的重要形态区别。1 个花芽内有花 2~5 朵，花白色。果实大，单果重一般在 5 g 以上，色泽艳丽，风味佳，肉质较硬，贮运性较好，以鲜食为主，也适宜加工，经济价值高，在世界各地及我国已开始栽培，现在正在大量发展此樱桃种。甜樱桃是烟台的高效农业、优势产业和特色果业，在当地栽培已有 130 多年的历史，从 20 世纪 90 年代起，开展了鲜食甜樱桃优良品种选育工作，栽培中包括很多优良的新品种，其品种在后面要做详细介绍（彩图 3）。

2.1.1.3　欧洲酸樱桃

欧洲酸樱桃 (*Prunus Cerasus* L.)，乔木，株高达 10m，树冠圆球形，常具开张和下垂枝条，有时自根蘖生枝条而成灌木状；树皮暗褐色，有横生皮孔，呈片状剥落；嫩枝无毛，起初绿色，后转为红褐色。叶片椭圆倒卵形至卵形。花序伞形，有花 2~4 朵，花叶同开，基部常有直立叶状鳞片；花直径 2~2.5cm；花瓣白色，长 10~13mm。核果扁球形或球形，直径 12~15mm，鲜红色，果肉浅黄色，味酸，黏核；核球形，褐色，直径 7~8mm。花期 4—5 月，果期 6—7 月。原产欧洲和西亚，自古栽培，尚未见到野生树种，据测可能为草原樱桃与欧洲甜樱桃的天然杂交种。欧洲酸樱桃果型大，风味优美，生食或制罐头，樱桃汁可制糖浆、糖胶及果酒；核仁可榨油。果实中等大，一般比甜樱桃小而比中国樱桃大，少数品种果实较大。栽培上严格划分，甜樱桃应该包括酸樱桃中个头大的品种。酸樱桃果实红色或紫红色，果皮与果肉易分离，味酸，适宜加工或可提取天然色素。耐寒性强，结果早。在北欧各国广泛栽培。中国辽宁、山东、河北、江苏等省有少量引种栽培（彩图 4）。

2.1.1.4　毛樱桃

毛樱桃 (*Prunus tomentosa* Thunb.)，落叶灌木，一般株高 2~3 m，冠径 3~3.5 m，有直立型、开张型两类，为多枝干形，干径可达 7 cm，单枝寿命 5~15 年。叶芽着生枝条顶端及叶腋间、花芽为纯花芽，与叶芽复生，萌芽率高，成枝力中等，隐芽寿命长。花芽量大，花先叶开放，白色至淡粉红色，萼片红色，坐果率高，花期 4 月初，果实发育期 45~55 d，5 月下旬至 6 月初成熟。

核果圆或长圆，鲜红或乳白，味甜酸，早熟。生于山坡林中、林缘、灌丛中或草地，海拔 100~3 200 m。中国多地有野生。该种果实微酸甜，可食及酿酒；种仁含油率达 43% 左右，可制肥皂及润滑油用。观赏毛樱桃品种的树形优美，花朵娇小，果实艳丽，是集观花、观果、观型为一体的园林观赏植物（彩图5）。

2.1.1.5 马哈利樱桃

马哈利樱桃（*Cerasus mahaleb* L.）属蔷薇科。马哈利樱桃是欧美各国广泛采用的甜、酸樱桃的砧木。原产于欧洲中部地区。马哈利至少有两个生态型，即高加索马哈利和中亚马哈利。在意大利有 3 种类型，即浅色树皮马哈利、深色树皮马哈利和矮生马哈利。辽宁大连地区于 20 世纪 80 年代中期引入马哈利樱桃。现在生产上使用的主要为矮生马哈利。马哈利樱桃根系发达，耐旱，但不耐涝，适宜在轻壤土中生长，在黏重土壤中生长不良。马哈利樱桃叶片为椭圆形、大而薄，叶色深绿，其根系发达，抗风力强，不易倒伏。抗寒力很强，在 -30℃ 气温下不受冻害，在 -16℃ 的土温中虽有冻害但也不致冻死。可用种子播种繁殖，且出苗率高，萌生不定根能力差，不宜采用扦插和压条繁殖。砧苗播种当年即可嫁接。与甜樱桃嫁接亲和力好。嫁接苗生长 1 年未出现"小脚"现象（郑玮等，2013）（彩图6）。

2.1.2 主要栽培品种

欧洲甜樱桃自 1871 年引入我国山东省烟台市以后，又不断地从国外引进优良品种，大连市农业科学研究所等单位又将在我国表现好的甜樱桃进行了品种间杂交育种，培育出一些更适宜我国发展的优良新品种。当前生产上主要栽培的老品种是'那翁'和'大紫'，老龄树主要是这两个品种。近几年发展较多的甜樱桃的新品种有'红灯''红蜜''红艳''芝罘红''佐藤锦''雷尼''宾库'等。正在扩大试栽的品种有'意大利早红''拉宾斯''斯坦勒''先锋'等，在生产上陆续选育出一些新品种。

2.1.2.1 '那翁'

又名黄樱桃、黄洋樱桃，为欧洲原产的一个古老品种。1880 年前后由韩国仁川引入我国，目前是我国烟台、大连等地的主栽品种，全国各地早期引种也以"那翁"为主。那翁是一个黄色、硬肉、中熟的优良品种。树势强健，树冠大，枝条生长较直立，结果后长势中庸，树冠半开张。萌芽率高，成枝力中等，枝条节间短，花束状结果枝多，可连续结果20年左右。叶形大，椭圆形至卵圆形，叶面较粗糙。每个花芽开花1~5朵，平均2.8朵，花梗长短不一。果实较大，平均重6.5 g左右，最大果重达到8.0 g以上；正心脏形或长心形，整齐；果顶尖圆或近圆，缝合线不明显；果梗长，不易与果实分离；果肉浅米黄色，致密多汁，肉质脆，酸甜可口，品质上等；含可溶性固形物13%~16%，可食部分占91.6%；果核中大、离核。成熟期6月上中旬，耐贮运。果实加工、鲜食均可。那翁自花授粉结实力低，栽培上需配植'大紫''红灯''红蜜'等授粉品种。那翁适应性强，在山丘地，砾质壤土和沙壤土栽培，生长结果良好。'那翁'花期耐寒性弱，果实成熟期遇雨较易裂果，降低果实品质（彩图7）。

2.1.2.2 '大紫'

'大紫'又名大红袍、大红樱桃。原产俄罗斯，是一个古老的甜樱桃品种。1890年前后引入我国山东烟台，后传至辽宁和河北昌黎、秦皇岛等地，为我国主栽的甜樱桃品种。一般与'那翁'互为授粉品种，分布在老樱桃园内。'大紫'是一个紫红色、软肉、早熟品种。树势强健，幼树期枝条较直立，结果后开张。萌芽率高，成枝力强，枝条较细长，不紧凑，树冠大，结果早。叶片特大，呈长卵圆形，叶表有皱纹，深绿色，叶缘锯齿大而钝；蜜腺体多为2个，较大，紫黑色。果实较大，单果重6.0 g，大者9.0 g以上；心脏形至宽心脏形，果顶微下凹或几乎平圆，缝合线较明显；果梗中长而细，最长达5.6 cm；果皮初熟时为浅红色，成熟后叶紫红色，充分成熟时为紫色，有光泽；果皮较薄，易剥离，不易裂果；果肉浅红色至红色，质地软，汁多，味甜，可溶性固形物12%~15%；果核大，可食部分占90.8%。果实发育期40 d，5月下旬至6月上旬成熟，成熟期不太一致，要注意分期采摘。'大紫'的丰产性不如'那翁'，果实不耐贮运（彩图8）。

2.1.2.3 '红灯'

大连市农业科学研究院于1963年由'那翁'×'黄玉'杂交育成的新品种，1973年命名为'红灯'。由于其具有早熟、个大、色艳丽等优点，20多年来成为在全国各地发展最快的品种之一。'红灯'是一个大果、早熟、肉半硬的红色品种。树势强健，枝条直立、粗壮、树冠不开张，必须用人工开张角度。叶片特大、较宽、椭圆形，叶长约 17 cm，宽 9 cm；叶柄较软，新梢上的叶片呈下垂状；叶缘复锯齿，大而钝；叶片深绿色，质厚，有光泽，基部有2~3 个紫红色肾形大蜜腺。芽的萌发率高，成枝力较强，外围新梢冬季短截后，平均发枝 3~4 个，直立枝发枝少，斜生枝发枝多。其他侧芽萌发后多形成叶丛枝，一般不形成花芽，随着树龄增长，叶丛枝转化成花束状短果枝。据调查，4 年生树上叶丛枝成花率仅 2.4%，5 年生树成花率为 8.9%，6 年生树成花率为 25% 以上，所以该品种开始结果期一般偏晚，4 年开始结果，6 年生以后才进入盛果初期。

'红灯'果实大，平均单果重 9.2 g，最大果达 13.0；果梗短粗，长约2.5cm，果皮深红色，充分成熟后为紫红色，富光泽；果实呈肾形，肉质较硬，酸甜可口，可溶性固形物在 14.5%~15%，可食部分为 92.9%，半黏核。成熟期在 5 月下旬至 6 月上旬，较耐贮运，采收前遇雨有轻微裂果现象，多产于山东临沂、山东泰安、山东潍坊、河北秦皇岛等（彩图 9）。

2.1.2.4 '红蜜'

'红蜜'大连市农业科学研究院用那翁×黄玉杂交选育而成。由于有早熟丰产及适宜作授粉树的特点，近十几年来发展速度较快。'红蜜'是一个中果型、早熟、质软、黄底红色品种。树势中等，树姿开张，树冠中等偏小，芽的萌发力和成枝力较强，分枝较多，花芽容易形成，一般定植后第 2 年即可形成花芽，第 4 年即进入盛果初期，而且花量很多，最适宜作为授粉品种。'红蜜'的坐果率高，是丰产型品种。果实中等大小，平均单果重 6.0 g，均匀整齐，果型为宽心脏形；果皮黄底色，有鲜红的红晕，光照充足的部位，大部分果面呈鲜红色；肉质较软，多汁，以甜为主，略有酸味，品质上等；可溶性固形物为 17%；核小黏核，可食部分占 92.3%。果实成熟在 5 月底至 6 月上旬，比'红灯'成熟期晚 4~5 d（彩图 10）。

2.1.2.5 '红艳'

'红艳'是大连市农业科学研究院用'那翁'×'黄玉'杂交选育而成。树势强健，树姿开张，生长旺盛，幼龄期间多直立生长，盛果期后树冠逐渐半开张，多年生枝呈紫褐色，一二年生枝呈棕褐色，均披有灰白色膜层，枝条斜生。分枝多而细，萌芽率和成枝力都强，花芽容易形成，是丰产型的品种。果实宽心脏形近肾形，整齐，平均单果重 8.0 g；果皮浅黄色，阳面有鲜艳红霞；

肉质较软，肥厚多汁，风味酸甜；可溶性固形物为 15.4%。成熟期在 5 月底至 6 月上旬，比'红灯'晚 3~4 d。采收时遇雨易裂果，该品种自然授粉结实率较高，适宜授粉品种有'红灯''红蜜''最上锦'等。连年丰产性好，属早熟优良品种（彩图 11）。

2.1.2.6　'芝罘红'

'芝罘红'原名烟台红樱桃。1979 年由山东烟台芝罘区农业局在上夼村发现，是自然实生品种，近几年从芝罘区向全国各地发展。生长结果表现良好。该品种树势强健，枝条粗壮，萌芽率高，幼树 1 年生枝萌芽率达 89.3%，成枝力强，一年生枝短截后可抽生出中长枝 5~6 个。进入盛果期以后，以短果枝和花束状枝结果为主，长、中、短各类结果枝的结果能力均强。结果枝占全树生长点的 78%，丰产性强。叶片大，叶缘锯齿稀而大。果实平均单果重 6.0 g，大者 9.5 g；宽心脏形；果梗长而粗，平均 5~6 cm，不易与果实分离；果皮鲜红色，富光泽；果肉较硬，浅粉红色；果汁较多，酸甜适口，含可溶性固形物 16.2%，风味佳，品质上等；果皮不易剥离，离核，核较小，可食部分达 91.4%。果实 6 月上旬成熟，比'大紫'晚 3~5 d，该品种异花结实，建园时需配置'红灯''那翁''水晶''斯坦勒''宾库'等品种作为授粉树（彩图 12）。

2.1.2.7　'佐藤锦'

'佐藤锦'是日本山形县东根市的佐藤荣助用黄玉×那翁杂交选育而成，1928 年中岛天香园命名为'佐藤锦'。几十年来，为日本最主要的栽培品种。1986 年烟台、威海引进，表现丰产、品质好。该品种是一个黄色、硬肉、中熟的优良品种。树势强健，树姿直立。果实中大，平均单果重 6.0~7.0 g，短心脏形；果面黄底，上有鲜红色的红晕，光泽美丽；果肉白色，核小肉厚，可溶性固形物含量 18%，酸味少，甜酸适度，品质超过一般鲜食品种。果实耐贮运。果实成熟期在 6 月上旬，较'那翁'早 5 d，雨后易裂果，该品种自花不实，需配置授粉树，如'砂蜜豆''南阳''正光锦'等。花蕾期抗低温能力较强。'佐藤锦'适应性强，在山丘地砾质壤土和沙壤土栽培，生长结果良好。该品种总体表现良好但果实大小为中等是其缺点。近几年来日本天童市大泉氏园从'佐藤锦'中选出芽变优良品系，单果重 7.0~9.0 g，如疏花、疏果后可达 13.0 g，称为'选拔佐藤锦'，是值得重视发展的一个优良品种（彩图 13）。

2.1.2.8 '雷尼'

'雷尼'是美国华盛顿州农业实验站用'宾库'×'先锋'杂交选育出的品种，因当地有一座雷尼山，故命名为'雷尼'。现在为该州的第二主栽品种。1983 年由中国农业科学院郑州果树研究所从美国引入我国，1984 年后在山东试栽，表现良好。该品种花量大，也是很好的授粉品种，但自花不育，需要配置授粉树，适宜授粉品种为'宾库''先锋'。该品种树势强健，枝条粗壮，节间短，树冠紧凑，枝条直立，分枝力较弱，以短果枝及花束状枝结果为主。早期丰产，栽后 3 年结果，5~6 年进入盛果期，成熟期比'那翁''宾库'早 3~7d，山东半岛 6 月中旬成熟，鲁中南山区 6 月初成熟。5 年生树株产能达 20.0 kg。果实大型，平均单果重 8.0 g，最大果重达 12.0 g；果实心脏形，果皮底色为黄色，富鲜红色红晕，在光照好的部位可全面红色，十分艳丽、美观；果肉白色，质地较硬，可溶性固形物含量达 15%~17%，风味好，品质佳；离核，核小，可食部分达 93%。抗裂果，耐贮运，生食加工皆宜，是一个丰产、质优的优良鲜食和加工兼用品种（彩图 14）。

2.1.2.9 '宾库'

1875 年美国俄勒冈州从串珠樱桃的实生苗中选出来的。100 多年来成为美国和加拿大栽培最多的一个甜樱桃品种。1982 年山东外贸从加拿大引入，1983 年郑州果树研究所又从美国引入，目前在我国有一定的发展。该品种树势强健，枝条直立，树冠大，树姿开展，花束状结果枝占多数。丰产，适应性强。叶片大，侧卵状椭圆形。果实较大，平均单果重 7.2 g；果实宽心脏形，梗洼宽深，果顶平，近梗洼外缝合线侧有短深沟；果梗粗短，果皮浓红色至紫红色，外形美观，果皮厚；果肉粉红，质地脆硬，汁较多，淡红色，离核，核小，甜酸适度，品质上等。成熟期在 6 月中旬，采前遇雨有裂果现象（彩图 15）。

2.1.2.10 '拉宾斯'

'拉宾斯'是加拿大夏陆研究站用'先锋'×'斯坦勒'杂交选育而成的新品种，本品种能自花授粉结实，为加拿大重点推广的品种之一。1988 年引入烟台。该品种树势健壮，树姿较直立，耐寒。花粉量大，也宜做其他品种的授粉树。早实性和丰产性很突出。果实为大果型；果实深红色，充分成熟时为紫红色有光泽，美观；果皮厚韧；果肉肥厚、脆硬、果汁多，可溶性固形物

16%，风味佳，品质上等，成熟期在6月中下旬（彩图16）。

2.1.2.11 '斯坦勒'

'斯坦勒'为加拿大育成的第一个甜樱桃自花结实品种。1987年山东省果树研究所从澳大利亚引进，在泰安、烟台等地栽培。该品种树势强健，枝条节间短，树冠属紧凑型，能自花授粉结实，花粉量多，也是良好的授粉品种。果实较大，平均单果重7.1 g，大者9.2 g以上，心脏形；果梗细长；果面紫红色，光泽艳丽；果肉淡红色，致密而硬，汁多，酸甜爽口，风味佳，可溶性固形物16.8%；果皮厚而韧，耐贮运。可食率91%。该品种早果性和丰产性突出，成熟期在6月下旬中期（彩图17）。

2.1.2.12 '先锋'

'先锋'由加拿大哥伦比亚省育成，1983年中国农业科学院郑州果树研究所由美国引进，1984年引入山东省果树研究所，1988年在烟台发展。该品种树势强健，枝条粗壮，丰产性好。花粉量多，也是一个极好的授粉品种。果实大，平均单果重8.0 g，大者达10.5 g；肾形，浓红色，光泽艳丽；果肉玫瑰红色，肉质肥厚，较硬且脆，汁多，糖度高，含可溶性固形物17%；甜酸比例适当，风味好，品质佳，可食率92.1%；果皮厚而韧，很少裂果，耐贮运。成熟期在6月中下旬（彩图18）。

2.1.2.13 '意大利早红'

中国科学院植物研究所1989年从意大利引进，1992年后在山东烟台地区发展。该品种是原产法国的樱桃早熟品种。具有早实、早熟、丰产稳产的特点，3年结果，5年丰产是甜樱桃中颜色美观、风味香甜、颇有推广价值的早熟优良品种。单果重8~10 g，最大12 g，果实为短鸡心形，紫红色，果肉红色、细嫩，肉质厚，硬度中等，果汁多，品质上等，可溶性固形物含量11.5%，含酸量0.68%，无裂果。在河北昌黎5月下旬成熟，果实生育期35~40 d。幼树生长快，新梢生长量可达1.5~2 m，多数新梢具有2次生长，树体健壮，树姿开张，幼树萌芽率和成力均强。表现出成熟期极早，比'红灯'还要早3 d左右，果实浓红色、艳丽，果柄较短，单果重与'红灯'相似，但品质超过'红灯'，是一个早熟优良品种。自花结实，自花授粉花朵坐果率可达40%左右，异花授粉坐果率更佳。适宜的授粉品种有'红灯''芝罘红'等。因早熟性强，是当前保护地栽培的首选品种。目前在烟台地区发展很快，北京地区也已引种，一致认为是一个很有发展前途的优良品种乌克兰甜樱桃，该品种适应性强，抗寒、抗旱，在比较瘠薄的砾质和砂壤土上栽培生长结实良好（彩图19）。

2.1.2.14 '美早'

'美早'是从美国引入早中熟优良新品种，其亲本为'斯坦勒'（Stella）× '意大利早红'（Early Burlat），'美早'树势强旺，枝条粗壮，成花易、结果早，丰产，果实大，平均单果重9 g左右，最高18 g左右。果皮全紫红色，有光泽，鲜艳美观，充分成熟时为紫色。果个略大于红灯，风味比红灯好。果型宽心脏形，大小整齐，果顶稍平，果柄较粗短。肉质脆而不软，肥厚多汁，风味酸甜可口，可溶性固形物含量为17.6%。核圆形、中大，可食率92.3%。耐贮运。美早多年生枝浅灰色、光滑；1年生枝绿灰色，节间距2.7 cm；叶片长卵圆形，大而厚，先端突尖，叶缘锯齿尖、粗、深，叶长15.2 cm，叶宽8.3 cm，叶色深绿而有光泽；蜜腺大，粉红色，肾形，2~4个，交错或不规则着生；树势强旺，生长势类似红灯，六年生树平均株产38 kg，最高株产超过70 kg，当年新生枝条平均长度在60 cm以上。国产的以大连庄河、旅顺、金州、地区种植规模最大，因为昼夜温差比较大，水质和土壤有机质含量比较高的原因口感最佳。具有果柄粗短，肉硬，耐贮运，花期耐低温，腋花芽多，丰产，抗裂果，成熟期一致，一次即可采收完毕等特点。幼树萌芽力、成枝力均强。以中短果枝和花束状果枝结果为主，自花结实率低，需配置授粉树。适宜的授粉品种为'萨米脱''先锋''拉宾斯'等，主栽品种与授粉品种的适宜比例为3∶1。一般定植后3年结果，5年丰产。抗病性强（彩图20）。

2.1.2.15 '状元红'

'状元红'是从红灯嫁接苗无性系中发现的早熟芽变品种。果实肾形，果皮紫红色，色泽鲜艳，有光泽，果肉较软，肥厚多汁，风味甜酸可口，平均单果质量11.3 g，最大单果质量14.3 g。可溶性固形物含量20.7%，pH值3.5，干物质含量22.1%，可溶性糖含量13.8%，总酸含量0.75%，维生素C含量118 mg/kg。品质上。果实发育期42 d左右，比'红灯'早熟3~5 d，在大连地区6月上旬果实成熟。'状元红'早果性好，栽后3年见果，丰产性好。树体和花芽抗寒力均较强，抗细菌性穿孔病、叶斑病及早期落叶病能力较强；与生产上常用品种对比，其树体抗流胶病能力较'佳红''红蜜''红艳''美早’品种强。较耐贮运。适合在山东、山西、陕西、四川、河南、河北等甜樱桃适栽区种植（彩图21）。

2.1.2.16 ‘晚红珠’

‘晚红珠’是大连市农业科学研究院从甜樱桃优良株系（‘宾库’×‘日出’）自然实生选出的甜樱桃极晚熟新品种。‘晚红珠’幼树枝条直立。叶片阔椭圆形，深绿色，叶片中大，平均长14.54 cm、宽7.62 cm，叶片较厚，叶面平展，有光泽；叶基呈半圆形，先端渐尖，叶缘复锯齿，大而钝；叶柄基部有2个紫红色肾形蜜腺。花冠大，近圆形，离瓣，部分重叠，雄蕊与雌蕊柱头等高，花粉量多，花柄平均长2.4 cm。果实宽心脏形；平均单果重9.95 g，最大单果重12.20 g；洋红色，果顶圆、平；黏核，果肉红色，肉质脆，果肉厚1.16 cm，汁液多，风味酸甜可口，品质优良；可溶性固形物含量18.10%，可食率92.39%，果实耐贮运；在大连地区，果实7月上旬成熟，属极晚熟品种。2008年6月通过辽宁省非主要农作物品种备案（彩图22）。

2.1.2.17 ‘黑珍珠’

‘黑珍珠’樱桃是中国樱桃的芽变优株，1993年重庆南方果树研究所选出，因成熟时果皮紫红发亮而得名。果实大，平均果重4.5 g。果形近圆形，果顶乳头状。皮中厚，蜡质层中厚，底色红，果面紫红色，充分成熟时呈紫黑色，外表光亮似珍珠。果肉橙黄色，质地松软，汁液中多，可溶性固形物含量22.6%，糖17.4%，酸1.3%，风味浓甜，香味中等，品质极上。半离核，可食率90.3%。在重庆地区1月下旬至2月上旬萌芽，2月中下旬开花，4月中下旬果实成熟，11月下旬落叶。

‘黑珍珠’樱桃树冠开张，树势中庸。萌芽力强，成枝力中等，潜伏芽寿命长，利于更新。以中短果枝和花束状果枝结果为主，长枝只在中上部形成花芽结果，幼树中长果枝结果较多。成花易，花量大，自花结实率64.7%。‘黑珍珠’樱桃发祥于南方高温高湿的重庆地区，对高温高湿环境适应性强，抗病力强，不裂果，采前落果极轻（彩图23）。

2.1.2.18 ‘诸暨短柄樱桃’

‘诸暨短柄樱桃’是从地方野樱桃中提纯并筛选出的优质大果中国樱桃品种，2006年12月通过浙江省科学技术厅组织的成果鉴定。果实扁圆球形，底色浅金黄，成熟后果面全红。果柄短粗挺直，长1.5~2.0 cm。单果重2.8 g，最大果重 4 g。果肉黄白，肉质细，柔软多汁，甜酸适宜，有香味，可溶性固形物含量达到 13.8%，可食率达到 89%。白花结实，在浙江省诸暨市 4 月下旬至 5 月初果实成熟。丰产性好，一般株产在 50 kg 左右，丰产树达到 100 kg。适宜长江流域樱桃适生区栽培（彩图 24）。

2.2　樱桃的分布及适应性

2.2.1　中国樱桃

原产于我国，已有 3 000 多年的栽培历史，而且在我国分布很广。北起辽南、华北各省，南至云南、贵州、四川，西到青海、甘肃、新疆维吾尔自治区（全书简称新疆）都有栽培，尤以山东、江苏、安徽、浙江栽培最多。陕西省西乡县有西北最大的樱桃基地——樱桃沟，每年 4 月下旬举办樱桃节。贵州省安顺市镇宁布依族苗族自治县境内胜产樱桃。

浙江省是中国樱桃的发源地之一，现集中分布在萧山、桐庐、临安、余姚、新昌、嵊县、诸暨、金华等县市。主要品种有尖嘴樱桃、短柄樱桃、短柄大果、长柄樱桃、长柄小果，其中短柄樱桃果大质优，闻名全国。'中樱圆黄'是通过中国樱桃实生选育获得的新品种。该品种树势强健，树姿较直立，枝条密度中等，树冠丛状；果实圆球形，不裂果，单果重 2.02g，果柄长 2.46cm；果实乳黄色，有光泽，皮较薄，成熟后着红晕；果肉黄色，肉质较软，汁液多，可溶性固形物含量 13.6%，味甜酸，品质中上；果核近圆形，平均核重 0.19g，果实可食率达 90.6%。嫁接树第 2 年开花，第 3 年开始结果，四年生树平均产量 1 348.5kg/hm²。以中短枝结果为主，较丰产；抗寒性较好，抗旱力差，喜土层深厚的土壤，适宜在山东、安徽、江苏、浙江等中国樱桃适宜栽培区域栽植（姜林等，2014）。

山东省是中国樱桃主产区之一，产区集中分布在福山、莱阳、平度、蜡山、安丘、诸城、五莲、营南、临沂、费县、平邑、滕州、枣庄、莱芜、泰安等县市。主要品种有'莱阳短把红樱桃''平度长把红樱桃''崂山短把红樱桃''安丘樱桃''诸城黄樱桃''滕州大红樱桃''大窝娄叶'等，其中'大窝娄叶'是色味俱佳的优良品种。

江苏省的南京、镇安、连云港等市郊均有中国樱桃分布。主要品种有东塘樱桃、垂丝樱桃、细叶樱桃、银珠樱桃，其中东塘樱桃因果大味佳而誉传古今。童晓利（2019）从国内优质樱桃产区引进各类中国樱桃品种资源 20 余个，筛选了适宜南京地区栽培的'南早红''短柄''黑珍珠'等中国樱桃品种。目前在南京市江宁区禄口街道铜山社区金陵绿谷基地建设中国樱桃示范园12 亩，开展中国樱桃避雨栽培、适宜采摘的疏冠分层型和密植型两种栽培模式示范。为加快优质樱桃新品种推广的步伐，在示范基地开展优质樱桃种苗繁育工作，年产优质种苗 5 000 株。

河南省中国樱桃资源也比较丰富，信阳、驻马店、南阳、周口、许昌、洛阳、新乡、郑州、开封等市的多个县均有分布，比较集中的有栗川、卢氏、新安、罗山、镇平、信阳、内乡、西平、遂平、确山、正阳、平舆、泌阳、上蔡、新郑、修武、淮阳、周口市郊和郑州市郊等县市。主要品种有'糙樱桃''紫红樱桃''郑州红樱桃''白花樱桃''红花晚樱桃''洛阳金红樱'。万寿红樱桃，是 1999 年河南省南阳市西峡县经济林试验推广中心在西峡县五里桥镇杨岗村发现并选出的中国樱桃优良芽变新品种，该品种树势强健，生长旺盛，叶片较大，枝芽饱满；果实 4 月下旬成熟，果实心形酷似寿桃，平均单果重 2.5 g，最大单果重 3.4 g；果皮鲜红色至紫红色有光泽，皮厚核小，成熟时果柄不宜脱落；果肉粉红色，果肉溶质，肉质较硬，有芳香甜味，富有光泽，风味品质优良；鲜藏 5 d 左右，冷藏可达 10 d。

陕西省中国樱桃集中分布在蓝田、商州、丹凤、商南、镇安、汉中、西乡、镇巴等县市。主要品种有'商县甜樱桃''蓝田玛瑙樱桃''洛南酸樱桃''镇巴大黄樱桃'，其中'镇巴大黄樱桃'果个大、品质优、抗膺薄、耐晚霜、适应性强，开发利用价值大。陕西省西乡县北依秦岭，南屏巴山，平均气温 14.4℃，无霜期 254 d，年降水量 1 000 mm 左右，属北亚热带季风气候，栽培中国樱桃历史已 200 余年，所产樱桃以其个大，肉厚，皮薄，色红而享誉省内外。近年来西乡县依托樱桃资源，围绕特色樱桃产业发展，种植规模不断增加，面积已达 800 余公顷，产量 6 000 余吨，产值 6 000 余万元，成为全国三大樱桃产地之一。

四川作为中国樱属植物的起源中心和多样性分布中心之一，分布近 2/3樱属种类，野生中国樱桃分布广且多样性丰富。四川省野生中国樱桃不但资源丰富且个别性状突出，中国樱桃集中分布在四川省的泸州、叙永、江津、西昌、重庆市郊等县市。在大炮山南北麓的原始森林中，有成片的野生樱桃株。

主要品种有'大红袍''歪嘴''紫红''朱砂''凸顶红''叙永'优选单株，其中'大红袍'樱桃和'叙永'优选单株，是开发利用较大的珍贵资源。据近几年我们的野外调查，以前分布于西昌、石棉、峨眉等地的大片的山林由于人类的开垦和砍伐现已呈零星分布，特别是北川桂溪、桃龙等地的具有上百年树龄的野生古樱也被大规模砍伐，导致野生樱桃的群体严重减少（陈涛等，2012）。

安徽省太和县是中国樱桃的著名产地，相传早在明代，太和县的颍河两岸，上至归县集，下到郑渡口，十多里的范围内，樱桃园是星罗棋布。太和樱桃成熟早，色泽艳丽，含糖量高。加工制成的樱桃干，品质特优，古为"贡品"，是安徽省著名特产。集中产区主要分布在县城西边颍河沿岸的李郢、西徐庄、王郢、东贾庄、周花园一带。太和樱桃有9个品种：大鹰紫甘桃（即大鹰嘴）、二鹰红仙桃（即二鹰嘴）、金红桃、银红桃、杏黄桃、黄金桃、燥樱桃、米儿红和白樱桃，除了白樱桃属于矮生樱桃亚属中的毛樱桃类型的一个新种外，其余均为中国樱桃类型。它是中国樱桃类型种质资源的产地之一，对研究与开发樱桃生产颇有价值（王芳年等，1985）。

2.2.2　欧洲甜樱桃

原产亚洲西部和欧洲东南部，目前我国甜樱桃分布主要集中在渤海湾沿岸，以烟台市和大连市郊区为最多。山东省是我国甜樱桃栽培面积最大、产量最多的一个省，除烟台市各区县外，青岛、威海、济南、日照、淄博、潍坊、枣庄、泰安、临沂等地也有分布。辽宁省集中分布在大连市的金州区和甘井子区。河北省主要分布在秦皇岛市山海关区，北戴河区及昌黎县。此外，北京、河南、山西、陕西、内蒙古自治区（全书简称内蒙古）、新疆、湖北、江西、四川等地也都有引种和栽培。据不完全统计，目前我国甜樱桃总面积约6万亩，总产量约50 000 t，其中烟台市有4万多亩，约占全国总面积的2/3，年产量35 000 t，约占全国70%。中国甜樱桃的主要栽培区是辽南、胶东和秦皇岛。其中辽南大连的气候条件最适合甜樱桃的生长发育。而在大连主要是金州区、甘井子区和旅顺口区及瓦房店市、普兰店区的个别地区适宜甜樱桃的栽植。大连地区便利的交通条件，良好的对外开放环境，以及甜樱桃很容易成为绿色食品、有机食品，有利于出口创汇等诸多有利因素，预示着不远的将来有希望成为"中国樱桃之乡"。此外，北京、河南、山西、陕西、内蒙古、新疆、湖北、江西、四川等十几个省（自治区、直辖市）也都有引种和栽培。

2.2.3　草原樱桃

草原樱桃为灌木，高 0.2~1m。小枝紫褐色，嫩枝绿色，无毛。冬芽卵形，无毛，鳞片边有腺体。叶片倒卵形、倒卵状长圆形至披针形，上面绿色，下面淡绿色，两面均无毛。伞形花序，有花 3~4 朵，花叶同开；花序基部有数枚小叶，比普通叶小，倒卵状长圆形；花瓣白色，倒卵形，先端微有缺刻。核果卵球形，红色，味甜酸，核表面平滑。花期 4—5 月，果期 7 月。草原樱桃原产欧洲东南部、中部至西伯利亚一带，生长于草原和森林草原中。中国新疆有野生栽培。该种抗寒耐旱，核果味甜酸，适宜作培育寒地樱桃的原始材料，也可供作观赏灌木。1988 年，东北农学院，从苏联新西伯利亚哈巴洛夫新克里沙文科园艺研究所引入 3 个草原樱桃品种，即'阿尔泰斯卡娅''希望'和'马克西莫夫斯卡娅'。将引入的新品种在东北农学院园艺实验站经 4 年观察发现，栽培性状良好，是一种具有较高推广价值的园林绿化树种。1994 年沈阳农业大学园艺系从苏联引进了'阿尔泰斯卡亚'和'希望'两个草原樱桃品种，当年春季定植于校园内观察鉴定，1997 年开花结果。经连续 4 年结果期观察发现，草原樱桃的抗寒、耐旱、抗病能力和适应性都很强，是我国北方寒冷地区很有栽培前途的樱桃新品种。

2.3　樱桃生长发育条件及影响因素

甜樱桃果实生长发育期较短，早熟品种约需 40 d，中熟品种 50 d 左右，晚熟品种 60 d 左右。据研究，甜樱桃果实生长发育过程为典型的双"S"形曲线。可划分为 3 个时期。果实的第一次速长期：从谢花后至硬核前，历时 10~15 d。本阶段结束时，果实大小为采收时果实大小的 53.6%~73.5%。硬核期的长短是决定果实成熟早晚的关键时期，早、中、晚熟甜樱桃品种的果实发育期长短主要决定于这个时期。此期要求水肥供应平稳，干旱、水涝均易引起大量幼果变黄脱落。这个时期果实的实际增长量，仅占采收时果实大小的 3.5%~8.6%。果实第 2 次速长期，自果实硬核后至果实成熟，大多数品种在半个月左右。此期果实迅速膨大，果实增长量占采收时果实大小的 23%~37.8%。栽培生产上保证充足的水肥供应、较冷凉的气候条件，可使果实充分膨大。此期遇雨或灌大水，容易发生裂果现象。

据统计，中国樱桃在1—2月平均气温低每降低1.2~1.5℃花期推迟2 d。3月气温低2.8℃，致使果实发育期延长，果实推迟8 d成熟。在樱桃果实成熟期雨水过多是降低品质的重要因素。研究结果表明，中国樱桃不同品种品种开花物候期有明显差异，'大鹰嘴'花期最早，'短柄樱桃'最晚，'黑珍珠'居中。不同品种的雌蕊长度和子房直径无显著差异，花瓣颜色、形状、花冠大小差异显著，花粉量也存在显著差异。花冠直径与单果重存在明显的相关关系。对短柄樱桃花粉萌发率、花粉管伸长速率进行研究表明，蔗糖对于维持樱桃花粉外界环境渗透压作用很明显，添加适量的硼酸有利于离体花粉的萌发。当蔗糖的浓度为30 g/L、硼酸的浓度为3 g/L时短柄樱桃花粉内外的渗透压保持平衡，离体萌发率最高。通过温度试验表明，在25℃条件下花粉萌发率和花粉管伸长速率均达到最高，说明早春低温不利于中国樱桃花粉萌发，影响授粉受精。但昼温高于25℃造成了膜脂过氧化伤害，影响樱桃的授粉受精（李永强，2010）。

2.3.1 立地条件

2.3.1.1 温度

甜樱桃喜温暖而不耐严寒，适宜种植在年平均气温10~12℃的地区，一年中要求日均温10℃以上的天数在150~200 d以上。不同物候期对温度有不同的要求。萌芽期适宜的温度是10℃，开花期为15℃，果实成熟期为20℃。年均气温10℃以下的地区种植樱桃的主要限制因素是冬季温度过低和晚霜危害。冬季气温在-20~-18℃时甜樱桃即发生冻害，在-25℃时，可造成树干冻裂，大枝死亡。地温在晚秋-8℃以下、冬季-10℃、早春-7℃以下时，甜樱桃的根系会遭受冻害。

甜樱桃在年平均气温15℃以上的地区，要选择能满足甜樱桃休眠期对低温需要的地方并选择短低温的品种。另外，这些地区在生长季往往高温多雨，枝条徒长，病害严重。花芽分化初期的高温天气还会抑制花芽分化，产生大量畸形花，如双子房花等，来年形成"双生果"。甜樱桃休眠期需要经过一定的低温阶段才能正常发育，不同品种对0~7.2℃低温的需要量不同，一般为600~1 500 h。甜樱桃虽属喜温植物，但过高的温度也会给其生长发育带来负面影响，如果 7—8 月气温偏高，则容易造成果树生长过旺，不利于树体储存养分，且 7—8 月正值甜樱桃的花芽分化期，此时高温干燥会影响翌年甜樱桃品质的形成（唐亚平等，2011）。

中国樱桃原产于黄河和长江流域，不耐寒，花期早晚与花前一定时间内的气温密切相关。日平均气温累积值高，则花期较早。据观测结果显示，樱桃花期的日平均气温为 4.6~15.7℃，适宜开花日平均气温为 8~13℃。开花的多少与当天的天气有关，同时也与前一天的气温高低密切相关。如钻窝子樱桃花期正遇阴雨低温，花期日平均气温为 7.6℃。钻窝子樱桃花期长达 19 d，而翌年花期日平均气温为 11.9℃，花期只有 13d，樱桃落花高峰期的温度为 15℃左右。

草原樱桃在沈阳地区 4 月初萌芽，4 月中旬展叶，5 月初开花，花期维持一周左右；6 月中下旬果实成熟，11 月上旬落叶。果实发育期 45~55 d，树体生育期 195~210 d，不同年份间物候期可相差 5~10 d。因起源于西伯利亚，抗寒性极强，在黑龙江可安全越冬。1999—2000 年冬沈阳最低气温降到 -33℃，树体仍未发生冻害，甚至当年萌发的未成熟小根蘖苗也能安全越冬。

2.3.1.2　水分

甜樱桃适宜于年降水量 600~800 mm 的地区生长，对水分的需求总体上与苹果、桃相似，但相对更适宜冬春多水、夏秋少水的条件。甜樱桃在生育前需水较少，到果实发育的第二阶段需水量最大，即谢花后到果实成熟前是需水临界区，应保证水分的供应。如果在果实成熟前突然降雨，又会引起大量裂果和烂果。土壤含水量为最大田间持水量时的土壤水势约为 -0.1MPa，含水量为永久萎蔫点时的土壤水势约为 -1.5MPa。水分由高水势向低水势流动。樱桃根系从土壤中汲取水分，从叶片表面蒸发水分到大气中的过程称为蒸腾作用。蒸腾失水量由叶片气孔、大气蒸腾势、土壤水势、树体水流阻力等因素决定，气孔是树体主动调节蒸腾失水量的关键器官。樱桃的蒸腾失水在夜间接近于 0，而在午间失水高峰时能叶片失水可达 1 g（cm² · h）以上。对应的叶片水势约为夜间 -0.5MPa 到午间的 -2~-1.5MPa。在晴天，当土壤含水量接近萎蔫点时的叶片水势为 -3~-2.5MPa，此时气孔完全关闭，最大限度地阻止水分散失。

樱桃根系生长和吸收活动需要充足的氧气，并且对根部缺氧十分敏感。土壤水分过多和排水不良，都会造成土壤氧气不足，影响根系的正常吸收，轻则树体生长不良，重则造成根腐、流胶等涝害症状，甚至导致整株死亡。若土壤水分不足，会影响树体发育，形成"小老树"，导致产量低，品质差。樱桃采收前，当土壤含水量为总有效水分的 40%~60% 时应该灌溉，以免影响树体和果实的正常生长发育。果实采收后适当控制灌水是有利的，并且不会降低来年的产量和品质。

2.3.1.3 光照

甜樱桃为喜光树种，全年日照时间应在 2 600~2 800 h。对光照的要求仅次于桃、杏，比苹果、梨更严格。在甜樱桃发芽到果实成熟期间，日照时数约为 650 h，占全年日照时数的 27.0%。开花期至果实成熟期日照时数约为 411 h。充足的光照为甜樱桃提供了良好的生长条件，特别是在每年的 4—6 月，充足的晴好天气有利于甜樱桃的开花结果和果实的发育着色，确保优良品质。草原樱桃喜阳光，宜栽植在向阳的地方。

2.3.1.4 地形地势

甜樱桃适宜种植于丘陵和平原不易积水的地区，低洼地易受低温、积水等危害，不易种植。因此，只要保证适宜的温度、充足的光照及良好的灌溉条件，阳光充足的地块或山的阳坡栽培均能达到优质高产的目的。因草原樱桃产于欧洲东部、中部及西伯利亚一带草原、森林草原，所以对地形地势适应能力较强。

2.3.2 土壤类型

甜樱桃属于浅根树种，主根不发达，适宜种植于土质疏松、不易积水的地块，以保肥保水良好的沙壤土或沙质壤土为好，土层深度为 80~100 cm。甜樱桃耐盐碱能力较差，适宜种植于微酸性的土壤，pH 值为 6.0~7.5，含盐量不高于 0.1%。樱桃对重茬较为敏感，樱桃园间伐后，至少应种植 3 年其他作物后才能再栽樱桃。根系发达。草原樱桃枝叶有厚蜡质层保护，具有较强的抗旱性，2000 年北方地区高温干旱，树体生长发育正常。草原樱桃对土壤要求不严，除涝洼地和盐碱地外都能适应（李宝江等，2001）。

氮素是果树必需元素中的核心元素，影响着树体的生长发育、产量和品质的形成。研究表明，硫酸铵处理的根系生长量最大，但根系发育较晚，对根系的吸收能力有一定的抑制。氮肥的不同形态均在一定程度上降低了细根中可溶性糖含量。NH_4^+-N 处理可增加生长季前期淀粉的含量，NO_3^--N 处理利于生长季后期淀粉含量的积累。3 种氮肥均有利于甜樱桃植株各部分游离氨基酸的积累。尿素和硫酸铵处理增加了叶片可溶性蛋白含量，硫酸铵处理的效果高于尿素处理，硝酸钾处理降低了叶片中可溶性蛋白的含量。NH_4^+-N 比 NO_3^--N 更有利于叶绿素的合成。尿素处理最有利于提高植株生长量。NO_3^--N 比 NH_4^+-N 成花比例高（王金龙等，2008）。研究发现，硫酸铵处理对根系生长具有明显的促进作用，但对地上部分生长量影响效应小于硝酸钾和尿素处理。可见，不同形态氮肥对樱桃植株各器官生长发育的影响效应不同（李祝贺等，2007）。

生物有机肥（以下简称生物肥）是一种由花生皮、秸秆、豆腐渣、玉米芯、酒糟等工农业生产的废弃物料，经粉碎、混合、高温菌种发酵而制成的新型全营养肥料。该肥料有机质含量高，不仅 N、P、K 含量丰富，而且含有植物生长必需的 Ca、Mg、S、Fe、Mn 等多种元素。具有营养全面、肥效持久、保肥松土、活化土壤、壮苗增产、保护生态的特点，符合消费者对绿色食品的要求。生物有机肥能改善土壤理化性状，增强土壤肥力，促进樱桃的生长发育。施用生物有机肥后，土壤容重降低，毛管孔隙度增加速效磷、速效钾和有机质含量分别比对照高出 1.3 倍、3.0 倍、1.4%，比叶重和叶面积比对照高26.7%和18.5%（蔚承祥等，2005）。

2.3.3 栽培管理方式

近年来，随着全国城市化步伐的加快和劳动力价格上涨，人们越来越趋向选择简化省力的栽培方式。矮化栽培的树体较小，利用'吉塞拉5'和'崂山短把'（中国樱桃）砧木嫁接不同品种，砧木对控制植株高度，增加茎粗，增加新梢数量以及提高坐果率有较好的效果。进行矮化栽培早果性强，丰产性好，嫁接亲和性好。已成为国内未来樱桃生产的发展趋势。

用控根容器栽培的甜樱桃树高和冠径较大田栽培的稍小，但树体中庸；物候期特别是果实的成熟期较大田栽培提前 1~2 d，果实品质和风味特征与大田栽培相似。因此，利用控根容器栽培甜樱桃，是实现其矮化密植、早果、丰产的有效措施（玄成龙等，2011）。人工混配栽培基质为甜樱桃根系提供了不同于一般土壤的生长环境，在一定程度上调节了根系功能，影响植株地上部分的生长发育。在砖槽限根栽培试验中，甜樱桃的成花状况、植株产量均以添加草炭、炉渣的基质效果较好，可以实现早期丰产（杜国栋等，2007）。

樱桃进行修剪时以轻剪的效果为好，也说明樱桃树通过合理修剪能够提高母枝的萌芽率、成枝率和新梢的发生量及生长量。在生产上进行树体管理时，建议采用修剪母枝 1/5 为主，适当配合修剪母枝 1/2 或 1/3。4~5 年生樱桃树在 2 月上旬进行修剪，合理修剪能够提高母枝的萌芽率和成枝、新梢的发生量和生长量，以修剪 1/5 的效果最好；对母枝短截 1/3 处理后，母枝着生角度与主干的角度越大，新梢的发生量越大，长度越短，生长量越小；对母枝 1/3 短截处理后，母枝在上一级母枝上的着生位置越靠上，母枝抽发新梢的发生量和生长量就越大（金方伦等，2011）。

2.3.4 授粉树配置

甜樱桃是当前种植效益最好的果树树种之一，目前全国栽培面积达 146 660 hm^2，产量超 60 万 t，已成为世界甜樱桃第一生产国。目前，栽培的甜樱桃品种，除了'拉宾斯''斯坦勒''艳阳''桑提娜'等少数品种为自花结实品种、可以单一栽培外，95%以上的甜樱桃品种自花不结实，必须配置授粉树。即使是自花结实品种，配置一定比例授粉树，也能达到较好的产量和质量。在生产上，我们建议建樱桃园时一般至少要栽培 3 个品种，以保证品种间相互授粉。面积为 10 亩以上的果园，品种要 5 个以上，而且成熟期要错开，以防采收期过于集中。配置比例上，主栽品种可选择 1~2 个，所占比例60%~70%，授粉品种占 30%~40%。刘静波等（2013）研究证实，早熟品种'早大果''红灯'和中熟品种'美早'最适宜作为简易设施甜樱桃的栽培品种。以'美早'为主栽品种的果园，建议选择'桑提娜''黑珍珠''福星''布鲁克斯'等为授粉树。针对甜樱桃大多品种自花结实率很低或自花不结实的问题，通过对不同授粉组合坐果率的调查得出最佳授粉组合参考，'红灯'דˊ红樱桃'、'红樱桃'ד斯坦勒'、'斯坦勒'ד红灯'、'早大果'ד红灯'、'美早'ד斯坦勒'等。生产中樱桃栽培的品种选择、授粉树配置及配套的栽培管理技术是影响简易设施甜樱桃产量、品质及经济效益的主要技术环节。S 基因型相同樱桃品种，一般不能相互授粉（张序等，2017）（表 2-1）。樱桃栽培过程中疏花疏果对果实大小和坐果率的影响。盛花期留 8 朵花，果实较大同时期留花、留果方式的不同，影响坐果率的高低。对甜樱桃授粉受精过程的观察发现，甜樱桃花粉萌发需要 27 h 左右，从花粉萌发到花粉管进入子房需要 99 h 左右。据调查，同样处于花期低温状态下，有授粉树的园片比单一品种园片的坐果率高 10%~15%，人工辅助授粉比自然授粉坐果率高 18.5%、比蜜蜂授粉高 16%。比角额壁蜂授粉高 10% 左右。因此，在具有授粉树情况下，虫媒在低温状态下活动能力较低，人工辅助授粉是甜樱桃丰产、稳产、高效的必需设施栽培技术，这些可以在樱桃栽培生产实践中作为参考。

表 2-1　主要甜樱桃品种的 S 基因型

S-基因型	品种
$S1S2$	'萨米脱''巨晚红''巨早红''砂蜜豆'
$S1S3$	'先锋''斯帕克里''雷吉娜''福星'
$S1S4$	'甜心''黑珍珠''桑提娜''雷尼''拉宾斯''早生凡'
$S1S6$	'红清'
$S1S9$	'早大果''奇好''友谊''福晨''布鲁克斯'
$S3S4$	'宾库''那翁''兰伯特''斯坦勒''艳阳''斯塔克''艳红'
$S3S6$	'黄玉''南阳''佐藤锦''红蜜'
$S3S9$	'红灯''意大利早红''秦林''美早''早红宝石''红艳''岱红''吉美'
$S4S6$	'佳红'
$S4S9$	'龙冠''巨红''早红珠'
$S6S9$	'晚红珠'

资料来源：（张序等，2017）

3　樱桃花诱导及开花结实习性研究

　　果树花芽质量的优劣与产量和果实品质密切相关。花器官发育良好，则为授粉受精、坐果和果实正常发育奠定了良好基础，否则往往导致坐果率低、果实畸形、小果等现象发生（曹尚银等，2003）。樱桃从开花到采收时间短，且花器官发育是一系列连续复杂的过程。本文从樱桃需冷量、花芽分化进程、花芽分化后期胚胎发育、花器发育与坐果状况等方面研究了樱桃开花结实过程中生理生化现象，着重分析了樱桃栽培中坐果率低的可能原因，并提出了解决方法，以期为栽培地区樱桃栽培增产措施的合理制定提供理论借鉴。

　　一定数量的优质花芽是果树丰产、稳产的基础。认识果树花芽分化的内部机制，科学地培养果树形成一定数量的优质花芽，对提高果树产量具有重要理论和实践意义。美国人 Goff 在 19 世纪末采用植物解剖的方法观察了对苹果、梨、樱桃和李等果树的花芽形态分化，发现在开花的头一年夏季花芽开始分化，从此揭开了果树花芽分化研究的序幕。近 100 年来，果树科学工作者在果树花芽分化和发育的形态学和生理学领域及花芽分化调控等方面进行了大量的研究，取得了大量的研究成果。

3.1　樱桃花芽分化与结实相关研究

　　甜樱桃的花芽分化，具有分化时期集中、分化过程迅速的特点。一般在花束状果枝花芽的生理分化期，主要是在春梢停长、采果后 10 天左右。甜樱桃花芽的形态分化期，主要在采果后的 1~2 个月时间里。形态分化的过程，大体上可以划分为花原基显现期、花萼原基分化期、花瓣原基分化期、雄蕊分化期以及雌蕊分化期等 5 个时期。甜樱桃花芽生理分化和形态分化的迟早，与品种、树龄、树势、果枝类型，以及各年的气候状况等有关。一般早熟品种比晚熟品种分化期早，成龄树、弱树比幼树、旺树早；停长早的枝条，比停长晚的枝条开始分化早，天旱年份比多雨年份要早。

甜樱桃花芽分化期集中，分化过程迅速，所以对营养条件有着较高的要求。在营养条件不良时，会影响花芽的发育质量，有的还能出现雌能败育花朵。雌能败育花的发生，可能与雌蕊的发育延期，植株体内激素组成的变化有关。雌能败育的花朵，柱头极短，矮缩于萼筒之中，花瓣未落，柱头和子房已黄萎，完全不能坐果。雌能败育花的数量，因品种、树势和果枝类型而不同。在长势较弱的树上，花束状果枝的败育花率较高；在长势较强的树上，则中、长果枝及混合枝的败育花率较高。这种现象可能与品种的分枝习性，以及新梢生长、花芽分化的节奏有关，分枝力强、长枝多的品种或植株，败育花率就高；反之，败育花率就低。这是因为，在甜樱桃果实采收后，长势壮旺的树上有一个新梢速长期，消耗养分较多，以致影响了花芽的发育质量，从而增加了中、长果枝及混合枝基部腋花芽的败育花率。

甜樱桃结果枝基部的 1~14 节均可以形成花芽，成花率高于 50% 的节位，品种不同成花有差异。温度对樱桃花芽萌发的形态和生理有显著影响。温度越高，花芽发育越快，开花越早。李永强等（2010）研究认为，昼温高于 25℃会造成樱桃细胞膜脂过氧化伤害，影响樱桃的花芽分化。甜樱桃花芽分化对夏季高温的敏感时期是萼片原基和花瓣原基分化期。在高温各处理中，翌年双雌蕊发生率显著高于其他各处理的时间，正是萼片原基和花瓣原基大量分化的时期，其双雌蕊率可以达到 26.6%。露地栽培甜樱桃从解除休眠到萌芽所需的时间比促成栽培的甜樱桃所需时间要长；从萌芽到花芽开绽所需时间比促成栽培甜樱桃所需时间多 4d，花粉的快速发育影响了花粉的育性，这可能是促成栽培甜樱桃授粉受精困难的一个原因。促成栽培环境内温度波动比露地波动小，促成栽培使甜樱桃花芽形态分化的开始时期明显提前。6 月 10 日露地栽培的甜樱桃花芽全部处于苞片原基分化期的时候，促成栽培的甜樱桃花芽已经有 77.8% 处于花序原基分化期。促成栽培的甜樱桃花芽全部处于或完成雌蕊原基分化时，露地栽培的仍各有 15.6% 处于花瓣原基和雄蕊原基分化期。遮阴栽培与促成栽培相比，能减缓花芽分化进程，但作用有限。

甜樱桃的花芽量大，果小，疏花应结合花前和花期复剪进行。在河南一般在 3 月底至 4 月中旬进行花前和花期复剪，复剪时疏去树冠内膛细弱枝上及多年生花束状结果枝上的弱质花蕾、畸形花，以改善保留花的营养条件，有利坐果和果实发育。由于甜樱桃的多数品种自花结实率很低，为了确保产量，除了建园时配置好授粉树外，还应做好人工授粉和利用访花昆虫辅助授粉（赵改荣，1999）。研究显示，花期喷肥盛花期喷施 0.2%～0.3% 硼砂+0.2% 磷酸二氢钾溶液，若花量大或树势弱，应再加喷 0.2% 尿素。甜樱桃开花需要足够水分。若水分不足，土壤墒情差，花发育不良，花小，柱头分泌的黏液少，花粉生命力弱，影响授粉受精及坐果，所以，开花初期要适量灌小水。灌溉前，先在设施内贮备好灌溉用水，使水温与地温一致（刘坤，2012）。蔗糖和硼对花粉的萌发均有明显的促进作用。15%，20% 的蔗糖水溶液和 15mg/L 的硼砂水溶液对花粉萌发的促进作用最显著，萌发率分别达到 75.01%～84.35% 和 88.60%～94.78%，花粉的发育率为 86.79%～98.0%。在 25℃ 条件下花粉萌发率和花粉管伸长速率均达到最高，说明早春低温不利于中国樱桃花粉萌发，影响授粉受精（李永强等，2009）。

职倩倩等（2012）通过观察'早红宝石'从萌动期至谢花期的花芽发育特征及胚珠多糖定位，结果证实，在同一物候期，露地、温室、破眠剂处理的花芽发育特征及胚珠淀粉粒定位一致；在同一物候期，温室'早红宝石'胚珠淀粉粒数量多于露地和破眠剂处理的，分布区域也大于后两者。破眠剂处理的花后 2 d 胚珠淀粉粒显著高于对照，分布范围亦增加。综上所述，温度是决定甜樱桃花芽发育进程、胚珠淀粉数量及分布的重要因素。高温加速花芽发育，却抑制胚珠多糖水解。难以满足胚珠、胚囊快速发育对碳水化合物的需求，最终胚囊败育。破眠剂可提早花芽发育进程，有效提高胚囊发育质量。李燕等（2011）研究表明，花粉母细胞减数分裂时期 35℃ 高温处理 4 h，减数分裂形成异常显著高于对照，随后部分花粉解体消失，花药干枯，残存的花粉粒离体培养不萌发；单核花粉时期或单核花粉有丝分裂时期进行 35℃ 处理，不同程度加快了花药的发育进程，其中由于绒毡层和中层细胞提前解体，不能持续稳定地供给营养物质，造成部分花粉粒的解体消失；花期花药变褐率增加，不能正常散粉；产生的成熟花粉粒瘪小，离体培养萌发率显著降低。甜樱桃整个花芽萌动期雄蕊对高温胁迫都非常敏感，早期高温胁迫对雄蕊的危害程度较大。边卫东等（2006）研究结果显示，甜樱桃的胚珠、胚囊和花粉发育，是在春季伴随着温度逐渐升高完成的。因此，甜樱桃自交不亲和程度与其雌蕊的发育状态密切相关，蕾期授粉和延迟授粉都能够在一定程度上克服甜樱桃的自交不亲和性，但蕾期授粉的作用更加明显。

许方和许列平（1994）研究表明，甜樱桃品种大紫于授粉后 1 h，花粉粒在雌蕊柱头上萌发形成花粉管。授粉后 2~3 h，花粉管伸入柱头的乳突细胞。

授粉后 4~8 h，花粉管经柱头组织伸向花柱的引导组织。授粉后 12 h，花粉管在花柱的引导组织中向下生长。授粉后 72 h，多数花粉管到达胚囊进行受精。雌雄性核融合经历的时间约为 24 h。甜樱桃品种大紫的受精作用属于有丝分裂前配子体融合的类型。3 个甜樱桃品种的花粉均能在自花或异花柱头上萌发，且于授粉 27 h 后趋于稳定，不同授粉组合间花粉萌发量只在数量上表现出差异，其结果并不会影响坐果率。在花粉管生长情况上，不同授粉组合表现出显著差异。授粉后 51~99 h，亲和花粉管不断向花柱基部延伸，进入子房；而不亲和花粉管在花柱中上部受到抑制，停止生长。同为自花授粉，'斯坦勒'自交的花粉管能够到达花柱基部，表现为自交亲和；而'美早'和'早大果'自交则表现为极强的不亲和性。异花授粉中'斯坦勒'与'美早'和'早大果'均表现为亲和性较好。综上所述，'斯坦勒'无论是自花还是异花授粉，花粉管均能到达花柱基部完成受精，是较为理想的授粉树。而'美早'和'早大果'只有在异花授粉时花粉管才能到达花柱基部，而自花授粉的花粉管在花柱中上部已停止生长，在实际生产中需要配置授粉树才能丰产丰收（李琛等，2018）。

睢薇等（1995）研究证实，通过对草原樱桃 3 个品种开花习性的观察，认为草原樱桃的花芽为混合芽，在枝条上着生有单芽、两芽簇生、三芽簇生三种类型；在原樱桃的开花物候期在 5 月中旬，品种间花期基本一致；不同品种的花粉数量及花粉生活力也无明显差异；3 个品种的自花结实率极低，属高度的自花不育，需异花授粉；阿尔泰斯卡娅和马克西莫夫斯卡娅两个品种间相互授粉的结实率较高，可互为授粉树。通过对草原樱桃与欧洲甜樱桃种间远缘杂交及草原樱桃品种间杂交后花粉管行为的荧光观察发现，草原樱桃品种间杂交授粉后花粉在柱头上能正常萌发生长，花粉管沿花柱到达胚珠完成受精过程，平均坐果率为 27%。而草原樱桃与欧洲甜樱桃种间杂交授粉后花粉在柱头上虽少量萌发，但花粉管在柱头上横向生长，或盘绕，扭曲不能伸入花柱；个别进入花柱的花粉管先端因沉积胼胝质而中途停止伸长未能进入子房到达胚珠，观察结果表明，这种杂交授粉后花粉管的不正常行为是导致草原樱桃与欧洲甜樱桃远缘杂交不亲和的主要原因（睢薇等，1999）。

3.2 樱桃休眠期需冷量相关研究

近年来，国内外不少学者研究了不同的落叶果树品种和砧木等的休眠期需冷量。一般地，在气温 0~7.2℃ 条件下，达到 200~1 500 h，多数果树都可以通过休眠。但是由于植物本身的生态适应性，以及不同地区的气候环境对植物体内生理代谢的影响进程不同，使得落叶果树需冷量具有遗传性，在不同果树树种、品种间存在显著差异，即使是同一果树树种的不同品种在年际间也存在差异，不同地区之间差异更大。并且短暂高温能使休眠期延长，每年冬季最高、最低温度变化可能造成同一品种需冷量的年际间差异。在设施栽培条件下，为了尽快提早开花，果品提早上市，选择低需冷量并且果实发育期短的优良品种为宜（王海波等，2009）。如果需冷量不足时，提前打破休眠进入生长，将导致生长发育障碍，开花不整齐，花期延长，坐果率低，影响产量和经济效益。因此，设施甜樱桃栽培，需冷量的估算研究显得十分重要，需要根据需冷量的达标时间为基础来确定设施樱桃的扣棚期，同时，需冷量的高低还影响成熟期的早晚，因此，甜樱桃需冷量估算已经成为设施栽培成败的关键（谭钺，2010）。

目前，计算甜樱桃打破自然生理休眠所需的有效低温时数称为需冷量有 4 种方法，0~7.2℃ 模型和犹他模型是应用较广的模型，动力学模型是目前较为完善的模型，0~14℃ 低温模型，正犹他模型和改进的犹他模型是针对当地特殊气候而采用的一些模型（庄维兵等，2012）。然而，果农对樱桃自然休眠的生理和解除机制，以及植物体内生理和外在环境因素的关系还不是很清楚，什么程度的低温，必须多少时间以及计算需冷量的起始时间如何才算适宜，在不同气候背景的地区是有很大的差异，不能一概而论。

刘仁道等（2009）在实验室的低温处理后测定结果显示，'雷尼''佳红'等大部分的甜樱桃品种需冷量均是 792 h，'拉宾斯' 和 '大紫' 的需冷量达到 624 h，'红灯' 等的需冷量达到 960 h，'先锋' 需冷量达到 1 128 h，'萨米脱' 需冷量达到 1 296 h。研究结果显示，'拉宾斯' 和 '萨米脱' 在 7.2℃ 以下低温的小时数分别为 400~450 h 和 650 h。姜建福（2009）利用 < 7.2℃ 模型、0~7.2℃ 模型和犹他模型分别对烟台市农业科学研究院果树试验园、中国农业科学院郑州果树研究所试验园和浙江省金华市浦江农业生态科技

示范基地 3 个生态区的极早熟品种'早红宝石'、早熟品种'红灯'和晚熟品种'拉宾斯'休眠期低温累积量进行统计计算（王力荣等，2003）。采用五日滑动平均法计算出秋季日平均温度稳定通过 7.2℃的日期，以此作为初始日利用 < 7.2℃模型和 0 ~ 7.2℃模型计算低温累积量；而犹他模型的初始日是秋季日低温单位累积量负值达到最大值的日期，但 3 种模型计算的低温累积量终止日都是指花芽萌动期。

设施栽培条件下的樱桃休眠属于被迫休眠，受到外界气候影响，各地的气候条件差异很大，需冷量的达标时间不同，扣棚及升温的时间差异较大，各地可根据当地的气候条件确定适当的扣棚和升温时间，李淑珍（2005）等人指出当秋季夜间气温持续在 7.2℃以下时开始扣棚，初步确定了陕西等地区设施甜樱桃、桃、葡萄、李和杏等落叶果树的适宜扣棚及升温时间。山东鲁中山区温室甜樱桃扣棚时间在 12 月中下旬，升温时间在次年 1 月上旬，建议在该时期强冷空气来临之前扣棚，满足需冷量后开始升温，当满足 0 ~ 7.2℃模型的需冷量为 484 h 时就可以扣棚升温（贾化川等，2014）。

通过查阅国内外学者对樱桃相关方面的研究，发现对于各地樱桃的气象条件适宜性研究较多，部分学者进行了设施蔬菜的小气候研究，建立了气象要素模拟模型、开展低温等灾害的预警技术研究等，但对于设施樱桃栽培休眠期所需要的需冷量以及人为解除樱桃休眠期的适宜时间即适宜的扣棚期研究很少。众所周知，樱桃属于落叶果树，需冷量得到满足才能顺利完成自然休眠，进行下一个生长发育循环，尤其是开花和结果，否则其他环境条件在适宜，树体也不萌芽开花，即使萌芽也不整齐，生长结果不良，达不到促成栽培的目的。因此，对樱桃需冷量估算的研究至关重要，成为决定樱桃设施栽培成败的关键。本文仅就不同需冷量方法和不同品种进行比较，以期为设施樱桃栽培和更完善的需冷量估算提供理论依据。

3.2.1　试验材料与方法

试材为栽植在沈阳农业大学园艺试验基地和沈阳农业开发院的已进入结实期的草原樱桃。试验采用露地和日光温室两种栽培方式，草原樱桃品种有 3 个，包括'希望''阿斯卡'和'新星'。

需冷量采用两种方法测定。采用犹他加权模型的方法，周记温度计记录温室内和露地的温度变化。从 11 月中旬开始，对温室内和露地的休眠枝进行取样水培。每隔 5 d 取样一次。每次取 10 支，每个枝条剪取 10 个芽以上，长 20~30cm 的枝条。取样后放入光照培养箱水插培养。培养条件为温度 25℃/ 15℃（昼/夜），光照 2 000 lx，光/暗比为 14 h/10 h，空气相对湿度控制在 50%~70%。每 3 d 换水一次，每次剪除基部 2~3 mm，露出新茬。处理半月后 统计发芽情况。当萌芽率大于 50% 以上的，则记为已通过自然休眠，计算为 满足了低温需求量。

试验期间利用周记温度计连续检测采样温室和露地的温度变化，借助犹他 （Utah model）模型估算草原樱桃的需冷量。转换方式见表 3-1。

表 3-1　温度和冷温单位转换

温度（℃）	冷温单位（c.u）
1.4	0
1.5~2.4	0.5
2.5~9.1	1.0
9.2~12.4	0.5
12.5~15.9	0
16.0~18.0	-0.5
18.1~21.0	-1.0
21.1~23.0	-2.0

同时采取另外方法，将秋季进入休眠的不同品种草原樱桃枝条放入 3~5℃ 的冰箱内低温冷藏，15 d 后开始剪取枝条水培，每 5 d 取样一次。每次取 10 支，每个枝条剪取 10 个芽以上，长 20~30 cm 的枝条。取样后放入光照培养 箱水插培养。培养条件为温度 25℃/15℃（昼/夜），光照 2 000 lx，光暗比为 14 h/10 h，空气相对湿度控制在 50%~70%。每 3 d 换水 1 次，每次剪除基部 2~3 mm，露出新鲜伤口。半月后统计发芽情况。当萌芽率大于 50% 以上时， 记为通过休眠。需冷量计算公式如下。

需冷量（c.u）＝冷藏天数（d）×24（h/d）

最后，草原樱桃的需冷量按两种方法的结果取平均值确定，且第二年进行 了重复试验验证结果。

3.2.2 草原樱桃休眠期需冷量的测定

果树设施栽培中，栽培品种的越冬需冷量是确定温室适宜升温时期的依据。试验中采用两种不同方法对草原樱桃不同品种进行了需冷量的测定。

表3-2 草原樱桃在不同条件下的需冷量

品种	需冷量（c.u）			
	冰箱	温室	露地	平均值
新星	720	839	815	791[a A]
希望	696	813	791	767[a AB]
阿斯卡	624	785	752	720[b B]
平均值	680[C]	812[A]	786[B]	—

注：小写字母表示0.05水平显著，大写字母表示0.01水平显著

表3-2列出了3个草原樱桃品种在不同条件下的需冷量记录结果。可以看出，在3个品种间采用同一种方法测定的需冷量存在显著差异，试验调查数据表明，不同品种的草原樱桃对低温的需求量差异显著。而同一品种采用温室、露地栽培及冰箱不同贮存条件下测定需冷量差别也较大。差异显著性分析结果表明，品种间和不同条件间的需冷量都存在显著差异。品种间新星的需冷量最高，极显著地高于阿斯卡，但与希望无显著差异；希望的需冷量居中，显著高于阿斯卡；阿斯卡需冷量最低。在3种取材条件之间，温室栽培测定的需冷量最高，露地栽培其次，冰箱贮存枝条的需冷量最低，相互间都达到极显著差异。

从3个品种的需冷量分析，草原樱桃的需冷量通常在700~800 c.u，远低于甜樱桃的需冷量（1 100~1 300c.u）。经两年的观察发现，草原樱桃在沈阳地区12月中旬满足了低温需冷量的要求，通过了自然生理休眠。和甜樱桃比草原樱桃的越冬需冷量低，说明在设施栽培草原樱桃时可以提早（12月中旬）升温，提前开花结实获得早果丰产，获得更大的经济效益。试验结果表明，相同品种在冰箱贮藏的枝条需冷量最低，通过休眠的时间也最短，露地栽培需冷量居中，而温室栽培需冷量最高，通过休眠的时间也最长。这可能因为冰箱内的温度稳定，更适宜枝条的低温积累，休眠效果较好；而温室和露地的温度波

动较大，树体休眠效果较差。特别是温室内温度变化激烈，休眠期会出现短期高温而抵消低温积累，降低休眠效果。这说明田间栽培时，休眠期间闷棚是保证樱桃通过休眠必需的技术要点。

3.3 樱桃新梢生长动态及开花物候期的调查

物候期是植物器官受一年内季节气候条件制约而发生相应的动态变化。多年生果树每年从春季开始萌芽后，随着季节气候的变化，有规律地进行着鳞芽、抽梢、开花、结实以及根、茎、叶、果等一系列的生长发育活动，这种年复一年的规律性变化，即为年发育周期。果树物候期有：休眠期、萌芽期、始花期、盛花期、末花期、展叶期、新梢生长期、果实成熟期等，在生长期间，果树各器官随着每年气候变化，在形态上和生理上表现出显著的特征，即表现出不同的物候规律。因此，物候期既反映了果树器官发生及生长的动态，又反映了当时的气候条件与过去一段时间光热的积累情况。

3.3.1 新梢生长动态调查

2003 年 2 月底调查了沈阳农业大学教学基地 15 号温室内的'希望'和'阿斯卡'两个品种的萌芽力、成枝力及各种枝条比例、新梢生长动态。调查时每品种选发育正常的植株 5 株，每株随机取不同方向的延长枝 10 个为样本，标记挂牌。从末花期开始，每隔 5d 测量一次新梢长度。最后绘制新梢春季生长动态曲线。

3.3.1.1 萌芽力、成枝力及各种枝条比例的调查

草原樱桃幼树露地栽培萌芽力和成枝力显著升高，树体生长旺盛。试验调查了草原樱桃温室栽培的萌芽力、成枝力和各类枝条的比例，以探讨温室栽培的生长发育规律。

表 3-3 列出了草原樱桃温室栽培 4 年生树的调查结果。可以看出，调查的'希望'和'阿斯卡'两个草原樱桃品种树体生长发育基本相似，萌芽力都在 90% 以上，成枝力在 80% 左右。当年萌发的枝条中，两品种长枝都占 70% 以上，中长枝占 20% 左右，而短枝仅占不足 10%。整体看来，草原樱桃的萌芽力高，成枝力强，长枝所占比例较大，树体生长旺盛。在温室内栽培的草

原樱桃易产生生长势过旺，树体枝条密集，上部易形成强旺营养生长枝。栽培修剪时应以疏为主，轻剪缓放，严格控制树势上强；同时还应适当控制肥水，缓和树势，结合拉枝环剥及环割等技术，促进枝条尽早形成花芽，提高坐果率，以果压冠，从而获得早果丰产，达到较好的生产栽培效果。

表 3-3　萌芽力、成枝力及枝类比的调查结果

品种	萌芽力（%）	成枝力（%）	长枝比例（%）	中枝比例（%）	短枝比例（%）
希望	93.7	80.9	71.1	21.1	7.8
阿斯卡	92.6	76.1	76.4	18.3	5.3

3.3.1.2　新梢生长的动态变化

图 3-1 绘出了温室栽培草原樱桃新梢生长发育动态的调查结果。可以看出，草原樱桃两个调查品种温室栽培的枝条生长动态基本相似。通常休眠的草原樱桃在温室升温后一个月开始萌芽、开花，而叶芽生长缓慢。到末花期（2月下旬）新梢生长明显加快，3 月进入新梢生长旺期，新梢日均生长量可达0.6~1.0 cm（图 3-1 和图 3-2）。进入 4 月，希望依然保持 10 d 左右的快速生长，'阿斯卡'生长速度明显减慢，这与'阿斯卡'花期短，落花早，先于'希望'新梢生长的品种特性有关。到 4 月下旬，新梢的生长期近 2 个月时，'阿斯卡'和'希望'的新梢先后封顶。

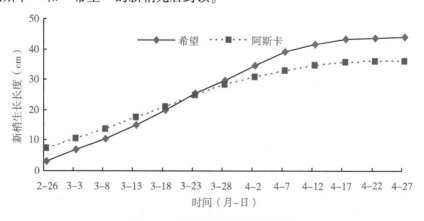

图 3-1　草原樱桃新梢生长动态

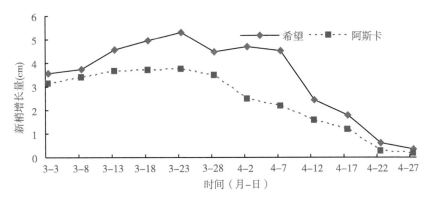

图 3-2 草原樱桃新梢生长量的变化

3.3.2 开花物候期观察

每品种选取正常的植株 3 株，自萌芽后每天记载一次。以全树花芽 5% 现蕾为初蕾期，以全树 50% 现大蕾为大蕾期，以全树 50% 露白为露白期，以全树 5% 开花为初花期，50% 开花为盛花期，以 90% 开花为末花期。

核果类果树在北方落叶果树中是开花较早的果树之一。露地栽培草原樱桃的物候期比其他核果类树稍晚，比毛樱桃还晚 10 d 左右。表 3-4 列出了草原樱桃露地和温室栽培的开花物候期的观察结果。可以看出，品种间'新星'花期较早，'希望'其次，'阿斯卡'较晚。花期持续时间'阿斯卡'较短，'希望'和'新星'相近。温室内栽培的草原樱桃开花期比露地早 80 d 左右，开花持续时间短 1~3 d。虽然品种间开花期有所不同，但差异较小，品种间花期相遇的时间较长，为品种间异花授粉创造了有利条件。本试验中露地栽培品种间共同花期是 4 月 28 日至 5 月 5 日，花期相遇 8d；温室内栽培品种间共同花期是 2 月 9—15 日，花期相遇 7 d。

表 3-4 草原樱桃开花物候期的观察

品种	蕾期（月-日）			花期（月-日）			
	初蕾期	大蕾期	露白期	始花期	盛花初期~盛花末期	末花期	花期天数（d）
希望#	4-24	4-26	4-27	4-28	4-29 至 5-8	5-9	12

（续表）

品种	蕾期（月-日）			花期（月-日）			
	初蕾期	大蕾期	露白期	始花期	盛花初期~盛花末期	末花期	花期天数（d）
阿斯卡#	4-21	4-23	4-25	4-26	4-27 至 5-4	5-5	10
新星#	4-23	4-25	4-26	4-27	4-28 至 5-8	5-9	13
希望*	2-3	2-6	2-7	2-8	2-9 至 2-16	2-17	10
阿斯卡*	2-3	2-7	2-8	2-9	2-10 至 2-14	2-15	7
新星*	2-2	2-5	2-6	2-7	2-8 至 2-17	2-18	12

注：#表示露地栽培，*表示温室栽培

3.4 櫻桃花芽分化和花朵发育研究

3.4.1 草原樱桃的花芽分化观测

3.4.1.1 草原樱桃花芽分化的形态进程及主要特征

对露地和保护地栽培的草原樱桃花芽分化的观察是从果实成熟末期开始，每5 d采草原樱桃的长果枝，在解剖镜和倒置显微镜下剥去芽外部的鳞片，观察、鉴定花芽分化时期和形态，并记录和拍照；同时另取一部分花芽在4℃条件下用FAA固定保存，用石蜡切片方法制片，切片厚10μm，番红染色，显微观察花芽分化的解剖形态，选择典型视野拍照。

草原樱桃同一枝条上的不同芽进入花芽分化的阶段差异很大，一般枝条顶端第一侧芽最早，以下各芽逐次延后。试验以长果枝第一至第五侧芽所处时期定为草原樱桃的花芽分化的某一时期。

3.4.1.2 药剂处理对草原樱桃花芽分化的影响

2003年3月14日，在沈阳农业科技开发院温室，以'阿斯卡'为试材，采用药剂处理，调节草原樱桃的花芽分化，分析对花芽分化的影响。药剂处理为0.05%PP$_{333}$（300倍液），0.05%PP$_{333}$+0.5%KH$_2$PO$_4$，0.05%PP$_{333}$+0.5%尿素，0.05%PP$_{333}$+0.5%硼酸共4个处理，以喷清水为对照。每棵树为一个处理，随机区组，3次重复。喷药时间在晴天的上午，以等量的药剂均匀地喷在处理樱桃树的叶片上，在果实成熟后每 5 d 取不同处理的长果枝，以剥芽法观察花芽分化进程，在第二年开花前统计形成花芽数。

3.4.1.3　花芽分化的形态进程及主要特征

了解草原樱桃的花芽分化进程，对合理控制环境条件提高草原樱桃花芽的数量和质量具有重要意义。试验采用解剖和石蜡切片法对露地和温室栽培的草原樱桃花芽分化进程进行了观察分析。

表 3-5 列出了草原樱桃花芽分化进程的观察结果。数据显示，草原樱桃在果实成熟后 10 d 左右开始进入花芽分化期。完成花芽分化过程需要 40~ 50 d。调查结果显示，品种间花芽分化早晚差异很大，露地的'阿斯卡'花芽分化比希望早一周左右，开花进程也快。在 8 月 19 日完成了雌蕊分化期。而温室栽培与露地相比，同一品种的分化时间缩短 10 d 左右。分化起始早两个月零 10 d，雌蕊原基分化在 5 月 20 日就完成了，为早果丰产奠定了基础。各时期的主要形态特征如下。

表 3-5　草原樱桃花芽分化的进程 (月-日)

品种	未分化期	分化初期	花蕾形成期	萼片分化期	花瓣分化期	雄蕊分化期	雌蕊分化期
希望#	6-30	7-5	7-15	7-25	8-4	8-14	8-29
阿斯卡#	6-25	6-30	7-10	7-20	7-30	8-9	8-19
希望*	4-15	4-20	4-25	4-30	5-10	5-20	5-30
阿斯卡*	4-5	4-10	4-15	4-20	4-30	5-10	5-20

注：#为露地栽培，*为温室栽培，FT：分化期

（1）未分化期

未分化的芽顶端稍尖，纵切面呈圆锥形。芽内生长点被鳞片紧密包裹（彩图 25A 和彩图 25B），芽原基由形态一致的原始分生细胞组成。

（2）花芽分化初期

芽变得肥大而隆起，生长点变成扁平的半球体（彩图 25C）。芽内的生长点继续分化，顶端变圆、变平，逐渐形成一个平面，芽鳞片缓慢打开（彩图 25D）。此形态可作为进入花芽开始分化期的特征。

（3）花蕾形成期

芽内肥大隆起平滑的生长点出现多个小突起，为花蕾原基。花蕾原基基部

细胞不断分裂，逐渐增高形成半球形（彩图 25E）。花原基分化生长达一定高度后，顶端变得扁平（彩图 25F）。此形态可作为花蕾形成的标志特征。

（4）萼片分化期

在顶部扁平的花原基边缘部位，表皮下的细胞分裂，形成花萼原基的突起（彩图 25G），进入萼片分化期。

（5）花瓣分化期

随着萼片原基的伸长，在其内侧各产生一个小突起，是花瓣原基形成的标志（彩图 25H 和彩图 25I）。

（6）雄蕊分化期

花瓣原基内侧中心部位产生多个近圆形的小突起，即为雄蕊原基的出现期（彩图 25J）。

（7）雌蕊分化期

平坦的生长点中心出现突起，并逐渐增高，即为雌蕊原基分化期（彩图 25K 和彩图 25L）。雌蕊形成后逐渐发育形成子房、胚珠，花药也进一步发育（彩图 25M 和彩图 25N）。

3.4.1.4　药剂处理对草原樱桃花芽分化的影响

据报道，PP_{333}、磷酸二氢钾、硼酸等药剂可促进油桃等果树的花芽分化。试验选用了几种药剂处理草原樱桃，探讨了药剂处理对草原樱桃花芽分化的影响。表 3-6 列出了药剂处理对草原樱桃花芽分化影响的调查结果。可以看出，药剂处理对草原樱桃花芽分化进展的速度和花芽的数量都有明显的影响。其中，0.05%PP_{333}、0.05%PP_{333}+0.5%磷酸二氢钾、0.05%PP_{333}+0.5%硼酸 3 个处理比对照花芽分化提前 7~10d，分化集中的时间提前了，形成花芽的数量也大幅度增加，且均与对照比较达到显著水平。0.05%PP_{333}+0.5%磷酸二氢钾处理的花芽分化量最多，高达 389 个，是对照的近 3 倍。这说明药剂处理可明显提高草原樱桃花芽分化的数量和质量，生长调节剂和钾肥的施用效果显著，单独施用 PP_{333} 或同硼肥一起施用也对成花有一定的效果。解剖学观察发现，药剂处理的草原樱桃不但进入花芽分化期早，而且长果枝的中、下部的部分芽也能转化成花芽，因而提高了花芽的整体数量。0.05%PP_{333}+0.5%尿素处理与对照相比花芽分化进程和数量无显著差异，说明氮肥的施用对营养生长有利，而对花芽的形成没有明显的促进作用。

表 3-6　药剂处理对花芽分化的影响

处理	分化起始期（月-日）	分化集中期（月-日）	花芽个数（个/株）
0.05%PP$_{333}$+0.5%磷酸二氢钾	4-3	4-14 至 4-28	389^A
0.05%PP$_{333}$+0.5%硼酸	4-3	4-14 至 4-28	361^B
0.05%PP$_{333}$	4-3	4-14 至 4-28	317^B
0.05%PP$_{333}$+0.5%尿素	4-10	4-20 至 5-4	146^C
CK（水）	4-10	4-20 至 5-4	133^C

3.4.2　草原樱桃花粉母细胞减数分裂的观察

试验于 2004 年 1—2 月，温室栽培的草原樱桃的现蕾期，选取着花芽较多的草原樱桃 3 个品种的小花蕾，用卡诺固定液固定 24 h，95% 的酒精漂洗数次，转入 70% 的酒精中，在 5℃条件下保存备用。

花粉母细胞减数分裂观察采用压片法，取保存备用的花蕾置于滤纸上，从花蕾中挑 1~2 个花药到洁净的载玻片上，滴加改良的卡宝品红染色液一滴，挤压出内含物，盖上盖玻片，再在盖玻片上加一滤纸，以拇指均匀挤压，取下滤纸后镜检，选典型视野显微拍照。

近年观察发现，草原樱桃部分品种的花粉量少，整齐度偏低。此现象是否与草原樱桃为四倍体（2 n=32），存在减数分裂异常有关。为此，采用压片法对草原樱桃的减数分裂的过程进行细胞学观察。

观察发现，草原樱桃在开花前 25 d 进入减数分裂期，3 个品种的减数分裂时间进程基本一致，各分裂期的形态变化也无明显差别，不存在减数分裂异常现象。草原樱桃从开始进入减数分裂到分裂完成需 10 d 左右。同一花药中的分裂进程基本同步，而不同花朵、不同花药间的减数分裂进程有差别。

我们通过镜检观察到了草原樱桃花粉减数分裂各不同时期（彩图 26）。可以看出，草原樱桃减数分裂完全正常，分裂方式属于第一次分裂与第二次分裂相连较紧密，不存在明显二分体时期的类型。

3.4.3　不同樱桃花粉量和花粉活力的测定

花粉是高等植物的雄配子体，在育种上可用来解决不同果树品种开花期不遇和异地果树品种杂交困难问题。为了进行人工辅助授粉或者杂交授粉，需要早期采集和贮存花粉，尤其是杂交育种工作中，研究花粉生活力和育性是必不可少的基础工作。在使用、采集和贮存花粉之前，需要对花粉生活力进行检测。花粉生活力是指花粉具有存活、生长萌发或发育能力。本文通过测定花粉量及花粉活力了解草原樱桃的花粉特性，为合理配置授粉树提供依据，对草原樱桃的花粉数量、整齐度和生活力进行了观察鉴定。试验以甜樱桃做对照，进行了比较分析。

3.4.3.1 樱桃花粉量的测定

取花粉已达气球状，饱满、正常、未开裂的药囊 100 粒，放在培养皿内，待其自然开裂，花粉散出后，滴入 5~10 mL 醋酸洋红溶液，再加上瓶盖轻轻摇动，使花粉呈悬浮状态。然后滴取数滴至血球计数器中，观察每一格中或几格中的花粉数，共测 50 次，取其平均值，推算每一花药中的花粉数量。

表 3-7 列出了花粉量大小的检测结果。结果发现，参试的樱桃品种相互间花粉量都存在极显著性差异。两个甜樱桃品种红蜜和红灯每花药的花粉量在 2 000 粒左右，极显著高于草原樱桃的 3 个品种。红蜜花粉量达到新星的近 6 倍。草原樱桃中阿斯卡花粉量最大，为 1 549 个花药，而希望和新星的每花药花粉量仅有 895 粒和 413 粒。从花粉的数量看，'阿斯卡'可以认为是其他草原樱桃的理想授粉品种。草原樱桃花粉数量少，自花授粉结实率低，栽培时必须加大授粉树的比例，合理选择和配置授粉树，或者采用合理的授粉方式，例如人工辅助授粉或者蜜蜂授粉等结合进行，保证授粉受精完成，利于丰产稳产。

表 3-7　几个品种花粉量的比较

种	品种	花粉量（粒/花药）
甜樱桃	红蜜	2 461[aA]
	红灯	1 996[bB]
草原樱桃	阿斯卡	1 549[cC]
	希望	895[dD]
	新星	413[eE]

3.4.3.2 樱桃花粉粒大小和形态的观察与比较

花粉粒大小的测定大蕾期取草原樱桃、毛樱桃、中国樱桃、甜樱桃的花药，在纸盒内自然开裂散粉，待花粉干燥时，在显微镜下用测微尺测量花粉粒的横纵径，每个品种测 50 粒，并显微照相。

试验通过显微检测对草原樱桃、毛樱桃、中国樱桃和甜樱桃的花粉大小和整齐度进行了观察。检测结果见表 3-8。

表 3-8　不同种类樱桃花粉粒大小的比较

种	品种	纵径（μm）	变异系数（%）	横径（μm）	变异系数（%）
草原樱桃	希望	51.43	9.24	25.34	14.56
	新星	52.31	31.77	26.36	27.01
	阿斯卡	50.12	7.05	25.22	10.27
毛樱桃	野生种	41.25	10.53	21.50	6.13
中国樱桃	矮樱	53.57	8.88	25.71	13.77
甜樱桃	红灯	45.91	9.29	23.57	9.81
	红蜜	64.23	8.68	30.38	12.50

观察结果表明，樱桃种间和品种间花粉粒的大小存在明显差异，甜樱桃中的'红蜜'的花粉粒最大，毛樱桃的花粉粒最小，草原樱桃的 3 个品种大小相近，略有差异，'新星'＞'希望'＞'阿斯卡'。变异系数统计和形态观察（彩图 27）表明，新星的纵径、横径的变异系数明显高于其他樱桃品种，说明'新星'樱桃的花粉整齐度低，异常花粉粒占比例大，花粉质量较差。彩图 27 为参试品种的花粉大小的显微照片，也可以看出新星花粉整齐度低的现象。其中，'红蜜'的花粉纵径比毛樱桃增加达到 56%，横径比毛樱桃增加达到 43%，且变异系数小，说明'红蜜'花粉粒大而整齐，适合作为甜樱桃甚至樱桃其他种的授粉品种，满足授粉要求，达到丰产稳产的生产要求。

3.4.3.3 樱桃花粉活力的比较鉴定

花粉生活力的测定采用培养基播种法测定。基本培养基为 10%蔗糖、1%琼脂和 0.02%的硼酸。培养温度 25℃。每个处理培养 5 次，计算平均值。调查值为发芽率和一定时间花粉管生长长度。分析品种间、培养基蔗糖浓度、硼酸含量及温度变化对花粉萌发的影响。

试验通过培养基播种法鉴定了参试樱桃的花粉活力。调查统计结果（表3-9）表明，随着授粉时间的延长花粉管进行快速的伸长生长，播种花粉培养经过5h，甜樱桃发芽率达到近50%，中国樱桃和'阿斯卡'达到50%以上，而草原樱桃'新星'发芽率不到10%，说明，樱桃的种和品种间花粉萌发的速度差异很大。播种花粉培养经过10 h，甜樱桃发芽率达到55%以上，中国樱桃达到52%左右，而'阿斯卡'花粉发芽率达到58%以上，而草原樱桃'新星'发芽率刚达到10.8%，由此可知，樱桃的种和品种间花粉萌发增长的速度也有一定差异。播种花粉经过15 h培养后调查，'新星'樱桃花粉的发芽率最低、花粉管的生长长度也最短，分别为13.1%和571μm；'希望'花粉的发芽率也偏低，为33.2%；而'阿斯卡'、中国樱桃和甜樱桃的两个品种花粉发芽率较高，都在60%左右，极显著高于'新星'和'希望'樱桃。此结果进一步说明甜樱桃自花结实率好于中国樱桃和草原樱桃，甜樱桃栽培过程中可适当配置授粉树提高坐果率。而草原樱桃自花结实率偏低，且品种间差异很大，特别是'新星'和'希望'栽培时必须合理配置理想的授粉品种，才能保证授粉很好地完成。

表3-9　不同种类樱桃花粉活力的比较

品种	培养5 h		培养10 h		培养15 h	
	发芽率（%）	花粉管伸长（μm）	发芽率（%）	花粉管伸长（μm）	发芽率（%）	花粉管伸长（μm）
希望	25.8	361	28.7	516	33.2[B]	775
阿斯卡	55.6	347	58.6	573	60.3[A]	623
新星	8.5	388	10.8	489	13.1[C]	571
中国樱桃	51.2	417	52.5	563	56.2[A]	826
红灯	44.6	394	57.2	537	62.3[A]	767
红蜜	48.3	369	55.4	551	57.4[A]	724

3.4.3.4　樱桃花粉生活力的影响因素分析

试验以10%蔗糖、1%琼脂和0.02%硼酸配成的培养基为基本培养基，'阿斯卡'花粉为试材，探讨了培养基和培养条件对草原樱桃花粉生活力的影响。试验分析结果见表3-10。

表3-10 培养基和培养条件对草原樱桃花粉活力的影响

培养条件		培养 5 h		培养 10 h		培养 15 h	
		发芽率（%）	花粉管长（μm）	发芽率（%）	花粉管长（μm）	发芽率（%）	花粉管长（μm）
蔗糖（%）	10	55.6	347	58.6	573	60.3	623
	15	37.9	113	38.4	125	39.8	134
	20	19.6	86	23.9	94	24.7	99
硼酸（%）	0.00	34.1	289	43.6	356	48.5	534
	0.01	46.2	393	57.2	531	63.7	654
	0.05	45.9	404	60.3	557	66.2	704
	0.20	55.6	347	58.6	573	60.3	623
	0.50	16.5	21	18.3	23	19.1	25
培养温度（℃）	15	14.9	98	18.5	136	19.1	152
	20	56.5	361	57.2	547	59.8	579
	25	55.6	347	58.6	573	60.3	623

试验结果可以看出，在试验范围内，培养基的蔗糖浓度为10%草原樱桃花粉萌发率最高（60.3%），花粉管生长速度也最快。蔗糖浓度在10%~20%范围内随着浓度提高花粉发芽率和花粉管生长的长度都有所下降。此结果说明，培养基蔗糖浓度过高对草原樱桃花粉萌发和花粉管生长起到明显的抑制作用，花期喷低浓度的蔗糖（20%）可促进草原樱桃授粉受精，提高坐果率。硼酸可促进草原樱桃花粉的萌发和花粉管的伸长生长，在试验范围内硼酸最佳浓度为0.05%左右，浓度过高（0.5%）对花粉的萌芽和伸长有很强的抑制作用，浓度过低（0.01%以下）效果不明显。据此可以推论，草原樱桃花期喷施适宜浓度的硼酸，可能会促进授粉受精，提高坐果率。试验结果还表明，草原樱桃花粉培养的适宜温度为20~25℃，15℃条件下培养花粉萌芽率低，花粉管生长速度慢；适宜的培养时间为10~15 h，培养5 h花粉萌芽率低，不能反映花粉的实际生活力。

3.4.4 草原樱桃花器官结构的观察

试验观察了草原樱桃的花型，花瓣、花萼、雄蕊、雌蕊的颜色，花朵的数量和大小等性状，经统计分析鉴定了品种间的差异。草原樱桃为伞形花序，每个花序有 4~8 朵花。每朵花有 5 枚花瓣，花瓣白色，子房下位。表 3-11 列出了不同品种花器官结构的调查结果。

表 3-11 不同品种的花器官结构

平均值（cm）	品种		
	新星	希望	阿斯卡
花柄长	1.42±0.33	1.35±0.38	1.27±0.15
花冠直径	3.19±0.52	2.67±0.31	2.15±0.26
花托直径	0.61±0.09	0.57±0.03	0.45±0.01
花丝平均长	0.97±0.29	0.86±0.21	0.73±0.14
花丝平均数（个）	44.25±6.21	42.77±3.13	41.10±5.34
花柱长	1.25±0.16	1.07±0.11	0.84±0.08

花器官结构调查结果表明，品种间花器官的各调查性状都存在一定差异。品种间器官大小变化趋势为'新星'＞'希望'＞'阿斯卡'。'新星'的花冠直径、花托直径和花柱长显著高于'阿斯卡'，其他两个品种间差异不显著。观察发现，草原樱桃花的发育中，存在雌蕊发育异常现象。特别是在温室栽培条件下，如果环境控制不当，会出现大量雌蕊败育的无效花。2004 年春温室的希望樱桃无雌蕊或雌蕊过短的无效花达 75% 以上，'阿斯卡'也接近 30%（彩图28）。

3.4.5 樱桃雌雄配子体的形成观察

甜樱桃多数品种自花不实，在日光温室条件下温度、光照、通风都与露地不同，而这些条件对甜樱桃花芽分化、性细胞的形成、受精过程及胚发育过程有何影响研究的很少。前面的研究已经证实，温度明显影响着甜樱桃的氮素分配和代谢，这势必对甜樱桃的生殖发育产生影响，本部分就温度对日光温室甜樱桃生殖发育的影响进行研究。

3.4.5.1 试材

日光温室中槽式栽植的 6 年生甜樱桃植株,品种为'红艳',于当年 1 月 1 日开始升温,1 月 7 日开始设 2 个温区,高温区昼夜温度为(24±2)℃和(14±2)℃,低温区昼夜温度为(17±2)℃和(5±2)℃。露地六年生甜樱桃植株,日常管理同生产要求一致。

3.4.5.2 雌雄配子体的形成观察

从 1 月 10 日开始取样,每 2 d 取 1 次样,一直取到开花,每次取花芽 20 个,用 FAA 液固定并保存,采用石蜡切片,铁钒苏木精法染色,加拿大树胶封片,用 Olympus H-2 型显微镜观察并照相。

3.4.5.3 雄配子体的形成过程

在加温开始时取样即观察到小孢子母细胞,这与姚宜轩(1992)的研究结果一致。小孢子母细胞最初排列紧密,细胞为多边形,有些正在分裂,核大、染色深,明显不同于绒毡层细胞(彩图 29)。在高温条件下,1 月 10—14 日,细胞排列都很紧密,到 1 月 16 日小孢子母细胞排列比较松散(彩图 30);1 月 18 日可看到小孢子母细胞进行第一次分裂,此时部分细胞中有 2 个核,但中间无细胞壁,(彩图 31);1 月 20 日出现四分体(彩图 32),此期仍可观察到 4 核细胞(彩图 33),随着核的分裂细胞质也在进行分裂,同时形成细胞壁,四分体出现时期比较一致,此前此后均无发现四分体;1 月 22 日观察到单核花粉粒(彩图 34),此时花粉粒小,排列比较拥挤,核较小;1 月 24 日,观察到 2 核花粉粒(彩图 35),可看到一大一小两个核,大核靠内是营养核,小核靠近花粉壁,是生殖核,此时花粉粒立体观是圆形的,花药隔膜完好;1 月 28 日看到三角形花粉粒出现(彩图 36),花药中间隔膜开始断裂,花粉发育基本完成。在高温条件下雄配子体发育整齐,速度快,从小孢子母细胞开始分裂到花粉发育完成历时 10 d 左右。

在低温条件下,小孢子母细胞一直在形成,直到 1 月 18 日仍能观察到小孢子母细胞的形成,即观察到正分裂的次生造孢细胞(彩图 37);有的直到 1 月 24 日仍处于小孢子母细胞阶段,即细胞排列紧、核大、细胞质浓(彩图 38);虽然有些小孢子母细胞刚刚形成,但有些小孢子母细胞已开始减数分裂,在 1 月 22 日即观察到一些小孢子母细胞已完成第一次减数分裂(彩图

39)，此时小孢子母细胞间隙较大；到1月24日，可以看到小孢子母细胞相离很远，一部分细胞已完成第一次分裂，第二次分裂似在进行（彩图40），一部分细胞已进入四分体期（彩图41）；同一花序中，有的处于小孢子母细胞期，未进行分裂，有的分裂1次，有的分裂2次进入四分体期，有的四分体刚结束进入单核花粉期（彩图42）。在同一花药的不同药室，小孢子母细胞的发育阶段不同（彩图43），同一花药的不同药室有的在四分体期，有的则进入单核期，同一花序、不同花朵的发育时期不同。直到1月30日仍能看到四分体的存在，到2月1日，基本都进入单核花粉期，2月3日观察到2核花粉粒存在，2月8日大部分细胞进入2核花粉期，2月14日出现发育成熟的花粉粒。在低温条件下雄配子体发育极不整齐，速度慢，从小孢子母细胞开始分裂到花粉发育完成历时24 d左右。

3.4.6　花粉在柱头上的萌发及受精

3.4.6.1　材料与方法

分别于授粉后3 h、6 h、12 h、24 h、36 h、48 h、60 h、72 h、84 h、96 h、108 h、120 h、132 h、144 h、156 h、168 h、180 h取花柱及子房，每次20个，取后用FAA固定并保存。观察花粉在柱头上的萌发及花粉管生长时FAA用量为1mol/L。的NaOH溶液在80℃条件下解离花柱30~40min，再用0.1%苯胺兰染色4 h以上，然后将花柱从中间分为两半，直接压片，用Olympus多功能显微镜进行荧光观察并照相；观察受精时将种子从果中取出，用石蜡切片，铁矾苏木精法染色，加拿大树胶封片，用Olympus H-2型显微镜观察并照相。

3.4.6.2　结果分析

观察花粉萌发及花粉管生长时发现授粉后3 h花粉已萌发，花粉管进入柱头，见彩图44；授粉后12 h，花粉管大量萌发、伸长并已达柱头1/3处，见彩图45；授粉后36 h，在花柱基部即可看到花粉管，见彩图46；彩图47所示是授粉后60 h时花柱中花粉管；授粉后120 h可看到精核向卵核靠近，见彩图48。授粉后144 h，看到合子发育成4个细胞，见彩图49；授粉后156 h合子变成8个细胞，授粉后15 d呈多细胞球胚，见彩图50，授粉后25d发育成子叶胚，见彩图51。

3.4.7 胚的发育

3.4.7.1 材料与方法

于授粉后,每隔 3 d 取样 1 次,后期每隔 5 d 取样一次,每次取 20 个果,FAA 固定并保存,石蜡切片,铁钒苏木精染色,用 Olympus H-2 型显微镜观察、照相。

3.4.7.2 结果分析

在低温条件下,1 月 10 日开始加温时已在子房内壁长出珠心突起,此后逐渐长大,到 1 月 26 日长出珠被原基,同时看到造孢细胞和周缘细胞,造孢细胞体积较大,细胞质浓,细胞核和核仁均较大,见彩图 52;到 1 月 30 日观察到大孢子母细胞,该细胞明显较周围细胞为大,以后发育成胚囊,见彩图 53;2 月 14 日花序伸出时出现 4 核胚囊,见彩图 54,同期观察到 7 核胚囊,见彩图 55,至此胚发育成熟。在低温条件下,从观察到造孢细胞到雌配子体发育成熟需 20d 左右。

在高温条件下,雌配子体的发育过程比较快,在 1 月 20 日观察到造孢细胞,1 月 24 日观察到大孢子母细胞,1 月 30 日形成 2 核胚囊,见彩图 56。2 月 1 日观察到 4 核胚囊,2 月 3 日观察到 7 核胚囊。在高温条件下从观察到造孢细胞到雌配子体发育成熟需 14 d 左右。

3.4.8 花芽的分化过程观察

3.4.8.1 材料方法

在高温区从 3 月 14 日开始取样,低温区则从 4 月 25 日开始取样,露地于果实近成熟期开始取样,每隔 5 d 取样 1 次,取样后用 FAA 固定,石蜡切片铁钒苏木精染色,用 Olympus H-2 型显微镜观察照相。

3.4.8.2 结果分析

在高温条件下,于 3 月 14 日即硬核末期第一次采样时即观察到小花原基,而且小花原基已分化出萼片原基,见彩图 57,这说明在此之前花芽已开始分化,但此时仍可观察到刚刚长出的小花原基(彩图 58);未出现萼片原基的小花原基(彩图 59);3 月 27 日出现花瓣原基(彩图 60);4 月 1 日出现雌蕊原基和雄蕊原基（彩图 61）；4 月 21 日雌蕊原基和雄蕊原基进一步发育（彩图 62）；到 4 月 25 日各花器官基本形成（彩图 63）；4 月 30 日，完成各部分分化（彩图 64）。在高温条件下花芽分化时间短，不同花序之间发育比较整齐，单花发育需 45 d 左右。

在低温条件下，从 4 月 25 日即硬核后期开始采样，此次可观察到刚分化出的苞片原基和小花原基，不同的花芽中小花原基的数量不同，有的 1 个，有的 3 个，彩图 65 所示是含有苞片原基和 3 个小花原基的花芽，同时可观察到刚长出的苞片原基和总花原基；5 月 10 日大部分小花原基长出萼片原基（彩图 66），但此时已有个别小花正长出花瓣原基和雄蕊原基；5 月 15 日萼片内长出花瓣原基（彩图 67），同时看到部分小花内长出雄蕊原基及雌蕊原基（彩图 68），此期内仍可看到有的小花刚分化中苞片原基；5 月 25 日明显看到各个原基增大（彩图 69），以后逐渐增大；到 6 月 10 日各原基进一步发育（彩图 70）。在同一花序内不同的花发育不同步（彩图 71）；6 月 26 日花药呈蝶形（彩图 72）；7 月 9 日基本发育完成。在低温条件下，花芽分化时间长，单花发育需 75d 左右，不同花之间差别很大。

在露地条件下，5 月 13 日尚未见花芽开始分化（彩图 73）；5 月 19 日可观察到苞片原基（彩图 74）此时果实已成熟；6 月 24 日花序原基进一步分化（彩图 75）；7 月 9 日见到小花原基出现（彩图 76），各花芽分化很不整齐，开始分化时间较在日光温室条件下晚得多。

3.5 樱桃交配亲和性研究

3.5.1 樱桃授粉结实率的调查和分析

试验以'希望''阿斯卡'和'新星' 3 个草原樱桃品种为试材，进行了自交、相互杂交，同时还采用毛樱桃、中国樱桃和甜樱桃 3 个种花粉与草原樱桃进行了种间杂交，共 21 个杂交组合。每组合选 3 株母本树，在每株母本树的不同方向的结果枝上随机选取含苞待放的花蕾共 150~200 个，计数套袋隔离，挂牌标记。试验于大蕾期去雄，第二天杂交授粉，花后 15 d 调查结实率，分析各组合的交配的亲和性。

表 3-12 列出了草原樱桃授粉亲和性的调查结果。可以看出，草原樱桃作

母本与毛樱桃和两个甜樱桃品种杂交结实率为 0，存在明显的远缘杂交不亲和现象。但与中国樱桃（矮樱）杂交亲和性正常，杂交结实率与草原樱桃品种间杂交相近，不存在种间杂交不亲和现象。参试的草原樱桃 3 个品种自交授粉结实率都极低（2% 左右），存在较明显的自交不亲和性。所以，草原樱桃栽培时必须配置授粉品种，才能有效地提高结实率，获得较好的栽培效果。草原樱桃品种间杂交组合中，'新星' 为母本的两个组合结实率最高，都达 50% 以上，而 '新星' 为父本的两个组合杂交结实率却很低，都为 5% 左右。此结果可能于新星樱桃的花粉量少、质量差有关。'阿斯卡' 与 '希望' 正反交组合间结实率相近，平均为 21.34%。

表 3-12　不同樱桃与草原樱桃间授粉结实率

母本	父本（%）						
	希望	阿斯卡	新星	毛樱桃	中国樱桃	红灯	红蜜
希望	2.37	23.14	5.49	0	41.67	0	0
阿斯卡	19.54	2.27	5.11	0	10.53	0	0
新星	52.26	51.17	1.07	0	52.79	0	0

3.5.2　授粉组合间花粉萌发和花粉管生长差异分析

试验在各授粉组合授粉后的不同时间取雌蕊花柱和子房压片，采用荧光显微法观察花粉在柱头的萌发情况和花粉管在花柱中的生长状态，分析了不同授粉组合的交配亲和性。

结果发现，在存在远缘杂交不亲和的两个种间杂交组合间，观察结果明显不同。一种是草原樱桃×毛樱桃组合，在授粉后 2~4 h，花粉在柱头上未萌发，8h 后萌发（彩图 77A），24 h 大量花粉管伸入柱头（彩图 77B），48~120 h 花粉管中继续伸长到达子房（彩图 77C 和彩图 77D）。分析认为，毛樱桃与草原樱桃种间杂交授粉时，花粉在柱头可以萌发，花粉管在花柱中能够正常生长，进入子房，但最终杂交结实率为 0。这可能是雌雄配子间相互不识别，不能完成受精过程而导致不结实，属于配子体不亲和。另一种是草原樱桃×甜樱桃组合，在授粉 2~8 h，花粉在柱头上未萌发（彩图 77E）；24 h 后只有少部分花粉萌发，但未进入柱头；32 h 后个别花粉管进入柱头，但柱头内卷曲生长

（彩图77F）；48~96 h仍有大部分花粉未萌发，前期进入花柱的花粉管卷曲在花柱内，中部膨大，内部形成胼胝质（彩图77G），停止生长不能进入胚囊，最终交配不结实。分析认为，甜樱桃与草原樱桃杂交时，花粉和柱头间及花粉管与花柱间都存在某种不亲和机制，阻碍了花粉的萌发、花粉管进入柱头和在花柱内的正常生长，最终导致花粉管不能进入胚囊，雌雄配子不能相遇而不结实，属于孢子体不亲和。但是，在同属不同种间的远缘杂交是否存在截然不同的两种不亲和机制还有待于进一步研究。

在草原樱桃×中国樱桃组合中，授粉后2~8 h，花粉在柱头上未萌发，24 h后在柱头上萌发（彩图77H）并进入柱头（彩图77I）。48~120 h花粉管中继续伸长到达子房（彩图77J），最终杂交结实正常，甚至结实率高于草原樱桃品种间杂交。所以，中国樱桃与草原樱桃种间杂交亲合性较好，甚至可用作草原樱桃栽培的授粉树。

草原樱桃自交组合，授粉后2~8 h花粉在柱头上未萌发，24 h花粉在柱头上部分萌发，花粉管在柱头上呈卷曲状生长未能进入柱头（彩图77K），48 h只有少部分进入柱头但在花柱中生长缓慢（彩图77L和彩图77M），并在花粉管先端产生胼胝质，最后绝大多数不能进入胚囊完成受精过程。授粉15 d后调查，草原樱桃自交平均结实率仅为1.90%，存在较明显的自交不亲和性。从显微观察分析，草原樱桃的自交不亲和主要表现为孢子体不亲和。

草原樱桃品种间杂交，花粉在柱头上8 h已正常萌发，48~120 h花粉管的继续生长伸长到达子房。花粉管能沿花柱顺利生长进入子房到达胚珠，完成其受精过程（彩图77N和彩图77O）。

3.6　樱桃果实的生长发育观察

以温室栽培的希望樱桃为试材，观察了草原樱桃果实生长发育动态。观察时选发育正常的植株5株，每株随机选取果实30个，编号挂牌，于落花后每5 d游标卡尺测量果实横纵径，至果实成熟绘制动态曲线。

试验调查了温室栽培草原樱桃的果实生长发育的过程。调查从落花后（2月26日）至果实成熟（4月27日），约经历60d。图3-3绘出了草原樱桃果实生长发育的动态变化曲线。从图中看出，按照草原樱桃果实横纵径变化曲线，整个发育过程分为3个阶段，呈双"S"形（图3-3）。第1个阶段为第1

个迅速生长期，约 20 d 左右，希望果实横纵径达 1.04 cm 和 1.26 cm。这个阶段的特点是果实体积的迅速膨大，其主要原因是子房细胞分裂旺盛，细胞分裂数目急剧增加，果核的生长已达果实成熟的大小。第 2 个阶段为缓慢生长期，约 20 d。该阶段果实体积增长缓慢，主要是胚的发育和核的硬化。第 3 个阶段为果实的第 2 个迅速生长期，约 20 d，果实开始着色，体积迅速膨大，最后成熟变得柔软多汁。

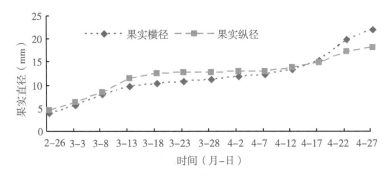

图 3-3　草原樱桃希望果实发育动态曲线

草原樱桃新梢迅速生长和果实发育时期基本相近（图 3-4），生育高峰交替出现。草原樱桃发枝量大，新梢生长势强，较易发生徒长而消耗大量营养，引起落花落果。在新梢迅速生长期应采取一定的修剪或化学调控措施，控制树势减少营养消耗，提高坐果率。

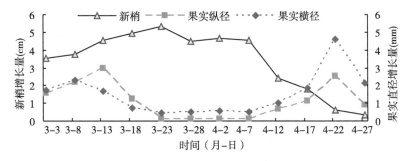

图 3-4　希望新梢生长与果实发育动态曲线

3.7　讨论与结论

3.7.1　草原樱桃的需冷量和物候期特点

低温需冷量是自然休眠过程中有效低温累积的量化指标。落叶果树满足低温需冷量顺利通过自然休眠是设施栽培的基本条件。低温需冷量的高低主要由遗传特性决定，在树种和品种间存在明显差异。不同地区在同一树种、品种上测定出的需冷量有着较大的差异。高东升等（2001）以犹他模型研究发现，甜樱桃一些品种需冷量在 1 000 c.u 左右，数值较大。这说明测定需冷量时必须考虑地域性，不同地区有不同的气候环境，进而影响植物本身的生物学特性。试验表明，草原樱桃需冷量在 700~800c.u 范围，远低于甜樱桃的 1 100~1 300 c.u。草原樱桃的越冬需冷量低，在设施栽培时就可以提早升温，提开花结实，获得更大的经济效益。越冬需冷量低也利于草原樱桃向南方冬季温暖地区的引种栽培，扩大栽培区域。多年物候期观察，沈阳地区露地栽培的草原樱桃在 4 月下旬开花，哈尔滨地区在 5 月下旬开花，两地的花期都比较晚。寒地栽培果树，花期晚可以避免花期晚霜危害，保证授粉后的正常受精结实，对栽培具有重要价值。

3.7.2　草原樱桃的花芽分化和花粉特性

草原樱桃的花芽分化期是在果实成熟后的 10 d 左右开始，需 40~50 d 完成，品种、树龄或栽培方式间花芽分化的速度和进程都存在明显差异。草原樱桃花芽分化的时间较甜樱桃长（王玉华等，2001）。不同枝类和芽位的花芽分化时间也存在明显不同，通常短果枝花芽分化早于长果枝，同一果枝上部侧芽先分化，下部各芽依次延后。观察发现长果枝上部第一侧芽已进入雌蕊分化期而下部芽则刚进入花芽分化初期。选择适宜时期喷施 PP_{333}、磷酸二氢钾、硼酸等药剂可促进果树花芽分化，提高花芽的数量和质量（樊巍等，2001）。草原樱桃发育中易出现新梢长势过旺，减少树体营养积累影响花芽分化的现象，可喷施药剂调控以促进花芽分化。

草原樱桃为 4 倍体（$2n=32$）显微观察表明，参试的 3 个品种减数分裂未发现有分裂异常现象，但品种间的花药内平均花粉量有明显差异，其中阿斯卡花粉含量为 1 549 粒/花药，希望 898 粒/花药，新星 413 粒/花药，普遍都低于甜樱桃品种。新星樱桃不但花粉量少，而且花粉整齐度差，异常花粉比例较大，花粉生活力也较低。花粉量少、花粉生活力低对品种间相互授粉结实影响较大，所以草原樱桃栽培时应加大授粉树比例，新星不易用做其他品种的授粉树。草原樱桃花粉活力的测定结果表明，三品种间'阿斯卡'樱桃的花粉活力与对照中国樱桃和甜樱桃相近，'希望'和'新星'都低于对照。

3.7.3 草原樱桃的自交和杂交授粉亲和性

草原樱桃'希望''新星''阿斯卡' 3 个品种均为高度的自花不育，自花结实率低，栽培时需配置授粉树（睢薇，1995）。3 个品种间的花期可遇时间为 8 d 左右。品种间杂交授粉时，新星因其花粉量少、花粉质量差、萌芽率低，为其他品种授粉结实率较低，但其他品种为新星授粉的结实率却较高，达 50% 左右。希望和阿斯卡间相互授粉结实率为 20% 左右，栽培中可互为授粉树。

草原樱桃与其他樱桃种间远缘杂交表明，草原樱桃与毛樱桃杂交，花粉可以在柱头上萌发，花粉官也可在花柱中正常生长，但受精结实率为 0，属配子体不亲和。草原樱桃与甜樱桃杂交，柱头上花粉大部分不萌发，极少的萌发花粉或在柱头上卷曲不能进入柱头；或进入柱头后逐渐发育畸形，内部被胼胝质栓塞停止生长。可见草原樱桃与甜樱桃杂交不亲和为受精前障碍，属孢子体不亲和。睢薇（1999）对草原樱桃与甜樱桃杂交有报道，无论正反交都表现为不亲和。本试验得到相似的结果。草原樱桃与中国樱桃杂交，花粉能顺利完成萌发、生长、受精，品种平均有 40% 左右的结实率，属于杂交亲和，但它们不但是亲缘关系较远的两个种，而且草原樱桃是四倍体，中国樱桃是二倍体，两者间染色体数目相差一倍。上述同一属内的种间，特别是染色体书目不同的种间，不但存在交配亲和和不亲和两种表现，而且不亲和的两组合间控制机制也有不同。此现象从遗传学角度很难解释，还有待于进一步深入细致的研究。

草原樱桃 3 个品种的需冷量在 700~800 c.u，低于甜樱桃（1 100~1 300 c.u）和酸樱桃（1 200 c.u）的一般品种。草原樱桃花芽分化从果实成熟后 10 d 左右开始，需经历 40~50 d 完成。品种、树龄和栽培方式对花芽分化的速度和进程都有一定的影响。草原樱桃花期为 7~13 d，果实生育期为 50~60 d，果实发育呈双 "S" 形动态曲线。草原樱桃花药平均花粉含量为'希望' 895 粒，'阿斯卡' 1 549 粒，'新星' 423 粒。草原樱桃的花粉人工培养 15 h 后发芽率希望为 33.2%，'阿斯卡'为 60.3%，'新星'为 13.1%。低于对照的中国樱桃和甜樱桃花粉的花粉量和花粉发芽率。草原樱桃自交结实率极低，具有自交不亲和性。品种间杂交结实正常，但组合间结实率差异较大。草原樱桃与其他樱桃种间杂交，与毛樱桃杂交不亲和，显微观察表现为配子体不亲和；与甜樱桃杂交不亲和，表现为属孢子体不亲和；与中国樱桃杂交亲和，结实率为 35%。

3.7.4 关于花芽分化和授粉受精的时间

在过去一直认为甜樱桃在采果后 10 d 左右开始花芽分化，本试验表明在露地条件下，叶丛枝上的花芽分化可能开始的较早一些，在果实成熟前即开始花芽分化，而在日光温室条件下花芽分化开始更早，在硬核后期即开始分化，而且分化速度受温度的影响较大，在较高温度条件下，花芽分化速度快而且整齐，在较低温度条件下花芽分化时间长而且各花的分化速度不同。

Nenadovic 等（1996）研究认为花粉在柱头上萌发的最适温度是 15~25℃，在这一温度下授粉后 24~48 h 花粉管即可到达珠孔，但在 5℃和 30℃时，授粉 72 h 后花粉管仍在柱头中，姚宜轩（1994）认为在露地条件下授粉后 72 h 多数花粉管到达胚囊进行受精，雌雄性核的融合约需 24 h，在本试验条件下授粉后 120 h 观察到雌雄性核互相接近。本试验结果与姚宜轩的结果相近，但比之长 24 h 左右，这可能是本试验条件与姚氏不同，在日光温室条件下所需受精时间就长，也可能是由于品种间的差异造成的。但本试验结果与 Nenadovic 等（1996）研究结果相差很多，原因可能是品种间的差异，也可能是试验条件不同。

环境条件影响花粉行为，包括花粉的萌发以及花粉管的伸长，而影响花粉行为的最重要的环境因子是受精前的温度条件。温度影响花粉行为，包括花粉的黏附、萌发和花粉管的伸长。在柱头上，花粉的黏附力随着温度的升高而增强（Hedhly et al.，2003）。温度加速了柱头的成熟和老化，进而使花粉黏附力增强或减弱。温度影响花粉的萌发，无论在活体还是离体，30℃条件下花粉萌发减缓，随着温度的升高花粉萌发率降低，但花粉管的伸长速率加快（Shivanna，1991）。温度影响花粉管在花柱中的动力学以及花粉管群体动态。高温降低了到达花柱基部的花粉管的数量，但影响的大小与品种的基因型有关。在 5℃时甜樱桃花粉的萌发率最低，花粉管生长最慢，在 15℃或 20℃时，萌发率最高，但在 5 ℃不同品种萌发率存在差异（Pirlakl et al.，2001）。所有酸樱桃和甜樱桃品种的花粉在柱头上萌发的最适温度为 15~25℃。在这一温度下授粉后 24~48 h 花粉管即可到达珠孔，但在 5 ℃和 30 ℃时，授粉 72 h 后花粉管仍在柱头中旧。许方等（1994）认为甜樱桃在露地条件下授粉后 72 h 多数花粉管到达胚囊进行受精。本试验条件下，授粉受精期间，日光温室内的平均最高气温明显高于露地，而平均最低气温和日平均气温明显低于露地，日光温室授粉后每天 能满足 15~25 ℃花粉萌发和生长的温度不足 4 h，而露地这一温度超过 10 h。从而导致日光温室内花粉萌发和花粉管伸长速率大大下降，延缓了授粉受精的进程，所以温度是影响日光温室甜樱桃授粉受精进程延缓的主要环境因子（赵德英等，2008）。本研究结果显示温度影响次生造孢细胞持续分裂的时间、小孢子母细胞的持续时间及雄配子体的形成速度和整齐度。在高温条件下雄配子体发育整齐，速度快，从小孢子母细胞开始分裂到花粉发育完成历时 10 d 左右。在低温条件下雄配子体发育极不整齐，速度慢，从小孢子母细胞开始分裂到花粉发育完成历时 24 d 左右。温度影响雌配子体的发育时间，从观察到造孢细胞到雌配子体形成在高温条件下需 14 d 左右，在低温条件下需 20 d 左右。在日光温室条件下形成的成熟胚囊都是 7 核胚囊。温度明显影响花芽分化开始的时间及分化速度。露地条件下在果实成熟前后开始花芽分化，日光温室条件下在硬核期开始花芽分化。在日光温室条件下，胚的发育进程与露地条件下相似，但从授粉到受精的时间延长，达 120 h。

光照对植株开花授粉也有影响。弱光造成樱桃开花坐果不一致（吴邦良等，1994），弱光下花粉将不能正常发育，甚至造成花粉败育或花粉生活力低，发芽率下降。影响授粉和受精。研究证实，日光温室与露地相比，光照强度仅为露地光照强度的 40.8%，光照直接影响了花粉管行为，也通过影响气温而产生间接影响。而空气相对湿度过大，花粉粒因吸水过多而膨胀破裂，造成授粉受精不良，夜间水滴凝结散落后也会直接影响花粉的授粉受精。日光温室内开花期的空气相对湿度应以 50%~60%为宜（赵德英等，2008）。实践栽培中花期温室内湿度过大一直处于 60%以上，易造成花粉黏滞，活力低，扩散困难，从而妨碍了花粉萌发和花粉管生长，这可能也是影响日光温室内授粉受精进程的原因之一，在以后的试验中将进行深入研究。

3.7.5 关于樱桃坐果率的影响因素及改善措施

櫻桃大多数品种自花不实或自花结实率低，栽植时必须配置授粉树。栽植品种单一、品种间授粉不亲和、与授粉品种花期不遇、授粉树栽植比例较小、主栽品种与授粉品种栽植距离太远，都会影响授粉受精，造成坐果率下降。本研究结果显示，草原樱桃作母本与毛樱桃和两个甜樱桃品种杂交结实率为 0，存在明显的远缘杂交不亲和现象。但与中国樱桃（矮樱）杂交亲和性正常，杂交结实率与草原樱桃品种间杂交相近，不存在种间杂交不亲和现象。这说明露地或温室进行栽培草原樱桃，不能用甜樱桃作授粉树，否则就会因授粉受精不良而影响结实，造成栽培过程中因结果率低形成的减产。生产实践中采用对应手段是配置授粉树，实践中要注意授粉与主栽品种花期是否相遇，且两者亲和力要强；授粉品种本身也要具有丰产、稳产，经济价值高等特点；授粉树一般占总栽植数的 20%~30% 为宜；隔 2~4 行主栽品种栽植 1 行授粉品种；授粉品种较少的可中心式栽植，即中间栽植 1 株授粉品种，周围栽 8~12 株主栽品种。本研究在显微镜下观察结果显示，红蜜花粉粒大而整齐，适合作为甜樱桃栽培的授粉品种，满足授粉受精要求达到丰产稳产。而草原樱桃中品种'阿斯卡'花粉粒大而整齐，可作为草原樱桃栽培的主栽或授粉品种首选品种。

为了提高坐果率和产量，可以采用壁蜂授粉。壁蜂在春季气温开始回升时就开始活动，适应性强，每头蜂日访花量在 6 000 朵以上。在开花前 5 d 将蜂箱放在果花期温度是影响樱桃坐果极为重要的气候因素。一般甜樱桃在日平均温度达到园中，每亩放 80~100 头即可。人工辅助授粉能够提高樱桃结实率，盛花期可用鸡毛掸子在不同品种的花朵上来回滚动，持续 3~5 d（蔺锐等，2014）。

前人研究证明，15℃ 左右时开花，花期若遇 0℃ 以下低温，柱头便会受冻发黑，失去生活力，不能正常接受花粉完成授粉受精。甜樱桃花期前后超过 28 ℃ 气温持续 12 h 以上，可造成雄蕊败育，形成没有花粉或低质量花粉的花药。另外，花期遇到恶劣天气如大风、沙尘暴、连阴雨等，柱头受损，限制了昆虫的活动，不利于传粉和花粉萌发，都会影响授粉受精和果实发育。本研究结果表明，试验结果还表明，草原樱桃花粉培养的适宜温度为 20~25℃，15℃ 条件下培养花粉萌芽率低，花粉管生长速度慢；适宜的培养时间为 10~15 h，培5 h 花粉萌芽率低，不能反映花粉的实际生活力。这为我们在温室内进行樱桃栽培花期温度管理提供了理论依据和数据参考。

甜樱桃对水分非常敏感，既不耐旱也不耐涝，花期土壤过分干旱，柱头容易干枯，导致雌蕊发育不全，花粉粒不能进入花粉管，不能完成正常的授粉受精。甜樱桃谢花后形成的幼果，其生长发育要经过快慢快3个时期，生长呈现双"S"生长曲线，其中缓慢生长的硬核期为其需水临界期，如果水分供应不足，往往造成幼果的果皮皱缩，果柄黄化形成明显的落果。这一般是缺水的山地樱桃园或遇干旱少雨年份坐果率低的重要原因。樱桃采收后不及时补充养分，造成花芽分化量少或分化质量差，第二年花少或优质花少，坐果率低。另外，土壤瘠薄、树体积累养分不足、结果过多、修剪过重、施用氮肥过多、缺硼等都会影响坐果。

前人研究证实，甜樱桃花前及采后追肥和落叶前施基肥，是保证其开花坐果、花芽分化质量，提高产量与品质的重要措施。基肥占全年施肥总量的70%~80%，一般在秋末初冬土壤封冻前施用，早施为好。以腐熟的农家肥为主，适当加入速效化肥和微量元素肥。可采用环状沟施或放射状沟施等方法。亩施农家肥3 000 kg 左右。花前追肥要早，土壤解冻后立即进行。一般每株结果树施腐熟的人粪尿 30 kg 或尿素 1kg，施后立即灌水。花期再进行 1 次根外追肥，0.3%尿素、0.2%硼砂、600 倍液磷酸二氢钾混合喷施，促进坐果。甜樱桃采后 10 d 左右花芽开始大量分化，应立即追肥，一般株施复合肥 1.5~2 kg，施肥后立即浇水。甜樱桃开花较早，抗冻性较差，容易受到低温霜冻伤害，可采用早春灌水的办法降低地温，延迟萌芽或开花，尽量避开晚霜危害。温室栽培注意升温时间以满足樱桃开花的温度需要，提高坐果率（蔺锐和侯隽，2014）。本研究结果显示蔗糖浓度为 10%草原樱桃花粉萌发率达到60.3%，硼酸可促进草原樱桃花粉的萌发和花粉管的伸长生长，在试验范围内硼酸最佳浓度为 0.05%左右，浓度达到 0.5%时对花粉的萌芽和伸长有很强的抑制作用，浓度低于 0.01%以下时效果不明显。据此可以推论，草原樱桃花期喷施适宜浓度的硼酸和蔗糖溶液，可能会促进授粉受精，提高坐果率，在今后的生产实践中可进行试用推广。

4 樱桃扦插繁殖影响因子及解剖学分析

近年来，随着人民生活水平的提高与食品加工业的发展，樱桃产量远远不能满足国内外市场的需要，更因果实成熟早，售价较高，各地出现了积极发展樱桃生产的新局面。各地对发展甜樱桃的要求也十分迫切。但是在樱桃苗木繁殖困难，难以获得大量优质苗木，严重影响了樱桃的进一步发展。

4.1 果树扦插繁殖及解剖学研究意义

扦插繁殖是无性繁殖的一种，是将植物营养器官扦插于基质中，使其生根、抽枝成为一株完整的与母株遗传性一致的种苗的过程。扦插繁殖具有繁殖周期短，成本低，扦插材料获得容易的特点，便于大量繁育苗木。扦插时选用的生长调节剂、扦插时期选择、扦插方法和基质选择等均显著影响果树扦插育苗成败的主要影响因素。植物生长调节剂对扦插繁殖的作用最明显，关于此方面的研究也最多。早在 1934 和 1935 年发现生长素以后，人们就用来研究对扦插生根的影响，结果发现 IBA、NAA、IAA 都可促进扦插生根，IBA 促进生根效果最好。刘庆忠等（2011）研究证实，经 1 000 mg/L IBA 处理后，其生根率最高，达到了 72.0%，而经 500mg/L IBA 处理后，其生根率仅为 44.0%，2 种浓度处理差异明显。这与嫩枝扦插不同，高浓度 IBA 处理有利于硬枝扦插的诱导生根。以浓度为 600 mg/L 的 ABT 处理时扦插条根系长且粗，生根数量多，苗木质量高，扦插效果好。在甜樱桃砧木考特绿枝扦插中，采用 0.01%NAA+0.01% IBA 浸泡 0.5 h 可达到理想的扦插效果。

据报道，插条的营养物质和生根抑制性物质含量对扦插效果影响较大，单宁在生根抑制物质中影响最大。对插条物质含量分析发现，草原樱桃插穗淀粉和可溶性糖等营养物质含量低，而生根抑制物质单宁含量高。茅林春等（1988）研究梅插穗贮藏营养与插穗生根率的关系发现，可溶性糖含量和生根率之间呈显著正相关。弦间洋（1989）指出，插穗生根的能力的变化不仅与插穗所含还原糖的消长一致，而且在扦插生根能力强时插条内部还原糖与碳水化合物的比值也高，内源激素含量也高。

扦插繁殖时采用的基质对扦插效果有明显影响。扦插基质以混合基质的保水性和透气性比较合理，营养供应较均衡，利于插条生根。研究证实，珍珠岩+蛭石+草炭（1:1:1）或珍珠岩+草炭（1:1）2种混合基质效果较好，生根情况显著好于单一基质。苔藓保湿、透气性好，有利于硬枝扦插的诱导生根的扦插基质（刘庆忠等，2011）。有学者认为，粉状基质和粒状基质的混合体积比是影响樱桃扦插效果的关键因素。粒状基质中掺入任何一种粉基质都将降低扦插效果。纯河沙是一种理想的基质（褚丽丽等，2012），研究表明，粗砂和细沙体积比1:4作为基质时，扦插苗的生根率最高，根系形成最多（王红宁等，2019）。也有学者认为，蛭石与河沙中插条的生根率接近（廖康等，2008）。可见，扦插基质对樱桃成苗的影响比较大，可能还要结合扦插方法进行选择基质，以达到较好的扦插效果。

扦插的方法较多，可以分为硬枝扦插、绿枝扦插、根插、叶插和叶芽插等不同的方法。扦插时应根据扦插作物的种类和插穗的类型选择适宜的扦插方法。硬枝扦插采用一年生枝，最好在秋末冬初或次年春季进行。硬枝插条在10月剪插条的扦插存活率最高。而在1月下旬，插条的碳水化合物含量最高，营养状态好（Sen，1983）。休眠后期，用生根粉处理，通过温室大棚或大棚套小拱棚进行扦插，成活率分别达85.8%和90.7%，经培育秋季苗木高度均可达170cm、地径1cm以上，当年秋季扦插苗即可用于嫁接，大大提高了育苗速度（Nam，1987）。刘庆忠等（2011）对硬枝扦插技术的进一步研究，使甜樱桃矮化砧木'吉塞拉5''吉塞拉6'的生根率在90%左右，能够在生产上进行推广应用，提高了育苗效率，降低了育苗成本，增加了苗木供应量。

绿枝扦插一般采用半木质化的新梢扦插，许多试验表明，绿枝扦插比硬枝扦插容易生根。但绿枝扦插对土壤和空气湿度要求严格，采用间歇弥雾装置保持较高的湿度可提高扦插效果。绿枝扦插时期与生根率有很大关系，大量学者研究表明，6月绿枝扦插成活率较高（魏书等，1994；胡孝葆等，1993）。在6月中下旬，选取直径3~8 mm毛樱桃坐果母树的半木质化枝条，将毛樱桃枝条剪成15~20 cm的枝段，每段保留3~5片叶，用ABT生根粉300mg/L处理毛樱桃插条，生根率可达97.7%，此法适用于毛樱桃的嫩枝扦插繁殖，在生产上有推广价值。

学者们对扦插解剖学分析研究较早，Carpenter（1961）报道，有些植物在枝条中存在不定根原基，称为潜伏根原基。潜伏根原基通常处于休眠状态，在适宜环境条件下根原基可进一步发育形成不定根。李和桃插条的不定根发生于韧皮部薄壁细胞（Beakbance，1969；Gemma，1983；林伯年等，1988）些不定根形成于以形成层为中心的未分化细胞，有些形成于扦插后产生的愈伤组织。解剖观察表明，扦插不定根的发生，取决于皮层的解剖结构。如果皮层中有一层或多层由纤维细胞构成的一圈环状厚壁组织，发根就较困难。如没有这种组织或有但不连续成环，发根就比较容易。刘桂丰等（1992）研究证实，落叶松从扦插到生根需 40 d，插穗诱生根原基属内生源，它们来自两种途径：一种是插条基部切口产生愈伤组织，由愈伤组织维管形成层产生诱生根原基，而形成根。另外一种是皮部生根型，在插穗基部形成层与木射线的交界处产生分生组织细胞团，逐渐形成诱生根原基。两种生根类型在不定根突破外层组织时，均需经过挤压破碎和酶解作用。

本文以草原樱桃为研究试材，对樱桃扦插繁殖影响因素进行了较系统的研究，同时对扦插过程中枝条解剖结构进行显微镜观察，深入分析扦插生根原因和内在因素。本研究为樱桃这一优良果树资源的繁殖、推广与利用，丰富寒地果树栽培的树种和品种构成，扩大樱桃在我国栽培区域和面积，调节果品市场供应具有重要理论价值和推广意义。

4.2　樱桃绿枝扦插繁殖

4.2.1　试验材料

供试的草原樱桃为'希望''阿斯卡'和'新星'3 个品种。试验的扦插材料取自沈阳农业大学园艺试验基地，经组织培养繁殖的一年生、二年生和八年生草原樱桃母株。扦插试验分为枝插和根插两部分，枝插包括绿枝（5 月底至 9 月上旬采枝条）、秋季半木质化硬枝（10 月采枝条）、冬季休眠和解除休眠后的硬枝 4 种扦插方式，根插主要采用秋季起苗挖出的一年生根段。

4.2.2　扦插条件

温室扦插于当年 12 月到第二年的 3 月在树体不同发育时期取材，在温室内进行多次扦插试验。插床长 5m，宽 1.5m，采用地热加温，地温仪自动控制装置，扦插后以小棚保温、保湿，遮阳网遮光。扦插的基质有多种，如沙子、椰糠，草炭+蛭石（3∶1）、草炭+沙子（3∶1）、草炭、草炭+壤土（1∶2）。扦插前基质按比例混匀铺在插床上，厚度在 15 cm 左右，基质铺平后浇透水。每种基质都要注意基质的清洁干净，减少有害菌虫的含量，加强基质的消毒。

光照培养箱扦插于当年的 5 月 24 日到年 9 月采用 ZPG-280 型智能光照培养箱。光暗比为 14 h∶10 h，日温 25℃，夜温 15℃、湿度 60%~80%，光照强度 1 500~2 000 lx，进行绿扦插培养。

4.2.3　绿枝扦插试验处理方法

4.2.3.1　绿枝扦插不同时期对生根的影响

绿枝扦插试验以草原樱桃 '阿斯卡' 品种为试材，从当年 5 月 24 日，新梢叶片已达功能叶大小，至 9 月 19 日，分多次在 ZPG-280 型光照培养箱进行。扦插基质为草炭+蛭石 3∶1。扦插枝条采用 IBA、NAA 两种药剂 500 mg/L 处理 30 s，每个处理 30 个插穗，3 次重复，30 d 后进行生根调查。

4.2.3.2　不同品种及树龄对扦插生根的影响

当年 6 月 17 日，在光照培养箱内进行，参试草原樱桃的品种有 '希望' '阿斯卡' '新星' 3 个，母株年龄分别是一年、二年和八年生的枝条，插条以 IBA500 mg/L 处理 30 s，每个处理 30 个插穗，3 次重复，30 d 后进行生根情况调查。

4.2.4　樱桃绿枝扦插的方法

绿枝扦插选择带叶枝条在清晨或午后采条，防止枝条过分失水。采后立即插入清水中放在阴凉处备用。处理时去除枝梢先端不充实部分，将枝条剪成具有 3~4 个节位，长 15cm 左右，先端保留一片叶或剪成半叶，枝段上端距节芽 1cm 剪成平口，下端剪成马蹄形，斜剪在芽节部位。扦插前先用清水洗净根上泥土，用多菌灵 500 倍液浸泡 2~5 h 杀菌，将根段剪成 5~7cm 根段，根段极性上端剪成平口，下端剪成斜口。

扦插密度为枝插 8cm×8cm，根插 5cm×5cm，深度枝插为插穗长度的 1/3。根插以插穗顶端与地面平齐为准。扦插时注意扦插极性，插穗与地面成 75°

角，插后喷一次透水，使插条和基质充分接触，以后视床内湿度，每隔 3~5 d 喷水 1 次，一周左右喷一次多菌灵 500 倍液。扦插后搭小拱棚，扣膜，膜上扣遮阳网，记录小拱棚内的气温、地温和相对湿度，温度控制在 30℃以下，高于 30℃放风，湿度保持在相对湿度 80%左右。

4.2.5　调查指标

各种扦插试验调查指标如下。

愈伤组织形成率（%）＝ 形成愈伤组织插穗数/总插条数×100

生根率（%）＝ 生根条数/总插条数×100

腐烂率（%）＝ 腐烂条数/总条数×100

平均生根数 ＝ 生根条数之和/总生根插条数

平均根长＝ 根总长/根数

4.2.6　扦插时期对绿枝扦插生根成活能力的影响

在绿枝扦插过程中，由于母株上采取的插穗成熟度不同，插穗的解剖结构、营养物质及激素类物质的积累和分布、细胞的分生能力存在着较大的差异，必然影响扦插效果。为此我们从当年 5 月底，新梢的叶片达功能叶大小，到 9 月下旬分期进行了人工气候培养箱内相同条件的绿枝扦插试验。

从图 4-1 可以看出，绿枝扦插时两种生长调节物质都能明显提高生根率。而对照水处理的生根率始终较低。不同时期扦插，生根率存在明显差异，5 月底 6 月初生根成活率较高，随后逐渐下降，7 月、8 月最低，9 月扦插生根率又逐渐升高。所以，一年中春秋两季绿枝扦插效果较好。5 月底 6 月初扦插枝条柔嫩，木质化程度低，叶片的功能强，虽然扦插后叶片边缘易变黄，但新芽容易萌发（彩图 78），生根所需的时间也短，在扦插后 20d 左右，就有大量插穗发出新根（彩图 79），是春季扦插的最佳时期。后期随插穗木质化程度的提高，发根和萌芽所需的时间逐渐加长（彩图 80），保留的功能叶片也易变黄脱落。进入 9 月插穗的营养物质积累增加，腋芽发育较充实，扦插生根率明显提高。所以，草原樱桃绿枝扦插繁殖以 5 月底至 6 月初和 9 月两个时期较好。

表 4-1 列出了不同时期不同药剂处理对草原樱桃绿枝扦插生根量的影响。

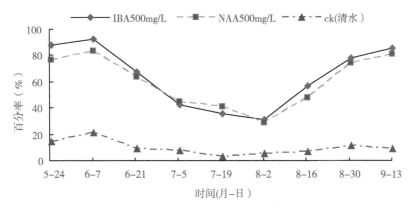

图4-1　扦插时期对绿枝扦插生根情况

可以看出，不同时期插穗发根量没有显著性差异，而生长调节物质处理与对照间的生根数量差异显著。对照与生长素类物质处理相比不但发根少，而且发根较晚、发根也较短。绿枝扦插的生根部位观察发现，5 月 24 日和 6 月 7 日的两次扦插的插条细嫩，扦插后插条的基部先因产生愈伤组织而膨大，然后在插条的节间胀裂处和基部剪口愈伤组织处都能发根（彩图 79）。后期的各次扦插主要在基部剪口处先形成愈伤组织然后再形成根（彩图 80）。

表4-1　药剂处理对绿枝扦插生根量的影响　　（单位：条/株）

扦插时间（月-日）	IBA500mg/L	NAA500mg/L	清水对照	平均值
5-24	5.12	4.34	3.11	4.19[a]
6-7	4.73	3.97	2.78	3.83[a]
6-21	5.11	3.34	2.58	3.68[a]
7-5	4.23	5.14	2.64	4.00[a]
7-19	4.65	4.15	3.14	3.98[a]
8-2	5.38	3.78	2.56	3.91[a]
8-16	6.23	5.45	3.11	4.93[a]
8-30	4.45	5.49	3.43	4.46[a]
9-13	4.78	5.46	2.45	4.23[a]
平均值	4.96[A]	4.57[A]	2.87[B]	—

注：表中大小写字母分别代表1%，5%差异显著水平

4.2.7　品种和树龄对绿枝扦插生根的影响

　　当年 6 月 17 日，在光照培养箱内进行不同品种和不同年龄采穗母株绿枝扦插对比试验。

　　调查结果（表 4-2）表明，品种间阿斯卡扦插生根率显著高于‘希望’和‘新星’，‘希望’和‘新星’间无显著差异。不同树龄母株间，八年生母株上所采的插穗的扦插生根率显著低于二年生母株的枝条。‘希望’和‘阿斯卡’两个品种都很低只有 7.78% 和 12.22%，二年生枝条分别为 63.3% 和 93.3%。‘阿斯卡’高于其他两个品种，可能与品种的遗传特性和树势有关。‘阿斯卡’，树势较矮小，枝条的节间短，萌芽率和成枝率较高，生长势较弱；而‘希望’和‘新星’树体高大，枝条节间长，萌芽率强、成枝力弱，生长势强。许多研究提出，同品种不同树龄间都存在枝条扦插生根能力随亲本母株年龄的增加而降低的现象。因而，在绿枝扦插繁殖时，最好选择树龄较低，且处在营养生长期或童期的母株上取条进行扦插，可加快生根速度，大大提高繁殖系数。

表 4-2　不同品种和树龄对绿枝扦插生根的影响

品种	各重复生根插条数（条）			生根率（%）
	I	II	III	
‘阿斯卡’（二年生）	25	29	29	92.33[aA]
‘新星’（二年生）	19	23	19	67.67[bB]
‘希望’（二年生）	17	22	18	63.33[bB]
‘阿斯卡’（八年生）	3	5	3	12.22[cC]
‘希望’（八年生）	2	2	3	7.78[cC]

　　注：每重复 30 根插条；表中大小写字母分别代表 1%，5% 差异显著水平

4.2.8　绿枝温室扦插结果分析

　　当年 6 月 10 日和 7 月 13 日进行了两次温室绿枝扦插试验。试验在小棚内进行，小拱棚保湿效果好，遮阳网降温，经常用喷雾器叶片喷水提高湿度。结果发现，扦插 2 周以后插条叶片边缘变黄，个别插条基部开始腐烂；1 个月后调查，60% 以上插条基部腐烂，大部分叶片变黄、腐烂。80% 左右插条已产生

愈伤组织，但有的愈伤组织已开始腐烂，最终没有生根。此结果产生原因有可能是由于绿枝扦插时插条内营养积累少，必须依靠功能叶片制造部分营养物质才能生存，所以功能叶的保护非常重要。试验采用塑料小棚保湿，但生长季气温较高靠遮阳网降温很难使小棚内温度保持在 25℃ 以下，高温高湿条件下菌类繁殖较快，易从枝叶的伤口和基部切口侵染枝条引起插条腐烂。所以，草原樱桃绿枝扦插对条件要求较高，必须创造适宜的环境条件才能获得较好的繁殖效果。

4.3　樱桃半木质化硬枝扦插繁殖

4.3.1　试验材料

同 4.2.1。

4.3.2　扦插条件

4.3.2.1　扦插基质对扦插生根的影响

扦插基质对比试验于当年 10 月 1 日在温室内进行。选用的基质有沙子、椰糠、草炭+蛭石（3∶1）、草炭+沙子（3∶1）、草炭、壤土 6 类。试验以希望樱桃为试材，插条采用 IBA 500 mg/L 处理 30s，每个处理 30 个插穗，3 次重复，50 d 后进行生根调查。

4.3.2.2　药剂对扦插生根的影响

试验于当年 10 月 6 日进行，以希望樱桃为试材，用 IAA、NAA、IBA 和生根剂 4 种药剂，每种药剂采用 4 个浓度，每处理 30 个插穗，3 次重复，50 d 后进行生根调查。

4.3.2.3　品种及母株年龄对秋季半木质化硬枝扦插的影响

当年 10 月 4 日在温室进行 3 个品种的不同母株年龄对生根影响的试验。以草炭+蛭石为基质，IBA 500 mg/L 处理，扦插 50 d 后调查。

4.3.2.4　枝条不同部位的扦插效果试验

试验于秋季约 10 月 6 日进行，以希望樱桃为试材，将枝条分为上、中、下不同部位扦插，以草炭和蛭石为基质，IBA 500 mg/L 处理 30 s，每个处理 30 个插穗，3 次重复，50 d 后调查。

4.3.3　扦插方法及调查指标

秋季半木质化带叶硬枝在清晨或午后采取枝条，防止枝条过分失水。采后立即插入清水中放在阴凉处备用。处理时去除枝梢先端不充实部分，将枝条剪成具有 3~4 个节位，长 15cm 左右，先端保留一片叶或剪成半叶，枝段上端距节芽 1cm 剪成平口，下端剪成马蹄形，斜剪在芽节部位。扦插密度为枝插 8cm×8cm，根插 5cm×5cm，深度枝插为插穗长度的 1/3。扦插时注意扦插极性，插穗与地面成 75 度角，插后喷 1 次透水，使插条和基质充分接触，以后视床内湿度，每隔 3~5 d 喷水 1 次，一周左右喷一次多菌灵 500 倍液。扦插后搭小拱棚，扣膜，膜上扣遮阳网，记录小拱棚内的气温、地温和相对湿度，温度控制在 30℃ 以下，高于 30℃ 放风，湿度保持在相对湿度 80% 左右（彩图81）。扦插后调查指标同绿枝扦插方法。

4.3.4　基质对扦插生根的影响

当年 10 月 1 日在温室内进行了不同扦插基质对秋季半木质化枝条扦插效果影响的对比试验（图 4-2）。插条带半叶扦插，插床用小棚保湿，RH>90%，插床温度由地热线控制在 20℃。小拱棚温度夜晚最低 10℃ 左右，白天 25℃ 左右，中午放风换气、用喷壶喷水保湿。结果发现，基质间以草炭、壤土为基质的插条叶片保持时间最长，而沙子和椰糠叶片先由边缘逐渐变黄最后脱落。品种间希望樱桃当年苗的插穗叶片保持时间最长，能保持 40 d 左右不脱落，原因是取穗时枝条和叶片较其他插穗幼嫩，叶片功能强，衰老慢，叶片产生的光合物质也就相对增多，虽然这种插条纤细柔嫩，但生根较早，生根率高，效果好。

试验于 11 月 20 日扦插后 40 d 调查。可以看出（表 4-3），基质间以通气性好、含有害微生物较少的椰糠和河沙形成愈伤组织率最高，达 89%、87%；腐烂率最低，分别只有 11% 和 12%。生根率椰糠最高，但与草炭+蛭石、草炭+河沙和河沙间差异不显著。壤土扦插腐烂率高、生根率低，效果最差。在扦插时不但要选择合适的基质，又要注意对插床和基质杀菌消毒、合理浇水，防止水分过多而影响通气，导致腐烂。椰糠和沙子两种基质的透气性好，产生的愈伤组织较早，大约在插后 10 d 左右，其他基质则需要 20 d 以上。

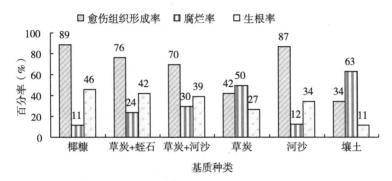

图 4-2　基质对草原樱桃半木质化硬枝扦插的影响

表 4-3　不同基质生根效果的显著性分析

扦插基质	平均每株生根（条/株）	平均根长（cm）
草炭+河沙	5.34[a A]	3.11[a A]
草炭+蛭石	5.17[a A]	2.57[ab AB]
河沙	5.07[a A]	2.50[b AB]
椰糠	4.93[a A]	2.34[bc AB]
草炭	3.14[b BC]	1.83[cd AB]
壤土	1.91[c C]	1.43[d B]

注：表中大小写字母分别代表 1%，5% 差异显著水平

表 4-3 列出了基质间插条生根的显著性分析结果。可以看出，基质间草炭+河沙、草炭+蛭石、河沙和椰糠扦插生根数较多，平均在 5 条根/株左右，与草炭和壤土相比存在极显著差异；以草炭+河沙为基质扦插生根最长，与壤土间存在极显著差异，与草炭、河沙和椰糠间差异显著，与草炭+蛭石无显著差异。这可能是由于草炭不但保水性好而且含有一定的营养物质，与河沙或蛭石混合后又提高了透气性，能够促进根系的生长。

4.3.5 药剂处理对扦插生根的影响

据报道生长素类物质对扦插生根具有诱导作用，不同植物对生长素种类和处理的浓度反应不同。为筛选适合于草原樱桃的药剂和浓度，试验选用了4种生长素类药剂，每种药剂选择了4种浓度观察了对扦插效果的影响。表4-4列出了不同药剂及浓度对愈伤组织产生和生根的影响。

试验结果（表4-4）表明，药剂处理对插条愈伤组织的形成有明显的影响，不同药剂对插条愈伤组织形成影响不一样，随着药剂浓度升高，基本上呈现增加的趋势，其中IBA 250~1 000mg/L处理插条产生愈伤组织比率高于对照；其他生长素处理愈伤组织形成率都比对照低。方差分析结果表明（表4-5），不同药剂处理间对插条愈伤组织的形成率的影响存在极显著的差异，不同浓度间差异不显著。进一步的多重比较分析发现，IBA和清水处理的插条愈伤组织形成率显著高于NAA和IAA处理。插条形成较好的愈伤组织可减少病菌切口处的侵染，降低腐烂率，插条产生不定根也和愈伤组织形成有关。所以，如何有效地提高插条的愈伤组织形成能力是扦插研究的重要问题。从药剂对插条生根的影响可以看出，各种药剂处理插条的生根率都明显高于对照清水处理，方差分析（表4-6和表4-7）表明不同药剂处理间对插条生根率的影响存在极显著差异，不同浓度间也存在显著差异。

表4-4 药剂和浓度对插条愈伤组织形成和生根的影响

药剂	浓度（mg/L）	处理插条数（条）	产生愈伤组织率（%）	与对照差值	生根率（%）	与对照差值
IAA	100	90	52.2	−13.4	13.3	10.0
IAA	250	90	51.1	−14.5	10.0	6.7
IAA	500	90	54.4	−11.2	15.6	12.3
IAA	1 000	90	58.9	−6.7	12.2	8.9
IBA	100	90	62.2	−3.4	14.4	11.1
IBA	250	90	73.3	7.4	21.1	17.8
IBA	500	90	75.6	9.7	42.2	38.9
IBA	1 000	90	70.0	4.4	36.7	33.4

（续表）

药剂	浓度（mg/L）	处理插条数（条）	产生愈伤组织率（%）	与对照差值	生根率（%）	与对照差值
NAA	100	90	43.3	−22.3	15.6	12.3
NAA	250	90	48.9	−16.7	17.8	14.5
NAA	500	90	41.1	−24.5	25.6	22.3
NAA	1 000	90	56.7	−8.9	27.1	23.8
生根剂	100	90	71.1	5.5	5.6	2.3
生根剂	250	90	62.2	−3.4	7.8	4.5
生根剂	500	90	61.1	−4.5	10.0	6.7
生根剂	1 000	90	53.3	−12.3	13.3	10.0
CK（水）		90	65.6	—	3.3	—

表 4-5 药剂处理对插条愈伤组织形成影响的方差分析

变异来源	SS	DF	MS	F	F0.05	F0.01
药剂间	415.10	3	138.37	8.49**	3.86	6.99
浓度间	3.65	3	1.22	0.07	3.86	6.99
误差	146.68	9	16.30			
总变异	565.43	15				

注：方差分析时，百分数经反正弦 $\sin^{-1}\sqrt{x}$ 转换

表 4-6 不同药剂对扦插生根率影响的显著性检验

变异来源	SS	DF	MS	F	F0.05	F0.01
药剂间	563.47	3	187.82	11.26**	3.86	6.99
浓度间	215.20	3	71.73	4.30*	3.86	6.99
误差	150.06	9	16.67			
总变	928.73	15				

注：方差分析时，百分数经反正弦 $\sin^{-1}\sqrt{x}$ 转换

进一步的多重比较分析看出，全部四种药剂处理的生根率都极显著地高于清水对照。四种药剂中，IBA 和 NAA 处理相互间插条的生根率无显著差异，IBA 显著高于 IAA 和生根剂；四种处理浓度间，500mg/L 的扦插效果最好，显著高于 100mg/L 处理，但与其他处理浓度间无显著差异。在全部处理间，IBA 500g/L 和 IBA 1 000mg/L 处理插条生根最好，显著优于其他处理。所以，草原樱桃扦插短时间速蘸采用 IBA 500～1 000mg/L 处理为宜。

表4-7　药剂处理对草原樱桃扦插生根率影响的显著性测验

药剂	平均生根率（%）	浓度（mg/L）	平均生根率（%）
IBA	28.6ᵃ ᴬ	500	19.6ᵃ ᴬ
NAA	21.5ᵇ ᴬᴮ	1 000	18.0ᵃ ᴬ
IAA	12.7ᶜ ᴮ	250	11.2ᵃᵇ ᴬ
生根剂	9.2ᶜ ᴮ	100	9.1ᵇ ᴬ

注：方差分析采用百分数反正弦转换法进行；大小写字母代表1%，5%显著水平

4.3.6　品种和母株年龄对半木质化硬枝扦插的影响

10月在温室进行不同品种及不同母株年龄对插条生根影响的试验。试验以草炭+蛭石为基质，采用 IBA 500 mg/L 处理，扦插 50 d 后调查生根率。

调查结果（表4-8）表明，秋季半木质化硬枝扦插时，采插穗的母株年龄对扦插效果影响很大。当年春天栽的希望组培苗扦插生根率最高，达74.3%；二年生母株的枝条次之，生根率仅为30.0%；多年生的母株的枝条最差，生根率为0。不同母株年龄间的插条间，扦插生根率都达到了极限著差异水平。此结果与绿枝扦插基本一致，低年生处于营养生长期的幼树扦插成活率高，效果好。在母株年龄相同的 3 个参试品种枝条间，希望樱桃扦插生根率最低，与其他品种差异显著。经对比分析看出，不同品种和不同母株年龄对草原樱桃秋季半木质化硬枝扦插的影响比对绿枝扦插更大。这可能是由于秋季半木质化硬枝的发育基本完成，不同品种和年龄枝条的生理差异比绿枝更明显所致。所以，在草原樱桃秋季半木质化硬枝扦插时更应注意选用低龄母株枝条，以提高扦插效果。

表4-8　品种和母株年龄对半木质化硬枝扦插生根的影响

品种	各重复生根插条数（条）			生根率（%）
	Ⅰ	Ⅱ	Ⅲ	
希望（一年生）	23	21	23	74.3[a A]
新星（二年生）	15	14	12	45.3[b B]
阿斯卡（二年生）	12	11	13	40.0[b B C]
希望（二年生）	9	11	7	30.0[c C]
希望（八年生）	0	0	0	0.0[d D]

注：表中大小写字母分别代表1%，5%差异显著水平

4.3.7　枝条不同部位的扦插效果分析

果树枝条的不同部位木质化程度和营养物质含量存在明显差异，对扦插效果可能有一定影响。为此，选用'希望'樱桃为试材，用IBA 500 mg/L 处理，进行了枝条不同部位对扦插效果影响的试验。表4-9列出了枝条不同部位对扦插效果影响的调查结果。可以看出，在枝条的上、中、下三部分间中部扦插生根率最高，下部其次，上部最低。中下部枝条间扦插生根率无显著差异，但都显著优于上部枝条。这可能与上部枝条发育程度低，营养积累较少有关。

表4-9　枝条不同部位取材对扦插生根的影响

插条部位	各重复生根插条数（条）			生根率（%）
	Ⅰ	Ⅱ	Ⅲ	
枝条中部	12	13	10	39.0[a A]
枝条下部	9	13	8	33.3[a A]
枝条上部	2	4	1	7.7[b B]

注：每重复30插条；大小写字母分别代表1%，5%差异显著水平

4.4　樱桃硬枝扦插研究

4.4.1　试验材料及研究方法

同4.2.1。

4.4.2　樱桃硬枝扦插试验

4.4.2.1　扦插中生根抑制物质及营养物质的测定

生根抑制物质主要是单宁的测定，营养物质主要是可溶性糖和淀粉的测定。单宁用高锰酸钾滴定法，可溶性糖及淀粉用蒽酮法。

4.4.2.2　不同枝段的浸提液对豆芽生长的影响

为验证枝条内生根抑制物质对生根的影响，用不同枝段的浸提液在恒温箱内25℃情况下培养绿豆36 h后，观察豆芽根的生长长度。每处理50粒，3次重复。

4.4.2.3　去除生根抑制物质方法对扦插生根的影响

试验采用流水、温水、2%酒精、酒精乙醚混合1%、高锰酸钾0.5%，硝酸银0.1%等物质进行插穗浸提，去除插穗中的单宁以及其他特殊成分氧化酶等减轻其有害作用。

试验于12月1日在温室内进行。以'阿斯卡'为试材，河沙为基质。先将插条用不同去除生根抑制物质方法处理后，再以IBA 100mg/L浸泡12 h后扦插。小棚保湿，40 d后调查生根情况。

4.4.2.4　生根促进物质对扦插生根的影响

试验在使用生长调节剂的同时配合使用了其他营养物质，主要包括：硼酸0.01%、维生素B_1 1mg/L、蔗糖5%、葡萄糖5%、果糖5%、尿素5%、硝酸钾5%、磷酸二氢钾5%。试验于2003年12月1日进行，以'阿斯卡'为试材，河沙为基质。先用不同去除生根抑制物质方法处理后，再以IBA 100mg/L浸泡12 h后扦插。小棚保湿，40 d后调查生根情况。

4.4.2.5　休眠期和解除休眠后硬枝的扦插试验

试验以'希望'樱桃为试材，取休眠和解除休眠后的一年生枝条，先用温水浸泡24 h，然后以IBA 500mg/L速蘸30 s，在沙床上扦插，每处理50个插穗，3次重复。

4.4.2.6　机械处理对应制硬枝扦插生根的影响

试验时间2003年12月3日进行，以'希望'为试材，将插穗的基部先环剥或刻伤，然后以IBA 500mg/L速蘸30 s，在沙床上扦插，每处理50个插穗，

3次重复。

4.4.3 扦插方法及调查指标

硬枝扦插试材是在入冬时剪取枝条冷藏，分别在休眠期和休眠解除后取插条进行扦插。处理时去除枝梢先端不充实部分，将枝条剪成具有3~4个节，长15cm左右。扦插密度为枝插8 cm×8 cm，根插5 cm×5 cm，深度枝插为插穗长度的1/3。扦插时注意扦插极性，插穗与地面成75°角，插后喷一次透水，使插条和基质充分接触，以后视床内湿度，每隔3~5 d喷水1次，一周左右喷一次多菌灵500倍液。扦插后搭小拱棚，扣膜，膜上扣遮阳网，记录小拱棚内的气温、地温和相对湿度，温度控制在30℃以下，高于30℃放风，湿度保持在相对湿度80%左右。扦插后调查指标同绿枝扦插方法。

4.4.4 插穗中生根抑制物质及营养物质含量分析

连续两年对草原樱桃进行硬枝扦插试验，但扦插效果都较差。分析认为，这可能与草原樱桃本身的遗传性、插条的营养物质积累情况以及生根抑制性物质的积累等因素有关。据有关报道，在扦插生根抑制物质中单宁的含量对扦插影响最大。试验以扦插易生根的柳枝为对照，分析了草原樱桃不同品种和枝类的单宁和营养物质含量详见表4-10。

表4-10 不同枝段单宁及营养物质含量的比较 （单位:%）

不同枝段	单宁含量	与对照差	淀粉含量	与对照差	可溶性糖含量	与对照差
二年生希望	4.17	2.65	9.96	-3.30	8.53	-7.68
二年生阿斯卡	3.41	1.89	10.15	-3.11	10.42	-5.79
二年生新星	3.79	2.27	9.16	-4.10	11.87	-4.34
希望上部枝段	4.36	2.84	9.54	-3.72	11.22	-4.99
希望中部枝段	3.04	1.52	10.07	-3.19	8.58	-7.63
希望下部枝段	2.28	0.76	11.66	-1.60	7.29	-8.92
八年生希望	2.85	1.33	9.90	-3.35	11.04	-5.17
一年生希望	2.47	0.95	9.27	-3.99	12.08	-4.13
柳枝（CK）	1.52	0	13.26	0	16.21	0

结果表明，草原樱桃不同品种的各类枝段生根抑制物质单宁的含量都极显著地高于对照柳枝，而营养物质淀粉和可溶性糖的含量都低于对照柳枝。这可能是草原樱桃扦插较难发根，成活率较低的原因之一。在3个草原樱桃品种间，'希望'单宁含量最高，达4.17%，可溶性糖含量最低，为10.4%；在枝条不同部位间上部枝段单宁含量最高，达4.36%；在不同母株年龄枝段间，多年生'希望'枝条单宁含量为2.9%，虽低于二年生希望的含量，但生根率并不因此升高，可见对于扦插生根成活的影响，母株因多年生而失去童性比生根抑制物质的作用更强。试验结果与前述的品种间'希望'扦插生根率最低，枝条部位间上部枝条扦插生根率最低，不同年龄母株间多年生的枝条扦插生根率最低的试验结果基本一致。可见，草原樱桃枝条内生根抑制物质含量高，糖、淀粉等营养物质含量低可能是影响扦插成活率的主要原因之一（表4-10）。

4.4.5 枝段浸提液对豆芽生长的影响

为了验证枝条内抑制物质对扦插生根的影响，以清水和柳枝为对照进行了草原樱桃不同枝段的浸提液对豆芽胚根生长的影响试验，结果表明不同枝段浸体液的颜色存在明显差异。绿豆发芽在25℃恒温箱内培养36 h，每处理50粒，3次重复。

从枝条浸提液对豆芽胚根生长的影响分析结果可以看出，草原樱桃各品种不同枝类的枝条浸出液对豆芽胚根生长都具有明显的抑制作用，而且抑制的程度与前述的品种、母株年龄和枝段部位的单宁含量，以及扦插生根率高低的变化趋势完全吻合。统计分析结果也表明除柳树枝条外，草原樱桃枝条的粉碎浸提液对绿豆的培养生根长度都与对照清水存在显著或极显著差异。所以，生根抑制物质的存在可能是影响草原樱桃扦插繁殖的关键因子之一（表4-11）。

表4-11 枝条浸提液对豆芽生根的影响

枝段浸提液	豆芽胚根长度（cm）				与对照显著性比较（D值）
	Ⅰ	Ⅱ	Ⅲ	平均值	
二年生希望	2.60	2.48	2.77	2.62	-1.06**
二年生阿斯卡	3.04	2.96	3.14	3.05	-0.63**

（续表）

枝段浸提液	豆芽胚根长度（cm）				与对照显著性比较（D值）
	Ⅰ	Ⅱ	Ⅲ	平均值	
二年生新星	2.81	2.75	2.92	2.83	-0.84**
希望上部枝段	2.71	2.54	2.33	2.52	-1.15**
希望中部枝段	3.31	3.11	2.89	3.10	-0.57**
希望下部枝段	3.12	2.95	2.68	2.91	-0.76**
八年生希望	2.77	2.71	2.54	2.67	-1.00**
一年生希望	3.31	3.21	3.41	3.30	-3.36*
柳树	3.43	3.54	3.61	3.53	-0.15
CK（水）	3.68	3.67	3.57	3.67	—

注：** 和 * 分别表示差异显著性达 1% 和 5% 水平

4.4.6 去除生根抑制物质的不同处理对扦插生根的影响

为进一步验证抑制物质对草原樱桃扦插的影响，提高扦插效果，进行了去除生根抑制物质试验。试验于当年 12 月 1 日在温室内进行，以'阿斯卡'为试材，河沙为基质，插条先用不同去除生根抑制物质的方法处理，再用 IBA 100mg/L 浸蘸 12 h 后进行扦插。40 d 后调查对生根的影响。调查结果（表4-12）表明，不同处理方法间对扦插生根率影响较大，其中流水冲洗 24 h、0.1% 硝酸银浸泡 12 h 与对照相同，生根率都为 0，处理无效；硝酸银处理的插条在浸药的基部发生萎缩，影响基部对基质中水的吸收，插条不产生愈伤组织，易失水干枯。其他处理对扦插生根都具有一定效果。高锰酸钾处理硬枝扦插效果最好（彩图 82），生根率高达 48.9%，平均生根量也最多，达 4.25 条/株。温水、酒精、酒精乙醚、硼酸的处理都有效。其中温水处理随处理时间的延长，扦插生根效果逐渐增加，这可能与生根抑制物质去除的程度有关。试验结果说明，采用一定的方法去除生根抑制物质对提高草原樱桃硬枝扦插生根是有效的，但繁殖系数仍然偏低，难以应用于实际生产，今后还需进一步研究探讨。

表 4-12 去除生根抑制物质的不同处理对插穗生根的影响

处理	生根率（%）	平均生根数（条/株）	平均根长（cm）
流水冲洗 24h	0	—	—
35℃温水浸泡 5h	7.8	2.59±1.03	1.28±0.71
35℃温水浸泡 10h	21.1	2.31±0.47	1.43±0.54
35℃温水浸泡 15h	27.8	2.17±1.60	1.14±0.36
2%酒精浸泡 6h	23.2	2.25±0.96	1.59±0.45
1%酒精乙醚浸泡 6h	24.4	2.93±0.84	1.71±0.73
0.5%高锰酸钾浸泡 12h	48.9	4.25±1.83	1.67±0.61
0.1%硝酸银浸泡 12h	0	—	—
0.01%硼酸浸泡 12h	11.1	2.13±0.74	2.35±0.43
CK	0	—	—

4.4.7 生根促进物质对扦插生根的影响

据报道，除生长素外许多物质可促进扦插生根。2003 年 12 月在温室内以'阿斯卡'樱桃为试材，河沙为基质进行了生根促进物质对扦插生根的影响试验。试验插条先用不同生根促进物质处理，再用 IBA 100mg/L 浸蘸 12 h 后扦插，40 d 后调查生根情况。

试验结果表明，维生素 B_1、3 种糖对草原樱桃的硬枝扦插都有一定促进作用，其中葡萄糖和维生素 B_1 效果较好，扦插生根率分别为 25.6%和 22.2%，显著高于蔗糖和果糖处理。尿素、硝酸钾和磷酸二氢钾 3 种物质处理和对照扦插都没有生根。后 3 种物质虽然对促进扦插生根无效，调查时插条基部已经开始腐烂，但在扦插初期地上部插穗萌芽早而整齐。这可能与它们都属化学肥料，能够通过茎部切口部分吸收，进而促进萌芽生长有关（表 4-13）。

表 4-13 生根促进物质对扦插生根的效果

处理	生根率（%）	平均生根数（条/株）	平均根长（cm）
1mg/L 维生素 B_1 浸蘸 12h	22.2	3.51±1.73	1.27±0.73
5%蔗糖浸蘸 12h	14.4	5.23±2.12	1.65±1.26
5%葡萄糖浸蘸 12h	25.6	3.76±1.81	1.47±0.93

（续表）

处理	生根率（%）	平均生根数（条/株）	平均根长（cm）
5%果糖浸蘸 12h	11.1	3.09±1.42	1.76±1.03
5%尿素浸蘸 12h	0	—	—
5%硝酸钾浸蘸 12h	0	—	—
5%磷酸二氢钾浸蘸 12h	0	—	—
CK（水）浸蘸 12h	0	—	—

4.4.8　休眠期与休眠解除后硬枝的扦插效果

枝条的在休眠期和解除休眠后的生理状态存在差异，对扦插的效果有一定影响。试验以希望为试材，在树体休眠期和解除休眠（以水培萌芽为准）后从田间直接取样在温室沙床扦插，以了解休眠对扦插生根的影响。扦插前先用温水浸泡 24 h，然后以 IBA 500mg/L 速蘸 30 s 后扦插。50 个插穗一个处理，3 次重复。

试验结果（表 4-14）表明，休眠期枝条的扦插生根效果极显著高于解除休眠后的枝条。分析认为，草原樱桃硬枝扦插生根较慢，需要较长的诱导时间，扦插后插条地上部的萌芽和地下部的生根存在营养竞争。通过休眠的枝条在扦插两天后就地上部就开始萌芽生长，一周后萌芽率达 100%。萌芽造成的营养流失可能是解除休眠枝条扦插生根率低于休眠期枝条的主要原因。

表 4-14　休眠期和解除休眠后硬枝的扦插效果比较

扦插时期	各重复生根插条数（条）			生根率（%）
	I	II	III	
2003-11-6（休眠期）	9	13	14	24.0[a A]
2003-12-23（休眠解除后）	5	6	9	13.4[b B]

注：每重复 50 条硬枝；大小写字母分别代表 1%，5%差异显著水平

4.4.9　机械处理对硬枝扦插生根的影响

据报道，某些植物茎在皮层和韧皮部之间有连续的厚壁组织环，正处在根

原基发源部位，可能形成扦插生根的障碍。为此，采取环剥、刻伤两种机械方法破坏厚壁组织环，探讨对扦插生根的影响。试验于2003年12月3日进行，以希望樱桃为试材，用IBA 500mg/L速蘸30 s后扦插。调查结果（表4-15）表明，机械处理与对照间枝条扦插生根率没有显著性差异，处理方法无效。此结果与后期解剖学观察发现草原樱桃在皮层和韧皮部之间没有连续的厚壁组织环相一致。可见，草原樱桃硬枝扦插繁殖困难并不是因厚壁组织环的结构障碍。

表4-15　机械处理对硬枝扦插生根的影响

处理方法	各重复生根插条数（条）			生根率（%）
	Ⅰ	Ⅱ	Ⅲ	
环割	12	11	12	23.2^{aA}
刻伤	14	9	13	24.0^{aA}
CK	10	8	13	20.6^{aA}

注：每重复50条硬枝；大小写字母分别代表1%，5%差异显著水平

4.5　樱桃根插繁殖研究

4.5.1　试验材料及研究方法

同4.2.1。

4.5.2　樱桃根插试验设计

4.5.2.1　不同药剂对生根成活的影响

试验于冬季约12月15日在温室内进行。以'阿斯卡'根段为试材，河沙为基质，4种药剂，每种药剂5个浓度，速蘸30 s。每处理50个根段，3次重复，30 d后调查生根发芽情况。

4.5.2.2　不同品种的根插试验

试验于2003年12月18日在温室内进行，试验品种为'希望''阿斯卡'

和'新星'3个。试验以河沙为基质，以 IBA 500mg/L 速蘸 30 s，每品种 30个根段，3次重复，30 d后调查生根发芽情况。

4.5.2.3 基质对根插的影响

基质对比试验于 2003 年 12 月 18 日在温室内进行。选用的基质有沙子、椰糠、草炭与蛭石 3 : 1、草炭+沙子 3 : 1、草炭共 5 类。以'阿斯卡'为试材 IBA 500 mg/L 处理 30 s，每个处理 30 个根段，3 次重复，30 d 后进行生根情况调查。

4.5.2.4 扦插极性和药剂处理部位对根插的影响

试验于 2003 年 12 月 21 日在温室内进行。极性分正（近根端向上）负（远根端向上）两种。药剂处理部位分为极性上端、极性下端、全部根段 3 种处理。试验以'阿斯卡'樱桃为试材，采用 IBA 500 mg/L 处理 30 s，每处理 30 个根段，3 次重复，30 d 后进行生根情况调查。

4.5.2.5 根段长度对生根的影响

试验于 2003 年 12 月 21 日在温室内进行。以'阿斯卡'为试材，根段长度分为 4cm、7cm、10cm 3 个级别。IBA 500 mg/L 处理 30 s，每个处理 30 个根段，3 次重复，30 d 后进行生根情况调查。

4.5.2.6 IBA 处理对草原樱桃根插的影响

试验以（500、250、100）mg/L 3 种浓度和不同的处理时间（30 s、0.5 h、2 h、4 h、8 h）组合，分析 IBA 不同浓度和时间对根插的影响。以阿斯卡樱桃为试材，每个处理 30 个插穗，3 次重复，30 d 后进行生根情况调查。

4.5.2.7 根插时期对生根率的影响

试验于 2003 年 11 月 3 日起苗同时和 12 月 15 日、3 月 10 日分 3 次进行，后期的根段低温冷藏备用。IBA 500 mg/L 处理 30 s，每个处理 30 个插穗，3次重复，30 d 后进行生根情况调查。

4.5.3 扦插方法及调查指标

草原樱桃根系发达，并具有萌生根蘖的能力，定植 3 年以上的植株就可萌生根蘖。为探讨草原樱桃根系繁殖能力，进行了根段扦插繁殖试验。根插的试材是将秋起苗时收集的根段低温冷藏，扦插时选直径大于 0.5cm 的根段，扦插前先用清水洗净根上泥土，用多菌灵 500 倍液浸泡 2~5 h 杀菌，将根段剪成 5~7cm 根段，根段极性上端剪成平口，下端剪成斜口。扦插密度为枝插 8 cm× 8 cm，根插 5cm×5cm，深度枝插为插穗长度的 1/3。扦插时注意扦插极性，插穗与地面成 75 度角，插后喷一次透水，使插条和基质充分接触，以后视床内湿度，每隔 3~5 d 喷水 1 次，一周左右喷一次多菌灵 500 倍液。扦插后搭小拱棚，扣膜，膜上扣遮阳网，记录小拱棚内的气温、地温和相对湿度，温度控制在 30℃ 以下，高于 30℃ 放风，湿度保持在相对湿度 80% 左右。扦插后调查指标同绿枝扦插方法。

4.5.4　药剂对草原樱桃根插繁殖生根成活的影响

试验选择了 IAA、IBA、NAA 和生根剂 4 种药剂，每种药剂选取 5 个浓度进行了药剂对草原樱桃根插效果影响的研究。表 4-16 列出了药剂出来对草原樱桃根插效果影响的分析结果。可以看出，4 种药剂各浓度处理根段的生根率明显高于对照清水处理，但根段的萌芽率却低于对照，而平均生根数量和根长在相互间差异较小；在不同药剂和同种药剂的不同浓度间，根插的发根率、发芽率、平均生根数和平均根长存在明显差异。

表 4-16　药剂处理对草原樱桃根插效果的影响

药剂	浓度（mg/L）	生根率（%）	发芽率（%）	平均生根数（条/株）	平均根长（cm）
IBA	1 000	98.7	30.7	10.43±5.32	1.73±1.23
IBA	500	96.7	46.7	7.25±3.22	1.92±1.77
IBA	250	92.0	57.3	5.93±2.49	2.10±1.26
IBA	100	75.3	72.3	3.48±1.97	2.15±1.44
IBA	50	52.7	79.3	2.28±1.12	1.53±0.97
IAA	1 000	71.3	39.3	3.74±1.34	1.62±0.74
IAA	500	51.3	49.3	3.39±1.17	2.72±1.66
IAA	250	44.0	62.0	2.96±1.69	2.97±1.24
IAA	100	38.7	82.6	2.61±1.49	2.65±1.02
IAA	50	31.3	88.7	2.50±1.29	2.03±0.86
NAA	1 000	100.0	26.7	13.50±9.86	1.64±1.32
NAA	500	97.3	37.3	9.66±7.35	1.96±1.41
NAA	250	95.3	42.0	7.63±4.09	1.81±1.19

（续表）

药剂	浓度（mg/L）	生根率（%）	发芽率（%）	平均生根数（条/株）	平均根长（cm）
NAA	100	76.7	58.7	4.67±3.33	1.47±1.14
NAA	50	51.3	67.3	2.42±1.51	1.38±0.99
生根剂	1 000	96.0	23.3	11.0±3.71	1.86±1.02
生根剂	500	97.3	34.7	9.77±4.69	2.13±0.96
生根剂	250	93.3	47.3	5.11±2.18	2.02±1.14
生根剂	100	66.7	53.3	2.74±1.26	1.92±0.79
生根剂	50	46.7	65.3	2.53±1.42	2.17±0.87
CK（水）		22.7	74.7	2.71±1.79	2.15±1.14

　　本研究分析了药剂浓度与草原樱桃根插发芽生根间的相关性（表4-17）。结果发现，4种药剂的浓度变化与草原樱桃根插的发根率和平均生根数呈显著正相关，与根插的发芽率呈显著负相关，而与平均根长相关不显著。所以，药剂处理可显著提高草原樱桃根段的扦插生根率和发根数量，并且在试验范围内药剂处理的浓度越高，根插的发根率和发根数越高。但是，药剂处理在促进扦插生根的同时，也会对根段的萌芽率起到明显的抑制作用，并且在试验范围内药剂处理的浓度越高抑制作用越强，萌芽率越低。因为药剂处理的目的不但要促进根插的生根效果，还必须保证根段的发芽数量，最终繁殖出更多完整的扦插苗。根插时插穗较短，根段内贮藏营养有限，扦插后在萌芽和生根间必然存在着营养竞争，如生根过多、根系生长过旺，必然会降低根段的扦插萌芽率。所以，插时应选择适宜的药剂和浓度，既要促进根段的发根，又要保证发芽，使生根和发芽同时进行才能获得较好的扦插效果。

表4-17　药剂处理浓度和扦插效果的相关分析

药剂	相关系数			
	发根率	发芽率	平均生根数	平均根长
IBA	0.75	-0.96	0.97	-0.19
IAA	0.98	-0.92	0.91	-0.54
NAA	0.72	-0.90	0.96	0.40
生根剂	0.71	-0.94	0.93	-0.52

表4-18列出了4种药剂处理对草原樱桃根插生根率和发根数量影响的显著性分析结果。分析表明，与对照清水相比4种药剂都可显著地提高草原樱桃根插的生根率和平均生根数量；在4种药剂间，NAA、IBA和生根剂3种处理的生根率和平均生根数没有显著差异，IAA处理的生根率和平均生根数量最低，与其他药剂间有显著性差异，这可能与IAA不稳定、易被氧化分解而失效有关。所以在扦插中，最好不要选择IAA作为促进根系生长的激素类物质。4种药剂中NAA处理草原樱桃根段扦插效果最好，IAA效果最差。进一步分析表明，草原樱桃根插的4种药剂处理中，IAA处理根插平均发根率最低、发根数最少，但平均根长最长，为2.4cm；NAA处理平均发根率最高、发根数最多，但平均根长最短，为1.65cm。两种药剂处理间根段的生根率、平均发根数和平均根长差异都达极显著水平。此结果可能与两种药剂对扦插生根的作用不同有关，也与根段贮存营养有限相关，由于营养竞争发根过多必然生长减慢、根长短。

表4-18　药剂处理对根插生根效果的显著性分析

药剂	生根率（%）	生根率反正弦转换	平均生根数（条/株）
NAA	84.1^{aA}	66.5	7.58^{aA}
IBA	83.8^{aA}	66.3	6.23^{aAB}
生根剂	80.0^{aA}	63.4	5.87^{aAB}
IAA	47.3^{bB}	43.5	3.04^{bB}
CK	22.7^{cC}	28.5	2.71^{bB}

注：大小写字母分别代表1%，5%差异显著水平

表4-19列出了药剂处理对草原樱桃根插发芽率影响的显著性分析结果。可以看出，除IAA处理外其他药剂处理的草原樱桃根段发芽率都极显著低于对照清水处理；4种药剂处理间根插的发芽率也明显不同，其中IAA处理发芽率最高，显著地高于其他3种药剂处理；IBA其次，极显著地高于NAA和生根剂；NAA和生根剂间无显著差异。药剂处理的根段萌芽率低于对照清水处理，可能与药剂在促进生根的同时抑制萌芽有关。试验中全部用药剂浸蘸的根段，扦插后只生根不萌芽就能证明此问题，有关资料报道也与此结果基本相符。根插时虽然只用药剂处理插条的下部切口段，但由于根段较小（5~7cm）

处理不当对根段上部影响也很大，能够抑制萌芽降低发芽率，这一点在根插繁殖当中一定要引起充分注意。

表4-19 药剂处理对根段发芽率影响的显著性分析

药剂	发芽率（%）	反正弦转换
CK	74.7^{aA}	59.8
IAA	64.9^{abAB}	53.7
IBA	57.3^{bBC}	49.2
NAA	46.4^{cC}	41.9
生根剂	44.8^{cC}	42.0

注：大小写字母分别代表1%，5%差异显著水平

4.5.5　品种对草原樱桃根插效果的影响

表4-20列出了3个草原樱桃品种根插对比试验结果。可以看出，3个品种间根插的生根率、发芽率和平均根长都无显著差异，只有平均生根数'阿斯卡'明显高于'希望''新星'两个品种（方差分析略）。此结果除品种遗传原因外，主要因为'阿斯卡'是近灌木类型，秋季植株停止生长早、落叶快、营养回流好，而新星和希望属乔木类型，一、二年生的苗木长势极旺，秋季停止生长晚、落叶迟、营养回流差，第二年春季易发生抽条现象，因而根中的营养贮藏少，影响根插效果。

表4-20　品种间根插效果的比较

品种	生根率（%）	发芽率（%）	平均生根数（条/株）	平均根长（cm）
阿斯卡	96.7^a	46.7^a	7.25±3.22^A	1.92±1.77^a
新星	93.3^a	53.3^a	4.66±3.27^B	1.89±1.41^a
希望	94.7^a	50.6^a	4.13±2.76^B	2.03±1.71^a

注：大小写字母分别代表1%，5%差异显著水平

4.5.6　基质对草原樱桃根插的影响

草原樱桃根插的根段短小，整个根段几乎都埋在基质中，两端的切口都与

基质接触，因此基质的保水、透气性和带菌择状况对根插的发根成活的影响更明显。预备试验中，多次因基质选择不当而失败，为选择一种比较适合的插基质，试验中选择了椰糠、草炭+蛭石、草炭+河沙、草炭、河沙5种基质进行根插的对比试验。

图4-3绘出了不同基质对草原樱桃根插效果影响的调查结果。可以看出，在不同基质间河沙和椰糠两种基质根插效果较好，生根率高，腐烂率低；草炭+蛭石和草炭+河沙两种基质的根插效果相近，生根率和萌芽率都达50%以上；草炭的根插效果最差，萌芽率和生根率较低，腐烂率高达56%。基质间根插效果的差异是与基质的保水性、透气性和有害微生物的含量有关。根插的多次试验证明，插前的插床消毒和插穗生根过程中的多次杀菌消毒要比扦插方式和基质类型更重要。因为根插的插穗短，两端的切口都于基质接触，极易被病菌感染影响扦插效果。试验时就发生过已经生根发芽的插穗，后期被病菌侵染腐烂，导致大量死亡的现象。

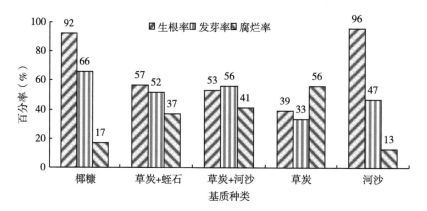

图4-3　不同基质对根插的影响

表4-21列出了不同基质对草原樱桃根插生根效果影响的调查结果。可以看出，在不同基质间河沙根插的生根效果最好，椰糠次之，其他3种都较差（彩图83和彩图84）。从几方面的表现来看，河沙是草原樱桃根插较理想的基质，它透气性好、含菌量低，发芽和生根所需的时间短。但河沙中含有的营养物质少，根段内贮存的营养有限，较易出现根插苗脱肥现象。所以根插时适当喷一些营养液对插苗有益，同时应根据插苗的生长状况及时移栽。

表4-21 基质对草原樱桃根插生根效果的影响

基质种类	平均生根数（条/株）	平均根长（cm）
河沙	7.25^{aA}	1.92^{aA}
椰糠	4.33^{bB}	1.85^{aA}
草炭+河沙	1.87^{cC}	1.13^{bB}
草炭+蛭石	1.83^{cC}	0.94^{bB}
草炭	1.62^{cC}	0.83^{bB}

注：大小写字母分别代表1%，5%差异显著水平

4.5.7 扦插极性和药剂处理部位对根插的影响

有关资料报道，扦插应注意插穗的极性，否则将影响扦插效果。在枝条扦插时总是在枝条形态顶端抽生新梢，形态下端发生新根；而在根插时总是在根段的极性上端（靠近根茎部位）发出新梢，极性下端（远离根茎部位）形成根。草原樱桃的根剪成小根段后，如不标记极性难以区分，为分析极性对扦插效果的影响，进行了扦插极性和药剂处理部位对根插效果影响的试验。

表4-22列出了扦插极性及药剂处理部位对草原樱桃根插效果影响的调查结果。可以看出，在不同极性根插间负极扦插和正极扦插相比，生根率明显下降，发芽率为零，生根数量也明显减少（彩图85）。因此，在草原樱桃根插时必须注意扦插的极性。在不同药剂处理部位间，处理根段极性下端根插效果最好，不但生根率和发芽率都很高，而且发根多、根系长；整个根段的全部蘸药对根段的生根有益，生根率和平均生根数都有所增加，但发芽率明显降低，仅为12.2%；药剂处理极性上端也明显降低了生根率和发芽率。由于根段极性和生根剂处理的部位对扦插效果有明显影响，所以在草原樱桃根插时根插时一定要注意极性和药剂处理部位。

表4-22 扦插极性和药剂处理部位对根插的影响

极性	处理部位	生根率（%）	发芽率（%）	平均生根数（条/株）	平均根长（cm）
负	极性上端	8.9	0	5.13±2.93	1.98±0.76
负	极性下端	25.6	0	3.11±1.79	2.15±0.80
负	全部	74.4	0	6.34±4.23	2.26±1.00

（续表）

极性	处理部位	生根率（%）	发芽率（%）	平均生根数（条/株）	平均根长（cm）
正	极性上端	47.8	36.7	3.31±2.14	2.03±1.07
正	极性下端	91.1	72.2	7.32±4.42	2.85±0.96
正	全部	94.4	12.2	9.18±5.10	2.28±0.93

4.5.8 根段长度对草原樱桃根插的影响

试验以'阿斯卡'为试材、河沙为基质、选择了 3 个根段长度通过试验探讨了根段长度对草原樱桃根插的影响效果。试验结果（表 4-23）表明，在草原樱桃根插时随着根段长度的增加，发芽率和平均生根数都明显增加，但对生根率和平均根长影响不大。分析认为，在草原樱桃根插时根段的生根率较高，提高根段的发芽率是扦插成功与否的关键。通常在药剂催根的条件下，根段的发芽与生根相比营养竞争处于劣势，因此，可通过适当增加根段的长度提高发芽率，进而提高根插繁殖的效果。

表 4-23 根段长度对草原樱桃根插的影响

根段长度（cm）	发芽率（%）	生根率（%）	平均生根数（条/株）	平均根长（cm）
10	88.9[a A]	100	12.25±6.94[a A]	2.31±1.41[a]
7	67.8[b B]	100	7.94±5.76[b B]	2.39±1.72[a]
4	46.7[c C]	100	5.32±3.09[c C]	2.21±1.63[a]

注：大小写字母代表1%，5%差异显著水平

4.5.9 IBA 处理的不同浓度和时间对草原樱桃的根插的影响

为进一步分析药剂浓度和处理时间对草原樱桃根插的影响，选取药效比较稳定的 IBA 以 3 种浓度和 5 个处理时间梯度进行分析。试验结果表明，IBA 对插穗的生根率和平均根长随处理时间变化差异不显著，分别保持在 90% 和 2cm 左右，但对发芽率和平均生根数有一定影响（表 4-24，彩图 86）。

由表 4-24 可知，IBA 500 mg/L 时，处理时间加长，发芽率逐渐降低。

IBA 250、100 mg/L 随时间变化是先增后降。250 mg/L 处理 2h 最高达 88.9%，100 mg/L 处理 4h 最高达 91.1%。所以在草原樱桃根插时，用低浓度的药剂适当加长处理时间会取得更好的扦插效果。平均生根数都随 3 种浓度的 IBA 处理时间的增加有所增加，这与前面试验中发根数量与药剂浓度正相关相似，说明生长素类物质对草原樱桃根插发根的促进作用极为显著。

表 4-24　IBA 处理时间对发芽率和平均生根数的影响

(单位:%、条/株)

IBA 浓度（mg/L）	30s	0.5h	2h	4h	8h
500	55.6* (4.26)	46.7 (6.42)	42.2 (7.53)	36.7 (7.89)	13.3 (9.47)
250	58.9 (3.56)	67.8 (5.13)	88.9* (6.22)	48.9 (7.40)	42.2 (8.33)
100	72.3 (2.29)	83.3 (3.94)	85.5 (5.53)	91.1* (6.35)	77.8 (7.66)

注：括号内示平均生根数，＊最大发芽率

4.5.10　扦插时期对草原樱桃根插繁殖的影响

为确定根插的最佳时期和了解根系休眠对草原樱桃根插效果的影响，进行了不同时期的根插试验。表 4-25 列出了不同扦插时期对草原樱桃根插效果影响的调查结果。

调查结果（表 4-25）可以看出，经休眠冷藏根段的扦插生根数量和平均根长度与起苗后直接采根扦插无显著差异，但两者的扦插发芽率和生根率却存在显著和极显著的差异。此结果说明，经过一段时间冷藏，根系经过休眠后内部发生了一定的生理生化变化，有助于提高根系扦插的发芽和生根。所以，为提高扦插效果，在草原樱桃根插时应将秋季收集的根系经一段时间低温贮存后再进行扦插繁殖。

表 4-25　不同扦插时期对草原樱桃根插效果的影响

时间（月-日）	发芽率(%)	生根率(%)	平均生根数（条/株）	平均根长（cm）
3-10（冷藏后）	63.3aA	92.2aA	6.43±3.54a	2.23±1.60a
12-15（冷藏后）	55.6aA	96.7aA	7.25±3.22a	1.92±1.77a
11-3（起苗时）	21.1bB	77.8bB	6.37±2.89a	2.01±1.12a

注：大小写字母分别代表 1%，5%差异显著水平

4.6　樱桃扦插的解剖学分析

4.6.1　试验材料与方法

试验以 2003 年 10 月 8 日的硬枝扦插的插穗为试材，在扦插后不同时期取样，以滑走式切片机切样，切片厚 20μm，用番红—固绿对染，加拿大胶封固，显微镜观察并照相。

4.6.2　草原樱桃插穗的解剖学结构观察

解剖学观察表明，草原樱桃的嫩枝和半木质化硬枝插穗的横切面都是由表皮、周皮、皮层及维管柱四部分组成。嫩枝的表面细胞结构清晰（彩图 87A、87B、87C），细胞近方形，排列紧密；外面覆一层角质膜。表皮以内是周皮，周皮由木栓层（3~4 层细胞）、木栓形成层（2 层细胞）、栓内层细胞组成，染色后在镜下各层的颜色存在明显差异。周皮层内为皮层，皮层细胞呈圆形，排列较疏松，细胞间有较大间隙。皮层以内为维管柱，由次生韧皮部、维管形成层、次生木质部及髓组成。次生韧皮部主要由韧皮薄壁细胞、韧皮纤维及筛管组成。形成层由排列紧密的若干层分生细胞组成，分生细胞较小，结构清晰，内外分别与木质部和韧皮部细胞相接。幼枝的木质部占比例小于髓部，而硬枝的次生木质部占绝大部分（彩图 87D），由层次分明的两部分组成。一部分与形成层相连是后形成的次生木质部，由较幼嫩的薄壁细胞组成；另一部分与髓心相连是较早形成的次生木质部，主要由导管和木纤维组成，细胞木质化程度较高。在硬枝插穗的中央是髓，由薄壁细胞组成，细胞较大，细胞间隙不明显。在插穗的横切面上，辐射状排列维管射线，维管射线由形成层射线原始细胞形成，位于木质部的称为木射线，位于次生韧皮部的称韧皮射线，插穗中的初生韧皮部和木质部等初生结构与次生结构无明确界限，相互间很难区分。经过多次解剖观察发现，在草原樱桃绿枝和硬枝插穗中扦插前都没有发现根原基，试验认为草原樱桃的根原基是扦插后经诱导产生的。

4.6.3　草原樱桃插穗愈伤组织形成的观察

草原樱桃从扦插到生根，嫩枝大约需 30 d 左右，半木质化硬枝和硬枝需 40~50d。在此期间，插穗主要经历了愈伤组织产生、发育和不定根原始体的形成过程。通常在扦插后 10 d 左右，有 50% 的插条在切口的外缘形成了愈伤组织（彩图 87E）。愈伤组织起源于插穗基部切口附近的形成层细胞，是高度液泡化的薄壁细胞团，细胞间形状较一致，大而呈白色。嫩枝插穗的愈伤组织能使茎部表皮及皮层胀裂，硬枝基部的皮层和形成层长出一圈的愈伤组织后，逐渐向木质部覆盖和隆起。在愈伤组织产生和增大的同时，内部不断分化形成自己的维管、形成层和木质部。同时，愈伤组织表层的薄壁细胞的木质化程度也逐渐增加，在外部形成一个保护层。

4.6.4　根原基的诱发和不定根形成

愈伤组织形成后，在表面逐渐产生一些小突起。在小突起的内部可观察到一个细胞核较大，细胞质较浓厚，细胞大小较一致的分生细胞团，这就是根原基的原始细胞。这些细胞与周围一般愈伤组织细胞有明显的界线。根原基的原始细胞进一步发展，由近圆的细胞团逐渐变为一端较尖的细胞团，就形成了根原基（彩图 87F、87G）。以后根原基继续伸长生长，突破愈伤组织表面，伸出体外就形成了不定根（彩图 87H、87I）。在不定根的产生及生长过程中逐渐形成内部维管组织。不定根的维管组织在形成过程中逐渐靠近，并最后与愈伤组织的输导组织连成一体，确保了不定根生长所需营养物质的供应。在硬枝扦插和插条解剖观察时，未见有皮部生根现象，不定根都是从插条基部愈伤组织中产生的。可以认为，产生愈伤组织是草原樱桃扦插生根的基础。

4.7　讨论与结论

4.7.1　樱桃温室绿枝扦插成活率低的原因

许多报道指出，绿枝扦插的时期对生根率有明显影响。魏书等（1994）认为在南京的气候条件下的 5 月下旬至 6 月初及生长季节后期 9 月下旬是两个适宜的扦插时期。胡孝葆等（1993）在杭州的试验表明，不同时期绿枝扦插成活率以6月最高，7月和9月最差。王小蓉等（2000）研究证实，IBA浸泡日本晚樱插穗，极显著地提高了日本晚樱不同树龄、不同枝段插穗生根率，表明IBA对不同生理成熟度插条均有诱导其生根的作用，但不同树龄、不同枝段经相同处理，发根率差异显著。显然插条生理成熟度影响其对外源生长素的敏感性，这与本研究结果一致。睢薇（1994）报道，草原樱桃绿枝扦插在黑龙江地区6月下旬效果好，生根率在80%以上。本试验草原樱桃绿枝扦插在5月底至6月初和9月上旬生根率最高，最高生根率高达92%。但绿枝扦插对环境条件要求严格，温湿度调控能力差时扦插很难成功。试验中多次在温室内扦插，都因大量腐烂而失败，而在人工气候培养箱中扦插却取得了很好的效果。分析原因：一方面，夏季的高温、高湿易造成病菌的大量繁殖，并从叶片的剪口和插穗的切口侵入，导致叶片和插穗根部迅速腐烂；另一方面，温室内扦插采用小拱棚保湿和高温产生矛盾，即使采用遮阳网降温也难取得理想的效果。有条件的地方建议采用间歇式迷雾扦插保证插穗适宜生根的温湿度条件。不断的水雾淋洗能减少病菌的侵入，同时也解决了保湿和高温的矛盾，扦插繁殖可取得满意的效果。

4.7.2　秋季半木质化硬枝扦插的情况

半木质化硬枝是指秋季由绿枝向硬枝的过渡阶段的枝条（彩图81）。它既有绿枝的带叶特点，又具备了硬枝的插穗内积累了营养物质和生根抑制物质的特征。秋季的气温不高，扦插的温湿小环境容易控制，但这时叶片已进入衰老期，光合作用等生理功能降低，叶片易脱落。马中才等（2008）研究发现，千里香木质化部位插条平均成活率达90.56%，高于半木质化部位，而半木质化部位插条平均生根数7.31条，高于木质化部位。本试验结果显示，叶片功能强、保留时间长的插穗，扦插生根率较高。这可能是由于叶片不仅通过光合作用制造养分，同时形成生长素和维生素输送到插穗下部供给基部发根、生长需要，进而促进了插条的生根成活；但秋季草原樱桃枝条内的生根抑制物质含量较高，阻碍了半木质化硬枝扦插生根和成活。试验中秋季半木质化硬枝扦插各处理中的最高生根率为74%，繁殖率低于绿枝扦插，优于硬枝扦插。所以，采用适宜的方法解除生根抑制物质的影响也可能是提高草原樱桃秋季半木质化硬枝扦插效果的有效途径。

4.7.3 樱桃硬枝扦插繁殖率低的原因

硬枝扦插是一种方简单、成本低廉的繁殖方法。本课题组对草原樱桃硬枝扦插进行了多次试验，但插条生根情况都较差，大多只产生愈伤组织，很难发根。生化分析发现插穗内可溶性糖含量低，单宁含量较高。许多报道指出，单宁是抑制扦插生根的主要物质之一。早在 1937 年一些学者就提出植物体内可能存在一些抑制植物生长素作用、阻碍扦插生根的物质。森下和大山（1952）报道，用新鲜锯屑作扦插基质能够抑制插穗的生根和发芽。为此，他们选择了栗树、杨梅等 7 种生根较困难的树种，用它们的浸提液做扦插试验。结果发现，浸提液中含有对垂柳、紫穗槐扦插生根的抑制物质。大山（1962）分析了柳杉、赤松、杨梅、栗插穗的浸提液，发现大多数都含有酸性物质。这些酸性物质加热到 100℃ 即可分解，估计可能是有机酸、单宁或生物碱类物质。茅林春等（1988）研究梅插穗贮藏营养与插穗生根率的关系结果显示，可溶性糖含量和生根率之间呈显著正相关。王关林等（2005）研究结果显示，100 mg/L 浓度的 NAA 与 IBA 处理插穗生根率达到了 88.13% 和 85%，嫩枝插穗的可溶性糖，可溶性蛋白质，叶绿素，核酸物质的含量显著高于对照，认为生长调节剂是通过调节插条内代谢物质的含量来促进插穗的生根。因此，可以通过适宜的处理方法，促进或抑制某些物质的代谢达到扦插生根的目的。本试验采用温水、酒精、乙醚、高锰酸钾浸泡插穗基部和采用蔗糖、果糖、葡萄糖浸泡插穗，都可明显提高了扦插生根率，说明解除单宁等生根抑制物质和补充碳素营养都可提高草原樱桃硬枝的扦插效果。所以，营养物质含量低、抑制物质含量高可能是影响草原樱桃扦插成功与否的主要因素之一。

4.7.4 樱桃根插中注意的问题

根插不但操作较简单、对环境的要求不严，而且扦插成活率高、效果好。王梦珍（1999）研究表明，在插根前要进行土壤处理，用 5% 辛硫磷颗粒剂每亩 2~2.5 kg 结合耕翻，将药剂翻入土中。选择直径 0.6~1 cm 的根进行剪截，剪截长度为 10 cm，上端平剪下端斜剪。一般应在 3 月上中旬进行苗木根插。从插根到出土这段时间，如不十分干旱不必浇水，以免降低地温。如果特别干旱，采取开沟浇小水，切勿不要大水漫灌。插根育苗速度快，效果好。当年育苗，当年能出圃生长健壮的苗术。且成活率和生长建度都明显优于插条育苗和播种育苗。本试验得到相似结论，草原樱桃在根插时主要注意以下问题。第一，根插的根段短小，两端的剪口都于基质接触，易于被病菌侵染。扦插前，将根段表面的土壤洗净，并用一定浓度杀菌剂浸泡几个小时，清除根段所带病菌。在插床消毒扦插后，每周喷 300 倍液的多菌灵消毒一次，防止病菌侵染。第二，根插时应注意扦插极性，极性颠倒严重影响扦插效果。第三，根插时上部发芽比下部生根更难，应采用适宜的药剂处理确保在根段发根的同时促进发芽。试验中采用的 IBA 250mg/L 浸泡 2 h 和 IBA 100 mg/L 浸泡 4 h 效果最好，发芽率和生根率都高。

4.7.5　根原基的产生

研究认为，形成根原基是发根的前提，对扦插繁殖十分重要。Carpenter（1961）发现，有些植物中不定根原基在枝条中已经存在，称潜伏根原基。潜伏根原基通常处于休眠状态，在适宜环境条件下根原基可进一步发育形成不定根。史锋厚等（2018）研究结果显示，红缨海棠扦插前枝条内不存在潜伏根原始体，其扦插生根属于诱导生根型，本研究通与其结果相似，草原樱桃插条内不形成根原基，根原基是在扦插后形成的愈伤组织中分化出来的，属诱发型根原基。插穗诱发根原基发生部位插穗扦插后分化形成的根原始体被称为诱发根原始体，它可以由维管形成层、韧皮薄壁组织细胞、韧皮射线、髓射线及其复合组织等部位产生，也可在愈伤组织中产生（李焕勇等，2014）。扦插繁殖过程中，不同树种诱发根原始体产生的部位不同，或来源于单一部位或来源于多个部位，如欧李插穗不定根原基起源于髓射线（杨秀峰等，2009）。柚木不定根根原基起源于维管形成层（黄永芳等，2013），沙棘扦插根原基起源于维管形成层细胞处和韧皮部薄壁细胞区域（姚景瀚等，2013）。红缨海棠嫩枝插穗诱生根原基产生愈伤组织、髓射线与皮层交界处薄壁细胞、维管形成层、髓射线与环髓带交界处等 4 个部位（史锋厚等，2018）。因而，可以认为形成愈伤组织是草原樱桃枝插形成不定根的前提。草原樱桃绿枝扦插需要 30 d 左右产生不定根，硬枝扦插需要 40~50 d 产生不定根；愈伤组织产生前，绿枝和硬枝插穗内没有发现根原基，后期在愈伤组织内发现根原基，进而发育成不定根。插穗只在愈伤组织上长出了不定根，而皮孔中没有不定根发出，可见草原樱桃插条内不形成根原基，根原基是在扦插后形成的愈伤组织中分化出来的，属诱发型根原基（臧忠婧等，2010）。

插穗中若存在潜伏根原始体，扦插容易生根，扦插后需诱发根原始体的插穗则不容易生根。证实红缨海棠扦插属于较难生根树种，不使用生长调节剂处理的插穗生根率不足10%，且无皮部生根；使用 IBA 和 NAA 处理插穗后可以促进插穗生根，经 NAA 处理的红缨海棠嫩枝扦插不定根根原基来自愈伤组织等部位，生根率接近70%（史锋厚等，2012）。这与草原樱桃扦插生根相近，草原樱桃4种扦插方法的成活率差异很大。绿枝扦插和根插的成活率最高达90%左右；半木质化硬枝和硬枝扦插低于40%，且发根时间长。草原樱桃绿枝扦插以5月底至6月初和9月较好；硬枝扦插在插条休眠期扦插好；根插的根段经低温休眠后扦插好；草原樱桃扦插应在树体健壮无病、树龄小的植株上取插穗，插穗营养充实、不带病菌。绿枝和秋季半木质化硬枝扦插要保留叶片，防止叶片过早脱落。根插选直径0.5cm以上，长度5cm以上根段扦插效果好。理想的扦插基质要保水透气性好，带有害病菌少。

4.7.6　扦插基质及激素对樱桃生根的影响

　　基质透气性和保水能力及营养状况直接影响扦插的成活。在高温高湿条件下，用当年生吉塞拉组培苗嫩梢扦插于河沙、珍珠岩及河沙：珍珠岩：蛭石（1：1：1）混合基质中，吉塞拉6号嫩梢基部经500~1 000 mg/L IBA、ABT 1号和6号生根粉处理后扦插于混合基质中，生根率均达70%以上，单株生根均达3条以上。刘庆忠等（2011）研究表明，在1月剪取的插条，先用1 000 mg/L IBA 处理，采用苔藓作为基质，能使樱桃硬枝扦插获得最佳的生根效果，生根率在90%左右。陈相国等（2010）认为，扦插基质中生根效果最好的是草炭：蛭石：河沙（体积比1：1：1）混合的基质，ABT 1号生根粉处理，在6月份嫩枝扦插用吉塞拉6号生根率高达92%。本试验的基质中以河沙和椰糠扦插效果较好，生根率高、腐烂率低。但基质中缺乏营养物质对扦插苗后期生长不利，应补充液体肥料或及早移栽。参试的4种药剂中 IBA、NAA 药效稳定，扦插生根率高，IAA 易分解降低药效。枝插时 IBA 500 mg/L 30 s 速蘸生根率最高，根插时 IBA 100 mg/L 浸泡4 h 效果最好。试验认为，单宁含量高、可溶性糖和淀粉含量低是草原樱桃硬枝和秋季半木质化硬枝扦插繁殖率低的主要原因。草原樱桃茎无厚壁组织环，厚壁组织不是草原樱桃扦插的障碍。草原樱桃的根原基产生的部位是愈伤组织，枝插中形成的不定根是由愈伤组织部位发出的，形成愈伤组织是草原樱桃枝插形成不定根的前提。

5 人工混配基质对樱桃生长发育的影响

甜樱桃（*Cerasus avium* L.）属蔷薇科（Rosaceae）樱桃属（*Cerasus*）果树，原产于欧洲里海沿岸和亚洲西部地区（张力思，2000）。甜樱桃的栽培历史悠久，早在 2 000 多年前即有人工栽培的记载，现在伊朗、外高加索、小亚细亚等西亚地区仍分布有野生的甜樱桃。甜樱桃（又名欧洲甜樱桃、西洋樱桃、大樱桃）的品种多、果个大、产量高、品质好，是发展樱桃生产的重点，各地对发展甜樱桃的要求也十分迫切。与苹果等大宗水果相比，甜樱桃是一种"小水果"，但因经济效益高被称为"黄金种植业"（黄贞光，2002）。早在 20 世纪 70 年代，日本、意大利、德国、丹麦等国即开始甜樱桃避雨栽培的研究。1991 年日本甜樱桃设施栽培面积占设施栽培总面积的 13%（王跃进等，2001），目前已发展到 25%。我国栽培甜樱桃的历史较短，我国自 20 世纪 90 年代开始甜樱桃设施栽培，如 1994 年辽宁大连开发区、山东莱阳地区设施栽培甜樱桃获得成功。近年来，随着设施栽培技术研究的不断深入，甜樱桃设施栽培发展迅速。山东和辽宁已成为甜樱桃设施促成栽培的主产区。占樱桃栽培总面积的 2.5% 左右。山东省主要以塑料大棚为主，辽宁及以北地区主要以温室为主。山东约 0.15 万 hm²，辽宁约 0.1 万 hm²，其他各省约 0.05 万 hm²。辽宁除促早栽培以外，避雨栽培面积达到 0.2 万 hm²。进入 20 世纪 90 年代，随着北方寒地甜樱桃设施栽培的成功，我国甜樱桃的生产开始步入一个飞速发展的新阶段。

甜樱桃是我国北方开花结果较早的果树之一，素有"春果第一枝"的美誉。其根系分布较浅、不耐旱涝、易倒伏，又因吸收养分能力有限，容易出现树体营养供应不足的问题。而常规栽培中甜樱桃根系所处的土壤理化条件较差，表现为土壤容重大、通气不良、肥力低，使甜樱桃根系生长受到抑制。根系活力明显减弱，这些都大大影响了甜樱桃树体的发育。在核果类果树中樱桃又是对环境条件要求较高的树种，根系对土壤环境因子的变化极为敏感，易造成植株生长发育不良，经济寿命短。为使甜樱桃这一高效树种得以快速发展，必须切实解决好当前生产中存在的关键问题，实现早期丰产、优质高效的目的。

5.1 果树基质栽培研究意义

栽培基质是植物生长发育的基础和媒介，除了支持、固定植株本身外，还能保证植物根系按需要有选择地吸收养分、水分，使植物正常生长发育和开花结实。我国基质方面的研究起步较晚，但关于基质方面的研究报道较多。主要涉及蔬菜、花卉、林业方面，研究侧重于用植物生长势和产量及某些生理指标来对基质进行评价，而对基质本身的理化性状、微生物活性、基质对植物根系作用机理的研究较少（郑光华，1989；柳振誉，1998；张勇，2002）。对基质的结构保持、水分养分运移、基质孔隙、吸水性、保水性等缺乏系统的研究，未能开发出科技含量高的商品化基质及配套技术，因此，发展步伐远远落后于世界先进水平。

草炭、腐叶土、炭化稻壳、腐熟秸秆、椰子壳纤维等，作为通透材料在园艺作物栽培中应用较多，对改善土壤的通气状况，促进根系发生都起到了积极的作用。优点是具有团聚作用或成粒作用，能使不同的材料颗粒间形成较大的空隙、保持混合物的疏松、稳定混合物的容重。炭化稻壳亦称砻糠，是加工稻米的副产物经炭化后而形成的一种栽培基质材料。具有多孔构造、重量轻、通气性良好、不易腐烂、持水量适度的特点（胡杨，2002）。在使用前必须进行脱盐、脱碱处理。蛭石是一种通透性较好、无菌的常用无机基质。含有一定的钾、钙、镁等矿质元素，一般质地较轻，透气性、吸水性都较好，是目前国内外应用较多的基质。但蛭石保水性较差，容易破碎而结构被破坏，需要经常更换。炉渣是燃煤锅炉燃烧后形成的废弃残渣。一般呈强碱性，但用作栽培基质具有物理性质好、通透性好、阳离子代换量大等许多优点，经过处理后可以作为基质使用。

无机基质一般含有很少养分，缓冲性较差。有机基质是天然或合成的有机材料，含有一定的养分，保水性好，阳离子代换量大，具较强的缓冲性能。经许多试验表明，单独使用其中任何一种，都无法发挥出各自所具有的优点。而将结构、性质不同的有机、无机基质原料按一定比例混配成混合基质，可以改善单一基质物理性状上的不足之处（李谦胜，2003）。近年来在日本、荷兰、美国等国家草莓高架栽培基质栽培基质为细椰糠（2～10 mm）和粗椰糠（12～18 mm），按1：1配比，加水充分浸泡，用工具混合搅拌均匀，采用无纺布和固体基质加营养液，设施基质栽培具有周期短、见效快、效益高、采摘期长、品质好等特点（智雪萍等，2015）。研究结果表明，不同栽培基质、土壤酸碱度与土壤养分和叶片中的矿质元素含量均有一定的对应关系。可见土壤基质、pH值对蓝莓生长、元素吸收、对土壤中有效元素释放有着重要影响，是制约蓝莓栽培的重要因素。其中园土：椰糠土：有机肥为2：1：1处理（pH值为5.61，有机质含量为13.32g/kg）条件下，密斯蒂植株生长状况良好，开花坐果率最高（黄桂香等，2018）。

20世纪50年代，我国提出了果树"上山、下滩"和"不与粮棉争田"等口号，果树等经济树种广泛种植于立地条件相对较差的山地、丘陵荒地、沙砾河滩地。这些果园相当一部分土层浅且瘠薄，结构不良，有机质含量低，土壤pH偏碱，缓冲性差，不利于果树的生长发育。鉴于果树生产周期性长和我国人多地少的国情，短期内无法实现在肥沃土壤上进行大规模果树生产，因此可利用现有的栽培条件从改善果园的土壤入手，为果树的生长创造适宜的土壤条件，最终实现对植株地上部的调控。添加栽培基质可显著改善土壤性状，草炭和炉渣处理能够显著提升果园土壤肥力。因此，通过基质栽培的研究为果园土壤改良提供理论依据。

前人在建立果园时，亦强调通过改良土壤的结构来改善土壤的理化性状，提高土壤肥力。例如，采取了一系列像深翻熟化、增施有机肥、压绿肥及培肥与掺沙等技术措施，这些方法对局部改善土壤环境具有一定作用，但没有从根本上解决土壤肥力低、理化性状差等问题。近年来，随着甜樱桃这一优质、高效树种栽培面积的增加，对甜樱桃园土壤管理又提出了更高要求。在设施内进行限根栽培或容器栽培，可利用人工混配基质来改良甜樱桃的根域环境条件，使甜樱桃根系处于较好的土壤环境条件下，保证树体正常生长发育、开花结实，这将是今后一定时期内甜樱桃生产上比较有效的栽培措施。而利用混合基质进行甜樱桃栽培，需要对混合基质的结构、肥力等相关理化性状进行研究，对根系在混合基质中的发育情况也需要深入的摸索，弄清两者的相互作用关系。国外利用先进仪器研究基质对作物生长的效应，已经取得一定的研究成果。目前根据我国国情，完全照搬国外先进的基质栽培管理模式是不可行的。因此，只能结合我国甜樱桃生产的实际情况，通过在园土中添加一些有机、无机原料，来改变基质的理化性状和肥力特征，创造良好的微生物环境，找出影响甜樱桃根系生长发育、功能发挥的因子，最终实现甜樱桃的基质化栽培。

本试验以草炭、蛭石、炭化稻壳、炉渣、沙砾、腐熟作物秸秆等原料为通透材料，按一定比例混配成甜樱桃的栽培基质，研究混合基质的理化特性、肥力特性、微生物活性，以及基质对甜樱桃根系养分吸收、根活力、地上部光合特性、枝梢生长发育、开花结果的影响，找出基质影响甜樱桃植株生长发育的效应因子，筛选出比较适合甜樱桃生长发育的栽培基质，以期为甜樱桃土、肥、水管理和基质栽培提供理论和应用参考。

5.2　不同基质混配比例

5.2.1　试验材料与方法

本试验于2001—2004年在沈阳农业大学果树试验基地进行。以炉渣、蛭石、炭化稻壳、草炭、腐叶土、沙砾、腐熟秸秆为基质填充原料，普通园土为基质基本成分，各种原料按一定的比例经人工混配成基质，其中炉渣和沙砾进行过筛，最大颗粒直径<10mm。

以甜樱桃品种'宇宙'/本溪山樱［*Cerasus avium*（L. Moench）/［*Cerasus sachalinensis*（Fr. Schu）Kom.］为试材，定植在普通瓦盆和砖槽中，对基质的理化特性、微生物数量及甜樱桃植株的生长发育特性进行研究。盆栽试验共设计11种基质处理（表5–1），普通瓦盆直径为33 cm，每盆定植1株，重复30次。在上述配方中，每个处理中的基质成分按体积比例混匀后，再添加20%腐熟农家肥为基肥。

表 5–1　盆栽试验中各种基质成分比例（体积比）

处理	基质成分
I	炉渣：腐叶土：园土＝2：1：1
II	草炭：腐叶土：园土＝2：1：1
III	炭化稻壳：腐叶土：园土＝2：1：1
IV	沙砾：腐叶土：园土＝2：1：1

（续表）

处理	基质成分
V	蛭石：腐叶土：园土＝2：1：1
Ⅵ	炉渣：腐叶土：园土＝4：1：1
Ⅶ	草炭：腐叶土：园土＝4：1：1
Ⅷ	蛭石：腐叶土：园土＝4：1：1
Ⅸ	炭化稻壳：腐叶土：园土＝4：1：1
Ⅹ	沙砾：腐叶土：园土＝4：1：1
CK	腐叶土：园土＝1：1

槽式栽植试验在日光温室中进行，共设计7种处理（表5-2）。在温室地面铺一层聚氯乙烯薄膜，用砖砌槽。砖槽南北走向，定植槽的规格是：长80cm、宽50 cm、深50 cm，相邻砖槽间也用聚氯乙烯薄膜隔离，保证每株根系在一个独立的环境中生长。砖槽每行6个小区，单株小区，重复6次。

每个处理放置3个采气装置。采气瓶用塑料矿泉水瓶制成，瓶体侧、下面打孔，瓶口连上采气胶管。将采气瓶埋在距地表20cm处的甜樱桃根部，采气胶管延伸到砖槽外，用夹子夹紧。用采气针从采气胶管中抽取气样，装在采气气球中待测。

表5-2　槽栽试验中各种基质成分比例（体积比）

处理	基质成分
T₁	草炭：腐叶土：园土＝2：1：1
T₂	炭化稻壳：腐叶土：园土＝2：1：1
T₃	炉渣：腐叶土：园土＝2：1：1
T₄	腐熟秸秆：腐叶土：园土＝2：1：1
T₅	沙砾：腐叶土：园土＝2：1：1
T₆	蛭石：腐叶土：园土＝2：1：1
CK	腐叶土：园土＝1：1

两种栽培方式均按常规生产进行管理，每隔10 d浇一次液体饼肥，砖槽采用渗灌给水。

5.2.2 测定方法

5.2.2.1 基质的物理与化学性状测定方法

基质的容重采用环刀法测定（黄昌勇，2000）。基质的孔隙度采用基质孔隙度＝比重－容重/比重×100 测定（荆延德，2002）。基质含水量采用烘干法测定（黄昌勇，2000）。基质 pH 值采用酸度计法测定（ pHS—3B 型精密 pH 计）（黄昌勇，2000）。基质的有机质采用重铬酸钾法测定（史瑞和，1981）。

基质的速效氮采用碱解扩散皿法测定（史瑞和，1981）。基质的速效磷采用 $NaHCO_3$ 浸提，钼锑抗比色法测定（史瑞和，1981）。基质的速效钾采用 NH_4OAc 浸提，火焰光度法测定（史瑞和，1981）。基质的电导率采用 DDS－11A 电导仪法测定（史瑞和，1981）。基质的微量元素钙、镁利用原子吸收分光光度法测定（史瑞和，1981）。基质气体成分采用岛津-GC9A 型气相色谱仪测定。

5.2.2.2 土壤微生物培养

微生物的常规培养条件：时间为 48 h，温度 28~30℃，避光培养。细菌采用牛肉膏蛋白胨培养基培养（范秀容，1980）。真菌采用马丁氏培养基（范秀容，1980）。放线菌采用高氏 1 号培养基培养（范秀容，1980）。

5.2.2.3 植株生长发育状况测定

在甜樱桃生长季调查植株新梢长度、新梢粗度、叶面积、长枝、中枝、短枝比例、总生长量，单株小区，重复 3 次。新梢和叶片生长动态观测从甜樱桃植株萌芽嫩梢生长开始，用皮尺测定新梢长度，用游标卡尺测量新梢基部径粗（距基部 2cm），用卷尺测量树干周长，每 10 d 1 次，直至新梢停长为止。对这些新梢上不同节位着生的叶片，从展叶期开始测量叶片长、宽，每 10 d 1 次，直至叶片不再增长为止。根系生长点数按瓦盆体积 1/4 切取根系，用水将根冲洗干净（注意不破坏根系），吸干水分称取 1g 直径<1mm 的细根，计数根系生长点的数量，重复 3 次。植株器官生物量将植株解析成木质部、韧皮部、粗根（>3mm）、细根（<1mm），在百分之一天平上称量鲜重。在 105℃下杀青 30min，80℃下烘干至恒重，称干重。

5.2.2.4 生理生化指标测定

生理生化指标的测定的时间按春、夏、秋季 3 个季节进行，春季为 5 月

25—30 日，夏季为 8 月 1—10 日，秋季为 9 月 25—30 日。叶片光合速率采用美国 LI-COR 公司生产的 LI-6400 便携式光合测定系统测定叶片光合速率、气孔导度、蒸腾速率、胞间 CO_2 浓度等指标。以长枝基部向上数第 7~9 片叶为测定叶片，测定时光合测定仪的叶室要避开叶片的主叶脉。叶绿素含量采用丙酮、乙醇混合法测定（郝建军等，2000）。可溶性糖、淀粉含量采用蒽酮比色法测定（郝建军等，2000）。蛋白质含量采用考马斯亮蓝 G-250 染色法测定（郝建军等，2000）。根系活力采用甲烯蓝法测定（郝建军等，2000）。植株全氮含量采用半微量凯式定氮法测定（史瑞和，1981）。植株全磷含量采用 $HClO_4$-H_2SO_4 消煮钼锑抗比色法测定（史瑞和，1981）。植株全钾含量采用火焰光度计法测定（史瑞和，1981）。

5.3 混配基质的理化特性

5.3.1 人工混配基质的基础理化性状

土壤作为植物生长的介质，为根系提供生长所需的水分和养分，保持合理的土壤容重、孔隙度及一定的固、液、气三相比例是植株正常生长的基础。基质理化性状中的容重是反映土壤肥力高低的重要标志之一，容重小则土壤疏松，通气性好，反之则土壤黏重通气性差。比重是基质实际密度的真实体现，可以表现基质原料本身的特征。基质的固、液、气三相比，可反映基质的松紧程度、充水和充气程度。一般适宜的土壤三相比固相所占比例为 50% 左右，容积含水率 25%~30%，气相所占比例 15%~25%（林成谷，1981）。

在普通土壤中通过加入不同理化特性的通透材料，人工混配成基质，可以使土壤的理化性状、肥力特性发生很大的变化。对本试验进行土壤理化性状的测定，测定结果见表 5-3 所示。

表 5-3　基质的部分理化特性

处理	容重（g/cm³）	比重（g/cm³）	总孔隙度（%）	有机质（%）	pH 值	速效氮（mg/kg）	速效磷（mg/kg）	速效钾（mg/kg）	电导率（s/cm²）
I	1.0	1.7	40.7	7.2	7.0	518.0	75.4	249.8	1.1
II	0.8	1.5	45.2	7.7	6.2	329.0	43.1	167.1	1.4

（续表）

处理	容重（g/cm³）	比重（g/cm³）	总孔隙度（%）	有机质（%）	pH 值	速效氮（mg/kg）	速效磷（mg/kg）	速效钾（mg/kg）	电导率（s/cm²）
Ⅲ	0.9	2.0	44.0	4.3	6.7	203.0	78.7	288.3	1.4
Ⅳ	1.3	2.0	35.5	3.2	7.2	182.0	35.4	88.3	1.0
Ⅴ	0.9	1.8	51.2	3.6	7.0	280.0	50.1	292.3	1.4
Ⅵ	1.1	1.3	35.7	7.9	7.0	161.0	70.9	161.0	1.2
Ⅶ	0.5	0.9	50.5	9.1	6.5	336.0	46.7	96.9	1.3
Ⅷ	1.0	1.8	43.2	5.5	6.4	245.0	41.2	100.4	1.3
Ⅸ	0.8	1.4	47.2	4.2	6.8	234.0	30.3	148.9	1.2
Ⅹ	1.3	1.8	25.8	3.3	7.1	175.0	47.8	71.1	1.0
CK	1.2	1.9	39.8	3.8	7.0	238.0	40.9	154.9	1.3

从表5-3中可以看出，经人工混配后基质理化特性发生很大的变化。添加炉渣、草炭、炭化稻壳、蛭石的基质（Ⅰ、Ⅱ、Ⅵ、Ⅶ、Ⅲ、Ⅸ、Ⅴ、Ⅷ）容重下降，处理Ⅶ的容重仅为0.5g/cm³。添加沙砾的基质（Ⅰ、Ⅵ、Ⅳ、Ⅹ）容重有增加的趋势。处理Ⅱ、Ⅲ、Ⅴ、Ⅶ、Ⅷ、Ⅸ的总孔隙度较高，处理Ⅳ、Ⅵ、Ⅹ的孔隙度较低。处理Ⅱ、Ⅶ、Ⅷ的pH值呈微酸性，其他处理接近中性。添加沙砾基质的速效养分和有机质相对低外，其他处理的养分含量基本高于对照。11种处理的电导率值在1.0~1.4，添加草炭、蛭石的基质电导率高。而添加沙砾的基质电导率较对照低，与基质中速效养分含量低，水溶性盐分少相一致。

通过以上的分析表明，添加草炭、炭化稻壳、蛭石的基质，具有容重小、孔隙大、速效养分、有机质含量高的特点，综合理化性状较优，可为甜樱桃根系创造良好的生长环境。添加沙砾成分的基质，比重大、孔隙度小、速效养分含量低，综合理化性状相对较差。

5.3.2　人工混配基质的保水特性

从图5-1中可以看到，在混合基质达到饱和吸水的情况下，不同基质配比的11个处理的持水量的变化规律相似，即测定前4d基质的持水量下降迅速，4 d后下降逐渐缓慢。添加炉渣处理Ⅰ、Ⅵ的持水量变化曲线与对照基本相似或稍低于对照的水平，饱和持水量维持在 0.4 g/g。添加草炭、炭化稻壳、蛭石的6种基质（Ⅱ、Ⅶ、Ⅲ、Ⅸ、Ⅴ、Ⅷ）饱和持水量维持在 0.5 g/g 以上，持水力始终高于对照。添加沙砾的2种基质（Ⅳ、Ⅹ）饱和持水量在 0.3 g/g 以下，持水力明显低于对照的水平。

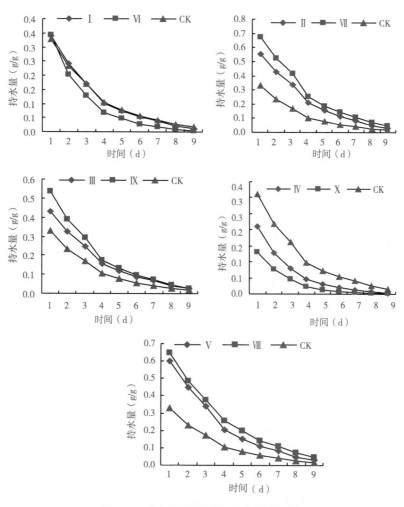

图5-1 添加不同的基质持水量的变化

综上可见，基质添加炉渣和沙砾后的持水力低，随添加比例增加基质持水能力明显下降，易引起基质水分的亏缺，栽培过程中应注意保证少量多次模式水分供应以免影响甜樱桃对水分的需求而影响生长。而添加炭化稻壳、草炭、蛭石的基质持水力较强，应注意保证多量少次模式水分供应可以保证甜樱桃根系对水分的需要，满足甜樱桃生长的要求。

5.3.3　基质理化性状的季节变化

5.3.3.1　春季基质的部分理化特性

从表5-4中可以看到，沙砾处理（Ⅳ、Ⅹ）的容重在所有处理中最大，与对照相比差异显著，其他处理都低于对照且差异显著。基质的比重指标与土壤容重存在相关性，变化趋势基本一致。大部分基质的pH值接近中性或呈微酸性，接近或低于对照，只有沙砾处理（Ⅹ）碱性较大，这可能与基质原料较多的沙砾本身的特性有关。在固、液、气三相比例中，处理沙砾和炉渣（4：1：1）处理（Ⅳ、Ⅵ、Ⅹ）的固相所占比例过大，液相所占比例过小，而蛭石和草炭（4：1：1）处理Ⅴ、Ⅶ、Ⅷ液相所占比例相对高，与基质含水量基本一致。处理蛭石4：1：1（Ⅷ）的气相比例过低，这与实际观察到的基质透气差，根系有部分死亡的现象相符合。

表5-4　春季基质的部分理化特性

处理	容重（g/cm³）	比重（g/cm³）	pH 值	含水量（%）	固：液：气
Ⅰ	0.84^{cd}	1.42^{bcd}	6.51	23.18	59.30：19.53：21.17
Ⅱ	0.70^{de}	1.28^{d}	6.79	40.76	54.83：28.46：16.71
Ⅲ	0.81^{cde}	1.46^{bcd}	7.09	34.64	55.97：28.13：15.91
Ⅳ	1.33^{a}	2.09^{a}	7.00	12.97	64.53：17.35：18.11
Ⅴ	0.87^{c}	1.79^{ab}	7.01	35.33	48.83：30.67：20.50
Ⅵ	0.83^{cde}	1.30^{d}	7.22	20.56	64.33：17.08：18.59
Ⅶ	0.68^{e}	1.37^{cd}	6.86	28.23	49.50：31.38：19.12
Ⅷ	0.72^{cde}	1.27^{d}	6.78	46.31	56.83：32.74：10.43
Ⅸ	0.73^{cde}	1.39^{cd}	6.93	32.99	52.83：23.88：23.29
Ⅹ	1.43^{a}	1.94^{a}	7.15	9.38	74.17：13.40：12.44
CK	1.03^{b}	1.72^{abc}	7.02	21.13	60.17：21.89：17.94

注：不同小写字母表示经邓肯氏测验达到显著差异，$P<0.05$

由此可见，春季各基质的理化性状方面有差异，添加草炭、少量蛭石、少量炭化稻壳、少量炉渣的基质容重较小，三相比例相对合理，可为甜樱桃的根系生长提供良好条件，具有很好的应用价值。添加沙砾的基质固相所占比例高，液相所占比例相对降低，易引起基质失水干旱，不利于根系的生长。因此，生产中应加强水分的供给，促进植株正常生长。

5.3.3.2 夏季基质的部分理化特性

从表5-5可以看出，夏季各处理的容重大多较春季略有增加，添加沙砾的基质（Ⅳ、Ⅹ）容重明显高于其他处理。液相所占比例较春季都有所下降，而处理沙砾和炉渣（Ⅳ、Ⅵ、Ⅹ）的液相下降更低，这与混合基质本身大孔隙多保水差及夏季温度高水分蒸腾快密切相关，从基质含水量的指标中可以得到很好的印证。各处理的pH值中性偏碱，可能与水质有关。

表5-5 夏季基质的部分理化特性

处理	容重（g/cm³）	比重（g/cm³）	pH值	含水量（%）	固∶液∶气
Ⅰ	0.92^d	1.53^{bc}	7.08	17.99	60.00∶16.29∶23.71
Ⅱ	0.71^{fg}	1.23^d	7.02	28.59	57.83∶20.20∶21.97
Ⅲ	0.86^{de}	1.53^{bc}	7.12	18.67	55.97∶15.99∶28.05
Ⅳ	1.31^b	1.92^a	7.18	6.02	68.00∶7.85∶24.15
Ⅴ	0.79^{ef}	1.55^{bc}	7.31	27.78	51.17∶21.99∶26.85
Ⅵ	0.86^{de}	1.37^{cd}	7.32	11.99	63.33∶10.36∶26.31
Ⅶ	0.66^g	1.34^{cd}	7.18	27.30	49.50∶17.83∶32.68
Ⅷ	0.78^{efg}	1.42^{cd}	7.10	22.11	55.50∶17.37∶27.13
Ⅸ	0.73^{fg}	1.38^{cd}	7.10	19.92	52.83∶14.15∶33.02
Ⅹ	1.44^a	1.91^a	7.24	3.65	75.67∶5.23∶19.11
CK	1.04^c	1.78^{ab}	7.27	17.04	58.50∶17.57∶35.21

注：不同小写字母表示经邓肯氏测验达到显著差异，$P<0.05$

由此可见，夏季温度高，基质无法及时保证水分的供应，水分蒸发快。添加沙砾、炉渣的基质保水性差，在夏季易使甜樱桃根系吸水困难，叶片正常生长发育受到抑制。而以炭化稻壳、草炭、蛭石为成分的基质保水性强，不易引起水分严重亏缺，可以保持一定的固、液、气三相比，保证甜樱桃根系的生长及正常的生理代谢，促进植株正常生长发育。

5.3.3.3 秋季基质的部分理化特性

试验结果表明，秋季基质的理化性状中，其他各指标与夏季相比发生一定的变化。经过春、夏季两个季节，pH 值变化较小，基质的容重出现增加趋势，三相比变化较大，均趋于合理、稳定。其中，添加倍量炉渣、沙砾的基质固相所占比例仍然较高，而液相所占比例较低，分别为 13.58%、6.48%，气相比较高，分别为 23.09%、22.02%，其他处理的三相比都趋于合理。

综合春、夏、秋混合基质的理化性状表明，添加沙砾的基质容重较大，pH 值高，三相比中固相比例过高，液相比例过低，说明以沙砾作为基质保水能力差、吸附离子能力弱，使基质的溶液浓度高。基质中大孔隙比例大，易造成水分亏缺，破坏基质的合理结构，影响植株根系的正常生长，最终对植株的生长造成伤害。添加草炭、炭化稻壳、蛭石的基质容重相对较低，三相比例合理，有较好的保水能力和缓冲能力，可以保证植株根系进行正常的生理代谢，为地上部提供养分、水分，是较理想的基质。添加炉渣的基质理化性状介于两类基质之间（表 5-6）。

表 5-6　秋季基质的部分理化特性

处理	容重（g/cm³）	比重（g/cm³）	pH 值	含水量（%）	固∶液∶气
I	0.94[b]	1.62[bc]	7.11	23.73	57.80∶22.09∶20.11
II	0.85[bc]	1.59[c]	7.02	34.38	54.00∶29.26∶16.74
III	0.94[b]	1.66[bc]	7.10	30.69	56.47∶28.77∶14.71
IV	1.45[a]	2.22[a]	7.21	11.91	65.67∶17.65∶16.68
V	0.89[bc]	1.84[bc]	7.31	29.31	48.83∶26.18∶24.99
VI	0.92[bc]	1.45[c]	7.31	14.74	63.33∶13.58∶23.09
VII	0.73[c]	1.49[c]	7.18	37.54	48.83∶26.76∶24.41
VIII	0.82[bc]	1.49[c]	7.09	29.60	54.83∶24.01∶21.15
IX	0.85[bc]	1.66[bc]	7.10	22.35	51.50∶18.74∶29.76
X	1.43[a]	2.00[ab]	7.20	4.58	71.50∶6.48∶22.02
CK	1.00[b]	1.71[bc]	7.22	20.17	58.83∶20.29∶20.88

注：不同小写字母表示经邓肯氏测验达到显著差异，$P<0.05$

5.3.4 雨季基质中气体成分

试验结果表明，雨季槽式栽植试验中，不同基质中甜樱桃根系附近的气体成分有较大的差异。与对照相比，各处理中乙烯浓度低，其中炉渣、沙砾（T_3、T_5）处理的乙烯浓度分别为对照的 63% 和 71%。6 种基质中二氧化碳浓度均低于对照，其中炭化稻壳（T_2）处理的二氧化碳浓度不到对照的 50%。炉渣、沙砾（T_3、T_5）处理的氨气浓度分别比对照高 20% 和 15%，其他处理与对照差异不明显（表 5-7）。

表 5-7　雨季基质中气体成分

处理	乙烯浓度（μL/L）	二氧化碳浓度（μL/L）	氨气浓度（μL/L）
T_1	13.70（85）	999（74）	9.85（95）
T_2	15.30（94）	665（49）	10.30（99）
T_3	10.25（63）	1 028（76）	12.40（120）
T_4	—	914（68）	9.40（91）
T_5	11.50（71）	851（63）	11.90（115）
T_6	14.40（89）	1 120（83）	10.50（101）
CK	16.20（100）	1 351（100）	10.35（100）

注：括号内的数值均为各处理与对照的比值

通过雨季槽栽试验结果显示，除了以炉渣、沙砾为原料的基质产生的乙烯少，氨气较多外，其他处理的各项气体指标均低于对照。说明在这种栽培方式下，甜樱桃根系的呼吸、代谢正常，产生的还原性气体少，对根系的伤害轻，有利于植株的生长。

5.3.5 基质的养分动态变化

5.3.5.1 碱解氮动态变化

从图 5-2 中可以看出，在 11 个处理中，基质的碱解氮含量变化趋势有所不同。添加炉渣、草炭的 4 个基质（Ⅰ、Ⅵ、Ⅱ、Ⅶ）碱解氮含量是春季含量高，夏季下降，秋季比夏季稍下降或维持夏季的水平。与对照相比，含有草炭的基质碱解氮含量较高。其他处理的变化趋势是春秋季高，夏季低。添加沙砾、蛭石的 4 个基质（Ⅳ、Ⅹ、Ⅴ、Ⅷ）的碱解氮含量较低，与基质原料含养分少有关。春季处理Ⅸ中碱解氮含量很高，到夏季含量迅速下降到对照的水平。

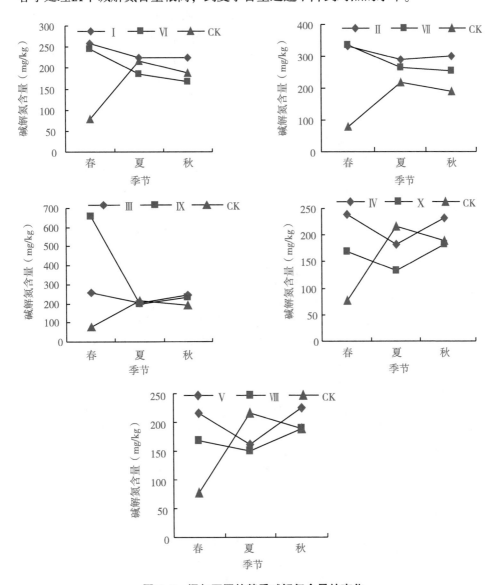

图 5-2　添加不同的基质碱解氮含量的变化

由此可见，各基质碱解氮含量在整个生长季变化规律不同，含有炉渣、草炭成分的基质碱解氮含量从春季至秋季一直较小幅度地下降。且添加草炭的基质碱解氮含量维持在较高水平，可以稳定地保证速效氮供给，有利于根系对养分的快速利用。含有蛭石、炭化稻壳、沙砾成分的基质中，碱解氮含量春、秋季节高，而夏季则达到最低点，与对照的变化趋势正好相反。随着地上部的生长，呼吸消耗加强，对速效养分需求量增加，可供给的碱解氮含量逐渐下降。秋季植株生长变缓，代谢减弱，对速效养分需求量减少，使基质中碱解氮含量生高。

5.3.5.2　速效磷动态变化

从图 5-3 中可以看出，各处理的速效磷含量有很大的不同。添加蛭石的基质速效磷是春、秋季节含量高，夏季含量低，其他基质的速效磷含量变化规律基本相同，即春季到夏季下降多，夏季至秋季下降缓慢，但与对照的变化规律相反。其中以沙砾为主要成分的基质，速效磷含量在整个生长季处于较低的水平。

5.3.5.3　速效钾动态变化

从图 5-4 中可以看出，各基质中速效钾含量的随季节变化升降趋势基本相同，即春季基质中速效钾含量高，夏季逐渐下降，秋季则达到最低。与对照相比，添加沙砾的基质速效钾含量在生长季很低，可能基质中的沙砾养分少，而普通园土中速效钾含量有限，使基质中可供给的速效钾含量供给少。而添加蛭石的基质速效钾含量相对高。

5.3.5.4　钙动态变化

从图 5-5 中可以看出，处理Ⅲ、Ⅳ、Ⅹ的钙含量变化与对照基本相似，即春季基质中钙含量最高，夏季下降，秋季达到最低点，总体水平低于对照。其他处理的钙含量则是春季高，夏季略有上升，秋季含量又下降，但以夏季基质中钙的含量最高。由此可见，除添加沙砾、少量炭化稻壳的基质钙含量较低外，其他基质的供钙能力基本相似，夏季都有一个小高峰。

5.3.5.5　镁动态变化

从图 5-6 中可以看出，各基质中的镁含量在生长季变化规律不同。处理Ⅱ、Ⅴ、Ⅲ、Ⅶ、Ⅳ、Ⅸ的镁含量从春季到秋季一直在下降，而其他处理是春、秋季节含量高，夏季则含量低。除对照外，各处理的镁含量变化幅度不明显。

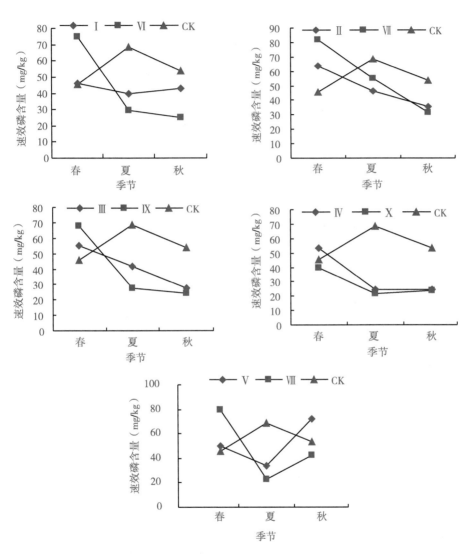

图 5-3 添加不同的基质速效磷含量的变化

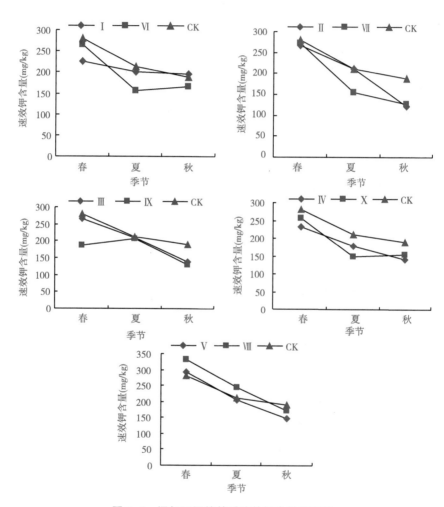

图 5-4　添加不同的基质速效钾含量的变化

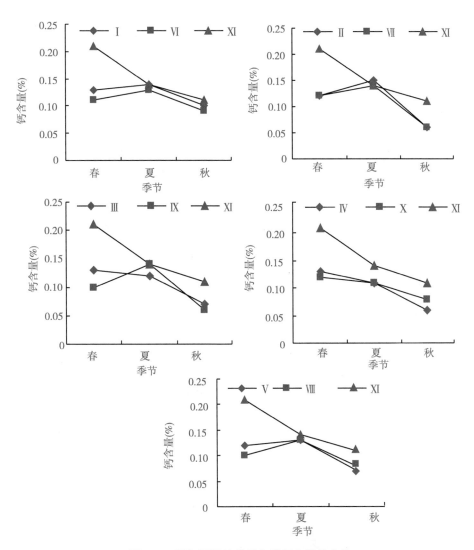

图 5-5 添加不同的基质有效钙含量的变化

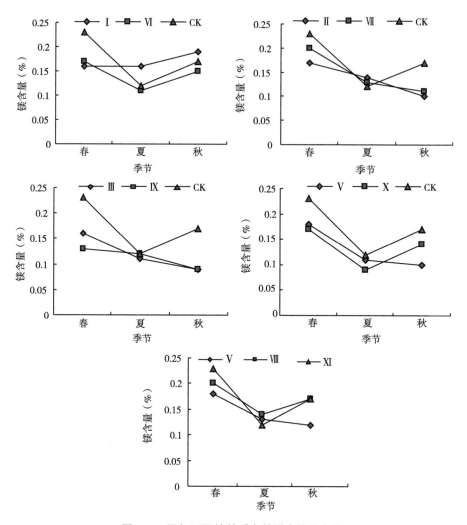

图 5-6　添加不同的基质有效镁含量的变化

5.3.5.6　有机质动态变化

从图 5-7 中可以看出，各处理的有机质含量变化有所差别。多数处理的有机质含量的季节变化比较平稳，有逐渐降低的趋势。与对照相比处理 Ⅴ、Ⅷ、Ⅳ、Ⅹ的有机质含量较低，其他处理的有机质含量比对照高，添加草炭的基质的有机质含量在6%以上，在生长季后期有升高的趋势。

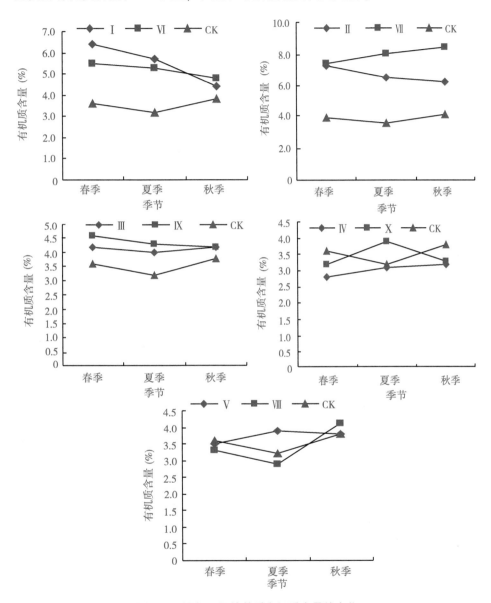

图5-7　添加不同的基质有机质含量的变化

综上所述，从图中可以看到，各基质的有机质含量普遍较高，其中添加炉渣、炭化稻壳、草炭的基质有机质一直维持在较高水平。有机质是基质肥力高低的重要标志之一，有机质含量高，可保持养分的持续供应，同时又为微生物区系的高活性提供了充足的碳源，也为植株根系的生长创造较好的根域环境条件。

5.3.6 基质对微生物区系变化的影响

微生物是土壤生态系统中的主要组成部分，既是生态系统的分解者，也是物质循环和能量交流的承担者，微生物的数量、种群可作为衡量土壤肥力高低的重要指标（黄韶华，1995）。基质经混配后所充足的含养分和水分为微生物提供合适的 C/N 和适宜的生存环境，保证微生物正常生理代谢的进行，而微生物可以使土壤中有机质不断地矿化过程，形成腐殖质，使基质中的养分持续供给植株吸收和利用，有利于植株生长发育的正常进行。

5.3.6.1 细菌动态变化

从表 5-8 中可以看出，在不同季节基质中的细菌数量变化规律基本相同。即从春季到秋季，细菌的数量持续下降。其中春季处理Ⅱ、Ⅲ、Ⅴ、Ⅷ中的细菌数量最多，分别为对照的 4~6 倍。而处理Ⅳ、Ⅸ、Ⅹ的细菌数量在生长期，明显低于其他处理，可能与基质本身含水量少，细菌活性降低有关。处理Ⅶ中细菌数量春季稍低，夏、秋季高，在生长季后期维持较高的水平，可能与基质中所含的碳、氮水平较高，为细菌提供了丰富的养分、水分有关。

表 5-8　不同基质中细菌数量的变化（ ×10^7CFU/g 干土 ）

处理	春季	夏季	秋季
Ⅰ	13.22（277）	5.25（56）	6.54（138）
Ⅱ	24.60（516）	7.32（78）	7.09（150）
Ⅲ	30.54（640）	8.54（91）	5.99（127）
Ⅳ	14.23（298）	3.95（42）	3.68（78）
Ⅴ	19.02（399）	9.90（105）	3.97（84）
Ⅵ	14.32（300）	4.55（48）	5.61（119）
Ⅶ	9.06（190）	15.61（166）	11.16（236）
Ⅷ	17.61（369）	13.90（148）	8.91（188）

（续表）

处理	春季	夏季	秋季
Ⅸ	4.08（86）	8.65（92）	3.71（78）
Ⅹ	8.43（177）	4.19（46）	1.62（34）
CK	4.77（100）	9.40（100）	4.73（100）

注：括号内的数值均为各处理与对照的比值

由此可见，春季基质的含水量、呈微酸性的条件和合适的 C/N 有利于细菌的活动，细菌数量明显增多。夏季气温高，含水量逐渐下降，土壤干湿交替变化剧烈影响细菌的活动。秋季微生物代谢减弱，基质环境也影响细菌的活动，造成细菌数量的明显减少。添加草炭、蛭石、少量炭化稻壳的基质为细菌创造良好的生存环境，细菌数量明显增多，使基质中的迟效养分得以活化，供给根系吸收和利用，促进甜樱桃地上部的生长。添加沙砾和高比例炭化稻壳的基质不利于细菌的活动，使细菌的数量明显减少。

5.3.6.2　真菌动态变化

从表5-9中可以看到，在整个生长季，真菌的数量基本为两头高、中间低。春季真菌数量明显高于夏、秋季。其中处理Ⅲ、Ⅶ中的真菌数量较高，其他处理中的真菌数量低于对照，处理Ⅳ、Ⅹ中的真菌数量在生长季一直较低。

表5-9　不同基质中真菌数量的变化（×10^5 CFU/g 干土）

处理	春季	夏季	秋季
Ⅰ	7.12（50）	1.78（85）	4.46（143）
Ⅱ	6.60（46）	2.22（106）	4.12（132）
Ⅲ	18.22（127）	1.60（76）	3.24（104）
Ⅳ	5.67（40）	1.27（60）	4.78（154）
Ⅴ	8.73（61）	2.45（117）	5.49（177）
Ⅵ	7.30（51）	2.20（105）	5.37（173）
Ⅶ	15.88（111）	3.73（178）	5.57（179）
Ⅷ	7.80（55）	2.49（119）	3.04（98）
Ⅸ	6.44（45）	4.96（236）	3.02（97）
Ⅹ	8.00（56）	1.49（71）	1.38（44）
CK	14.30（100）	2.10（100）	3.11（100）

注：括号内的数值均为各处理与对照的比值

由此可见，春季基质为真菌创造良好的生存环境，真菌数量多，加快了基质中纤维的分解，使基质中可供有效养分不断地增加。其中以添加少量炭化稻壳、高比例草炭的基质真菌数量较多。以沙砾为成分基质中含有真菌数量相对较少。

5.3.6.3 放线菌动态变化

从表5-10中可以看到，基质中放线菌数量与细菌、真菌数量的发生规律不同。春、秋季节放线菌数量多，夏季数量少，但秋季是放线菌数量高多的时期。其中添加草炭、倍量炉渣、炭化稻壳的基质中，放线菌数量期是所有处理中最高的。添加沙砾的基质中，放线菌数量在整个生长季处于较低的水平，其中夏季的放线菌数量仅为对照的8%。

表5-10 不同基质中放线菌数量的变化 （×10⁶CFU/g 干土）

处理	春季	夏季	秋季
I	4.69 (215)	2.24 (77)	11.54 (96)
II	4.79 (220)	2.28 (78)	13.43 (112)
III	2.76 (127)	4.57 (157)	9.14 (76)
IV	2.61 (120)	2.90 (100)	5.93 (49)
V	7.08 (325)	3.09 (106)	9.26 (77)
VI	2.04 (94)	2.57 (88)	15.05 (125)
VII	4.04 (185)	2.42 (83)	16.76 (140)
VIII	4.18 (192)	2.32 (80)	12.97 (108)
IX	5.49 (252)	5.49 (189)	22.91 (191)
X	1.82 (83)	0.23 (8)	7.61 (63)
CK	2.18 (100)	2.91 (100)	12.00 (100)

注：括号内的数值均为各处理与对照的比值

由此可见，以草炭、炭化稻壳、蛭石为主要成分的基质中放线菌数量较高，而以沙砾为成分的基质中放线菌数量较少。综合生长季基质中微生物数量变化状况可以表明，春季是细菌、真菌数量最多的时期。秋季则是放线菌数量最多的时期。添加炭化稻壳、蛭石、草炭的基质有炭、氮含量较多，可以为微生物提供充足的能量，为微生物数量的大量增加打下了基础。微生物数量增多、活性高，又可加快基质中有机质的分解，使基质的综合理化性状不断得以改善，为甜樱桃根系的生长创造良好的根域条件。而添加沙砾的基质，由于基质本身养分水平低，不能为微生物创造好的生存条件，因此，造成微生物活动减弱，数量减少。加之基质固相所占比例过高，保水差，养分含量少，易造成基质干旱，不利于甜樱桃根系的生长，影响地上部的生长发育。

5.4 混配基质对樱桃生长发育的影响

5.4.1 基质对地上部生长发育水平的影响

5.4.1.1 基质对一年生植株生长发育水平的影响

从表5-11中可以看出，不同基质对1年生盆栽甜樱桃枝条的生物量有很大影响。处理Ⅱ（草炭2∶1∶1）的植株长枝鲜重比对照增加58%，处理Ⅴ（蛭石2∶1∶1）、处理Ⅶ（草炭4∶1∶1）的植株长枝鲜重比对照增加13%。处理Ⅸ（炭化稻壳4∶1∶1）的长枝鲜重仅为对照的42%。处理Ⅴ、处理Ⅷ（蛭石4∶1∶1）的中枝鲜重比对照增加64%和73%，处理Ⅵ（炉渣4∶1∶1）、Ⅸ、Ⅹ（沙砾4∶1∶1）的中枝鲜重为对照的50%左右。11种处理的短枝鲜重基本高于对照，处理Ⅰ、Ⅳ、Ⅸ、Ⅹ的短枝鲜重比对照高1~2倍。炭化稻壳的处理Ⅲ和Ⅸ的植株二年生枝鲜重显著降低为对照的75%，处理Ⅱ、Ⅴ、Ⅶ、Ⅷ与对照间差异较小。

表5-11 不同基质对一年生盆栽甜樱桃生物量的影响（g/FW）

处理	长枝鲜重	中枝鲜重	短枝鲜重	二年生枝鲜重
Ⅰ	53.80（100）	19.22（125）	7.64（329）	86.97（83）
Ⅱ	85.15（158）	13.14（85）	2.94（127）	109.64（105）
Ⅲ	41.77（78）	18.11（118）	3.87（167）	77.93（75）
Ⅳ	42.91（80）	14.52（94）	6.31（272）	94.44（90）
Ⅴ	60.76（113）	25.24（164）	2.13（92）	115.14（110）
Ⅵ	41.25（77）	6.11（40）	3.11（134）	94.78（91）
Ⅶ	60.52（113）	14.21（92）	2.84（122）	99.43（95）
Ⅷ	47.80（89）	26.66（173）	3.78（163）	104.36（99）
Ⅸ	22.56（42）	7.29（47）	4.91（212）	78.64（75）
Ⅹ	42.60（79）	7.63（50）	5.89（254）	90.05（86）
CK	53.80（100）	15.38（100）	2.32（100）	104.38（100）

注：括号内的数值均为各处理与对照的比值

由盆栽基质试验可见，添加草炭、蛭石的基质促进了植株的二年生枝条和长枝的生长，加快树体的建造水平，为早期树体骨架形成、树冠扩大奠定基础。添加沙砾与炭化稻壳的基质不利于植株二年生枝和长枝地生长，而中、短枝的鲜重增加，使植株树势减弱而且随着基质中炭化稻壳、沙砾比例的增加，明显抑制长枝、中枝、二生枝条生长，增加短枝的鲜重。

5.4.1.2 基质对甜樱桃枝类组成的影响

从表5-12盆栽基质试验中可以看出，与对照相比各处理的枝条总长度均有增加。其中处理Ⅱ、Ⅴ、Ⅶ、Ⅷ的甜樱桃枝条数比对照增加18%~27%，处理Ⅲ、Ⅳ、Ⅵ、Ⅸ、Ⅹ的植株枝量减少。各基质中长枝、短枝比例较高，中枝比例相对低。对枝类组而言，处理Ⅱ、Ⅴ、Ⅶ、Ⅷ的短枝与对照差异不显著。各处理的中枝比例均较对照高，处理Ⅵ、Ⅸ的中枝较对照增加近1倍。添加炉渣、炭化稻壳、沙砾的6种基质（Ⅰ、Ⅲ、Ⅳ、Ⅵ、Ⅸ、Ⅹ）的长枝比例比对照增加67%~98%，添加草炭、蛭石的3种基质（Ⅱ、Ⅴ、Ⅷ）的长枝比例比对照增加近40%，处理Ⅶ长枝比例低于对照。

表5-12 盆栽二年生甜樱桃枝类组成

处理	枝总长度	枝条数	短枝比例（%）	中枝比例（%）	长枝比例（%）
Ⅰ	326.66（170）	42.2（108）	67.42（80）	8.26（155）	24.34（198）
Ⅱ	283.85（148）	45.8（118）	77.51（92）	6.41（120）	16.08（131）
Ⅲ	277.61（144）	36.7（94）	72.16（86）	6.60（124）	21.25（173）
Ⅳ	268.65（140）	38.1（98）	72.73（86）	7.11（133）	20.52（167）
Ⅴ	260.31（135）	46.0（118）	77.96（92）	6.07（114）	15.98（130）
Ⅵ	284.53（149）	33.9（87）	66.30（79）	10.31（193）	22.52（184）
Ⅶ	216.96（113）	48.6（125）	82.93（99）	6.58（123）	11.22（91）
Ⅷ	285.67（149）	49.5（127）	75.75（90）	6.59（123）	17.11（139）
Ⅸ	229.48（119）	30.5（78）	66.25（79）	11.21（210）	22.74（185）
Ⅹ	226.88（118）	32.0（82）	71.62（85）	7.10（133）	20.86（170）
CK	191.67（100）	38.8（100）	83.85（100）	5.34（100）	12.27（100）

注：括号内的数值均为各处理与对照的比值

综上所述，经过二年生长盆栽甜樱桃的枝条生长量及枝类组成发生较大的变化。与对照相比，添加草炭、蛭石的基质可增加枝条数量和长度，形成的长、短枝相对多，有利于甜樱桃树体骨架形成，为早期丰产奠定基础。而添加炉渣、沙砾、炭化稻壳的基质作用相反，对甜樱桃地上部的影响是形成枝量少，以长、短枝为主，但短枝比例下降，形成的中枝比例相对多。

从表 5-13 可以看出在槽式栽植的试验中，各处理枝条的总长度均不如对照，处理 T_2 的枝条总长度为对照的 50%。各处理对枝条数量的影响与对枝条总长度的影响基本一致，也是 T_2 处理的枝条数量最少。在槽式栽植试验中，不同于盆栽试验的是，以长枝为主，短枝比例最低。与对照相比，各处理植株的长枝比例减少，其中处理 T_1 的长枝比例仅为对照的 58% 左右。明显增加中枝的比例（T_6 除外），其中处理 T_1、T_2 的中枝比例较对照高 107%、100%。对短枝比例的影响有差别，处理 T_5、T_6 明显比对照增加短枝的比例。处理 T_1、T_3 的短枝分别为对照的 84% 和 80%。

表 5-13　槽栽二年生甜樱桃枝类组成

处理	枝总长度	枝条数	短枝比例（%）	中枝比例（%）	长枝比例（%）
T_1	336.58（72）	16.50（80）	5.72（84）	36.00（207）	58.28（77）
T_2	232.58（50）	11.83（57）	10.23（151）	34.86（200）	54.91（72）
T_3	391.42（83）	16.83（81）	5.42（80）	24.70（142）	69.88（92）
T_4	458.75（98）	19.17（93）	9.37（138）	17.64（101）	72.99（96）
T_5	322.00（69）	17.17（83）	15.83（233）	20.13（116）	64.05（84）
T_6	306.92（65）	15.33（74）	21.76（321）	13.63（78）	64.61（85）
CK	469.08（100）	20.67（100）	6.78（100）	17.42（100）	75.80（100）

注：括号内的数值均为各处理与对照的比值

由槽栽试验可见，植株以长枝为主，短枝比例最低。添加炭化稻壳、蛭石、沙砾的基质，植株枝长度小、枝量少，中、短枝比例增加，长枝比例下降，不利于早期树体骨架的构建。添加草炭、炉渣的基质，中枝形成多，长、短枝数量少，前者减少的幅度大。添加腐熟秸秆基质的短枝比例高，长、中枝变化不明显。槽式基质栽植所得的结果与盆栽试验结果有差异，可能与砖槽的容积大于瓦盆，根系利用的空间加大，发挥了根系的功能，使根类组成发生变化，直接影响地上部的枝类比例及枝条的生长。

5.4.2 基质对植株成花的影响

5.4.2.1 盆栽一年生甜樱桃成花状况

从表5-14中可以看出，经过1个生长季的生长，盆栽甜樱桃的成花情况有所差异。处理Ⅳ、Ⅷ、Ⅹ的成花比例高，其他成花指标也较好。处理Ⅱ、Ⅲ、Ⅴ的成花效果最差，成花比例不到对照的30%。

表5-14 盆栽一年生甜樱桃成花状况比较

处理	成花比率（%）	成花短枝数	成花长枝数	花芽数	花朵数	平均花朵/花序
Ⅰ	15.4（54）	1（17）	3（300）	5（38）	20（63）	4.0（160）
Ⅱ	8.0（28）	2（33）	0（0）	3（23）	5（16）	1.7（68）
Ⅲ	11.5（40）	3（50）	1（100）	3（23）	12（38）	4.0（160）
Ⅳ	26.0（91）	5（83）	3（300）	15（115）	34（106）	2.2（88）
Ⅴ	8.0（28）	1（17）	1（100）	3（23）	7（22）	2.3（92）
Ⅵ	15.4（54）	2（33）	2（200）	8（62）	19（59）	2.4（96）
Ⅶ	15.4（54）	3（50）	1（100）	9（69）	22（69）	2.4（96）
Ⅷ	21.4（75）	7（117）	2（200）	18（138）	56（175）	3.1（124）
Ⅸ	14.8（52）	3（50）	2（200）	9（69）	22（69）	2.4（96）
Ⅹ	25.0（87）	6（100）	2（200）	15（115）	48（150）	3.2（128）
CK	28.6（100）	6（100）	1（100）	13（100）	32（100）	2.5（100）

注：括号内的数值均为各处理与对照的比值

综上所述，盆栽一年生甜樱桃的成花状况发生变化，已经体现不同基质间的差异。添加沙砾、倍量蛭石基质能够使甜樱桃提早形成花芽，为早期丰产、丰产打下基础。添加草炭、炭化稻壳、少量蛭石的基质，甜樱桃早期花芽形成少，不利于早果。

5.4.2.2 盆栽二年生甜樱桃成花状况

从表5-15中可以看出，经过两年的生长，甜樱桃植株的成花发生很大变化。处理Ⅱ、Ⅵ、Ⅸ的成花枝比例明显低于对照，处理Ⅰ的成花枝比对照高

13%。除了处理Ⅲ外，其他处理的花芽数及花朵数均高于对照，处理Ⅳ、Ⅴ、Ⅷ的植株花芽数明显高于对照。每个花序的平均花朵数以处理Ⅳ、Ⅸ、Ⅹ为好，与其他指标相同，处理Ⅲ的效果最差。

表5-15　盆栽二年生甜樱桃成花比较

处理	成花枝（%）	花芽数	花朵数	平均花朵数/花序
Ⅰ	47.03（113）	47.6（123）	134.4（125）	2.76（99）
Ⅱ	28.15（68）	42.4（109）	112.6（105）	2.64（95）
Ⅲ	35.70（86）	37.4（96）	90.4（84）	2.41（87）
Ⅳ	40.86（98）	55.8（144）	157.8（147）	2.77（100）
Ⅴ	40.32（97）	55.0（142）	144.8（135）	2.60（94）
Ⅵ	25.59（61）	50.2（129）	132.2（123）	2.58（93）
Ⅶ	36.38（87）	49.2（127）	128.6（120）	2.62（94）
Ⅷ	33.37（80）	58.4（151）	147.8（137）	2.52（91）
Ⅸ	31.53（76）	41.4（107）	118.6（110）	2.89（104）
Ⅹ	42.04（101）	43.2（111）	128.4（119）	3.00（108）
CK	41.65（100）	38.8（100）	107.6（100）	2.78（100）

注：括号内的数值均为各处理与对照的比值

综合二年生甜樱桃植株成花的情况可知，添加少量炉渣、沙砾、蛭石能够促进植株提早结果，有利于早期产量的形成。添加草炭的基质早期促进植株的营养生长，对成花作用相对较差。炭化稻壳对成花的效果最差，不利于早期产量形成。

5.4.2.3　槽栽二年生甜樱桃成花状况

从表5-16中可以看出，各基质对槽栽二年生甜樱桃的成花状况的影响有所不同。除T_2、T_4处理外，其他处理的成花枝比例明显高于对照。T_3、T_1处理的花芽数量在7个处理中最高，是对照的3倍以上。T_2处理仅为对照的65.75%，为所有处理中效果最差的。对花朵数的处理效果与对花芽处理效果基本相似，也是T_3、T_1效果最好，T_2处理效果最差。处理T_2的平均花朵数/花序中花朵数少外，其他处理与对照相差不大。

表 5-16 槽栽二年生甜櫻桃成花比较

处理	成花枝比例（%）	花芽数	花朵数	平均花朵数/花序
T₁	36.03（307）	245.83（407）	103.67（391）	2.23（101）
T₂	5.21（44）	39.67（66）	19.50（74）	1.80（82）
T₃	32.09（274）	262.17（435）	99.67（376）	2.38（108）
T₄	6.72（57）	120.67（200）	58.33（220）	2.00（91）
T₅	21.47（183）	156.50（259）	61.83（233）	2.27（103）
T₆	23.61（201）	150.50（249）	65.83（248）	2.22（101）
CK	11.73（100）	60.33（100）	26.50（100）	2.20（100）

注：括号内的数值均为各处理与对照的比值

　　综合上面的分析结果显示，槽栽二年生甜櫻桃的成花状况与盆栽甜樱桃相类似。添加草炭、炉渣、蛭石、沙砾的基质，植株的成花状况较好，有利于早结果。添加炭化稻壳的基质对甜樱桃的成花效果最差。

5.4.3　基质对植株叶面积的影响

5.4.3.1　基质对平均叶面积的影响

　　从图 5-8 可看出：不同基质对甜樱桃叶片平均叶面积变化的影响相似，即前期叶片平均叶面积增迅速，后期增加缓慢。在 7 月 6 日前处理 Ⅰ、Ⅲ、Ⅸ、Ⅹ的植株叶片平均叶面积扩大快，其后变化不大，但低于对照的水平。处理 Ⅱ、Ⅶ、Ⅳ的植株叶片平均叶面积高于对照水平，而且叶片平均叶面积增加的持续时间长。处理 Ⅴ、Ⅵ、Ⅷ的植株叶片平均叶面积与对照水平相近。

　　由此可见，在甜樱桃盆栽试验中，添加草炭、少量沙砾的基质能够促进植株叶片平均叶面积的迅速增加，促进光合产物积累。添加炭化稻壳、少量炉渣、倍量沙砾的基质对叶片平均叶面积的增加作用效果差，不利于光合产物的形成，影响植株的生长发育。添加蛭石、倍量炉渣的基质效果接近于对照的水平。

5.4.3.2　基质对植株总叶面积的影响

　　从图 5-9 可以看出，甜樱桃植株叶片总面积的动态变化规律是前期增加迅速，后期增加减缓。除处理 Ⅴ 外，添加少量原料的基质叶片总叶面积接近于增长直线，添加倍量原料的基质叶片总面积 7 月 6 日前增加快，后期增加的速度变慢。处理 Ⅸ、Ⅹ 的叶片总面积在 11 个处理中是较少的。

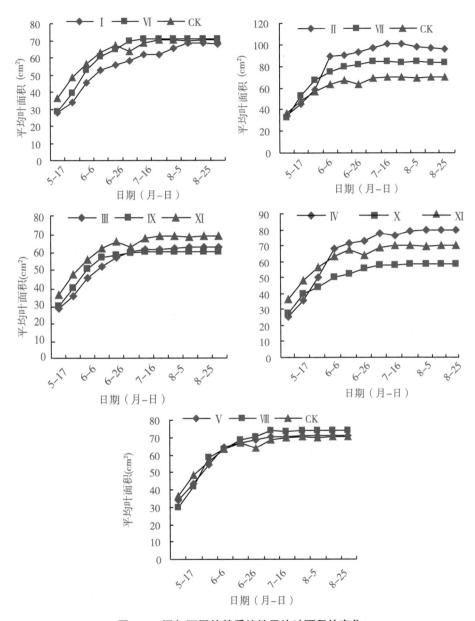

图 5-8 添加不同的基质植株平均叶面积的变化

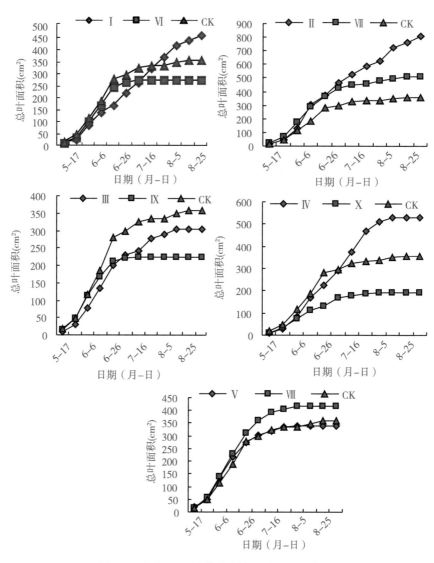

图5-9　添加不同的基质植株总叶面积的变化

综上所述，与对照相比，草炭、蛭石、少量沙砾、少量炉渣的处理总叶面积大，有利于光合作用积累光合产物，促进植株的生长。其他处理叶片总叶面积小于或接近于对照的水平，以炭化稻壳、倍量炉渣、倍量沙砾为主要成分的基质不利于甜樱桃叶面积增加。

5.4.3.3 基质对植株叶片数的影响

从图 5-10 中可看出：植株叶片数的动态变化与平均叶面积的动态变化类似，即前期叶片数增加快，后期变慢至没有变化。与对照相比，添加草炭、蛭石、少量炉渣、少量沙砾的基质能迅速增加叶片数，而添加倍量沙砾、倍量炉渣、炭化稻壳的基质植株叶片数相对少。

综上，盆栽甜樱桃的叶片的相关分析可见，以草炭，少量炉渣、少量沙砾、蛭石为主要成分的基质中，植株叶片数多、总叶面积大、平均叶面积大，说明这些处理有利于甜樱桃叶片的发育，对促进甜樱桃生长发育有重要的意义，而以炭化稻壳、倍量沙砾、倍量炉渣的基质的作用效果差，不利于甜樱桃树体的生长发育。

5.4.4 基质对新梢的影响

5.4.4.1 基质对新梢长度的影响

从图 5-11 中可以看出，盆栽甜樱桃新梢的生长曲线是前期增加迅速，后期变缓至无变化。添加草炭、少量炉渣、少量沙砾、蛭石的基质，甜樱桃新梢生长快，并且始终高于对照的水平，可以使甜樱桃树冠迅速扩大，接受更多的光照，进行光合产物的积累，加快植株前期的生长量。7 月中下旬新梢封顶停长，可减少养分的消耗。以炭化稻壳、倍量炉渣、倍量沙砾为主要成分的基质，新梢生长的处理效果不如对照，6 月 26 日封顶停长，由于生长量小，对甜樱桃树体骨架的建造不利。

5.4.4.2 基质对新梢粗度的影响

从图 5-12 中可看出：甜樱桃新梢粗度的动态变化接近于直线上升。与对照相比，以草炭、少量沙砾、蛭石、倍量炉渣为主要成分的基质，新梢粗度增加幅度高于对照的水平。其他处理与对照相差不大。

综合甜樱桃新梢长度、粗度动态变化，添加草炭、蛭石、少量沙砾、少量炉渣的基质，促进甜樱桃新梢的加长和加粗生长，有利于甜樱桃树体骨架的建立和树冠的提早形成，为高期丰产奠定基础。而添加炭化稻壳、倍量炉渣、倍量沙砾的基质，对甜樱桃新梢加长和加粗生长作用效果相对差，植株新梢封顶早，造成植株树冠小，不利于甜樱桃树体骨架的早期建立。

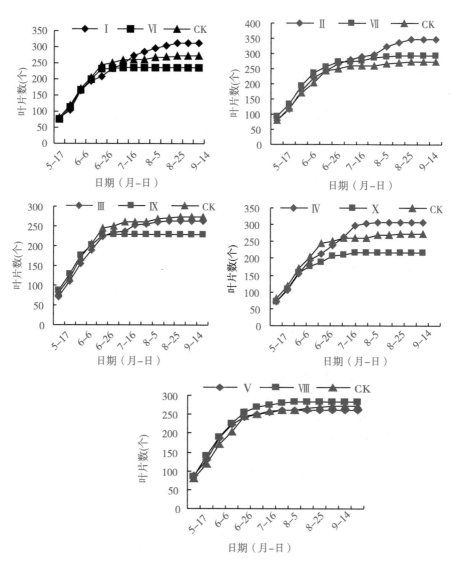

图 5-10　添加不同的基质植株叶片数的变化

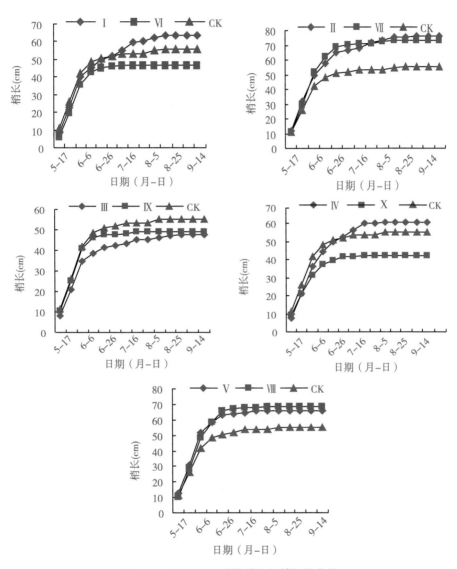

图 5-11　添加不同的基质植株梢长的变化

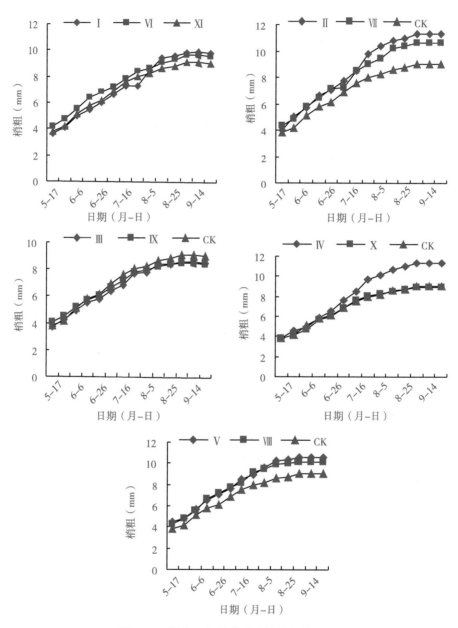

图 5-12　添加不同的基质植株梢粗的变化

5.4.5　基质对植株干周的影响

由图 5-13 中可看出：甜樱桃植株的干周呈相对平缓上升的趋势。处理

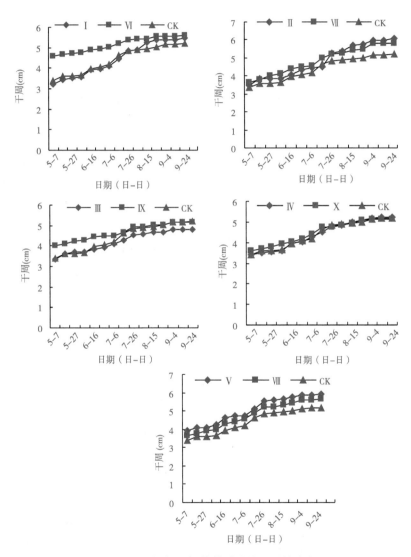

图 5-13　添加不同的基质植株干周的变化

Ⅱ、Ⅶ、Ⅴ、Ⅷ、Ⅰ、Ⅸ的作用效果好，使甜樱桃植株的干周稍高于对照的水平。在其他处理中，甜樱桃植株的干周与对照基本相似。

由此可见，以草炭、蛭石、倍量炉渣、倍量炭化稻壳为成分的基质促进盆栽甜樱桃的干周增加，有利于甜樱桃树体的发育。

5.4.6　基质对植株地下部生长发育的影响

从表 5-17 甜樱桃根系解析后可以看出，不同基质处理对甜樱桃根系鲜重的影响有差异。各处理的粗根韧皮部鲜重均高于对照，其中处理Ⅰ、Ⅱ、Ⅲ、Ⅴ、Ⅵ的粗根韧皮部鲜重比对照增加 60%以上，处理Ⅹ与对照差异不显著。处理Ⅱ、Ⅴ、Ⅵ、Ⅶ、Ⅷ的木质部鲜重比对照增加 13%~22%。处理Ⅲ、Ⅸ的木质部鲜重明显低于对照。处理Ⅰ、Ⅱ、Ⅴ、Ⅶ的粗根鲜重比对照高，处理Ⅵ、Ⅶ、Ⅷ的细根鲜重比对照增加 40%~69%，处理Ⅲ、Ⅳ、Ⅸ的细根鲜重低于对照的水平。

表 5-17　不同基质对 1 年生盆栽甜樱桃根系生物量的影响（单位：g）

处理	根韧皮部鲜重	根木质部鲜重	粗根鲜重	细根鲜重
Ⅰ	23.92（180）	48.12（101）	47.30（115）	147.35（121）
Ⅱ	25.80（194）	53.67（113）	54.98（134）	158.24（130）
Ⅲ	21.30（161）	33.99（71）	33.29（81）	107.78（89）
Ⅳ	18.68（141）	39.75（84）	41.08（100）	108.96（89）
Ⅴ	21.86（165）	56.44（119）	46.33（113）	133.62（110）
Ⅵ	24.37（184）	58.20（122）	33.74（82）	170.07（140）
Ⅶ	18.49（139）	55.97（118）	45.77（112）	202.85（167）
Ⅷ	15.80（119）	54.19（114）	35.06（86）	205.82（169）
Ⅸ	15.70（118）	37.79（79）	23.69（58）	105.72（87）
Ⅹ	13.82（104）	46.23（97）	38.65（94）	135.79（112）
CK	13.27（100）	47.57（100）	40.97（100）	121.76（100）

注：括号内的数值均为各处理与对照的比值

通过以上分析得知，11 个处理中根系以细根最重，粗根的鲜重小。在添加草炭、蛭石、炉渣的基质中，与对照相比甜樱桃根韧皮部、木质部、粗根、细根鲜重都不同程度地增加，其中细根的鲜重明显高于其他指标，表明基质有利于甜樱桃细根的发育，保证对地上部养分、水分的供应，促进植株正常生长发育，提早开花结实。而添加沙砾、炭化稻壳基质的处理效果相对较差。

5.5 混配基质对樱桃养分含量的影响

5.5.1 基质对地上部营养物质含量的影响

植株各组织中可溶性糖、淀粉、蛋白质含量，是衡量树体营养水平、代谢水平高低的生理指标，通过这些指标可以了解植株的生长发育状况，为合理进行栽培管理提供科学参考。

5.5.1.1 对甜樱桃叶片可溶性糖含量的影响

从表 5-18 中可以看出，甜樱桃叶片中可溶性糖的含量在生长季有很大的变化，在添加少量原料的基质中，甜樱桃叶片中可溶性糖含量是春、秋季低，而夏季含量高。添加倍量原料的基质，叶片可溶性糖的含量变化规律相反。夏季添加少量原料的基质叶片中可溶性糖含量比对照高 2~5 倍，差异极显著，表明基质使地上部制造养分能力加强，可保证植株对养分的需要。

表 5-18　不同基质对甜樱桃叶片可溶性糖含量的影响　　（单位:%）

处理	春季	夏季	秋季
I	6.86^{bc}	12.29^{b}	8.23^{b}
II	6.70^{c}	13.85^{a}	7.71^{bc}
III	6.85^{bc}	11.90^{bc}	8.28^{b}
IV	9.27^{a}	11.13^{cd}	7.25^{cd}
V	7.70^{bc}	11.23^{cd}	5.69^{e}
VI	8.12^{abc}	10.64^{d}	7.74^{bc}
VII	8.28^{ab}	7.95^{e}	9.46^{a}
VIII	7.18^{bc}	7.91^{e}	8.94^{a}
IX	7.50^{bc}	4.40^{g}	7.02^{d}
X	7.35^{bc}	5.46^{f}	5.73^{e}
CK	6.94^{bc}	2.39^{h}	6.14^{e}

注：不同小写字母表示经邓肯氏测验达到显著差异，$P<0.05$

综合以上分析表明，添加草炭、炉渣、少量炭化稻壳、少量沙砾的基质，叶片中可溶性糖含量较高，有利于养分向其他组织运转。添加倍量炭化稻壳、沙砾的基质叶片中可溶性糖含量低，不利于对甜樱桃植株养分的供应，影响树体的发育。

5.5.1.2　对甜樱桃枝条中可溶性糖含量的影响

从表5-19中可以看出，甜樱桃地上部各组织中可溶性糖含量有较大的差异。枝条韧皮部中可溶性糖含量明显高于木质部中的含量。其中处理Ⅰ、Ⅱ、Ⅳ、Ⅶ中，二年生枝韧皮部中的可溶性糖含量的明显高于对照，显著差异。二年生木质部中可溶性糖含量也有类似的规律。随着基质中原料量的增加，添加倍量原料的基质枝韧皮部中可溶性糖含量有明显下降的趋势。表明少量的基质配比可使树体的养分含量增高，可保证树体对养分的需求，为生长发育奠定基础。一年生韧皮部中，处理Ⅲ、Ⅳ的可溶性糖含量高。综上分析，枝条中可溶性糖含量以韧皮部中含量为高，表明叶片形成的光合产物运向韧皮部的量较多。添加少量草炭、少量沙砾的基质枝条中可溶性糖含量高。

表5-19　可溶性糖含量在甜樱桃地上部的分布　　（单位:%）

处理	二年生枝木质部	二年生枝韧皮部	一年生枝木质部	一年生枝韧皮部
Ⅰ	4.03[a]	13.27[a]	3.62[b]	11.21[bc]
Ⅱ	4.16[a]	13.43[a]	6.06[a]	12.80[b]
Ⅲ	2.87[abc]	11.92[a]	3.93[b]	18.03[a]
Ⅳ	3.29[abc]	13.40[a]	3.65[b]	18.76[a]
Ⅴ	2.36[abc]	11.65[a]	3.50[b]	8.98[cd]
Ⅵ	2.47[abc]	12.11[a]	4.19[b]	8.87[cd]
Ⅶ	4.19[a]	13.47[a]	1.91[c]	4.01[e]
Ⅷ	1.89[bc]	9.64[b]	1.73[c]	8.49[cd]
Ⅸ	3.50[ab]	8.26[bc]	0.37[d]	5.92[de]
Ⅹ	1.95[bc]	6.69[c]	0.54[d]	3.16[e]
CK	1.33[c]	9.04[b]	0.39[d]	2.95[e]

注：不同小写字母表示经邓肯氏测验达到显著差异，$P<0.05$

5.5.1.3　基质对甜樱桃叶片淀粉含量的影响

从表5-20中可以看出，各处理的甜樱桃叶片中淀粉含量在生长季的变化规律不明显。春季叶片中淀粉含量是对照的近 1~3 倍，尤其是少量原料的基质与对照差异显著。秋季处理的叶片淀粉含量较对照高 1~2 倍，也是少量原料的基质中叶片淀粉含量明显较对照高。倍量沙砾、倍量炭化稻壳的基质叶片淀粉含量一直维持较低的水平。

表 5-20　不同基质对甜樱桃叶片淀粉含量的影响　　（单位：%）

处理	春季	夏季	秋季
I	4.98^{bc}	5.03^{ab}	4.86^b
II	6.77^{ab}	5.52^{ab}	5.27^{ab}
III	6.06^{abc}	4.84^b	5.57^a
IV	6.97^a	4.85^b	5.46^a
V	4.60^{cdef}	3.63^c	5.45^a
VI	5.08^{bcd}	5.92^a	5.73^a
VII	4.71^{cde}	5.37^{ab}	5.72^a
VIII	3.46^{def}	5.74^{ab}	3.38^c
IX	2.89^{ef}	3.09^c	2.80^d
X	2.74^f	3.48^c	3.24^c
CK	2.79^f	5.69^{ab}	2.69^d

注：不同小写字母表示经邓肯氏测验达到显著差异，$P<0.05$

综合以上分析表明，春、秋季叶片中淀粉含量有积累，可用于树体的建造，促进植株的生长。夏季叶片淀粉含量少，可能是被呼吸代谢消耗。

5.5.1.4　对甜樱桃枝条中淀粉含量的影响

从表 5-21 中可以看出，在甜樱桃枝条中淀粉与可溶性糖分布一致，即韧皮部中的含量高于木质部中的含量，但不如可溶性糖含量差距大。一年生枝韧皮部的淀粉含量比二年生枝韧皮部淀粉含量要高，表明淀粉主要贮藏部位是当年生枝。

表 5-21　淀粉含量在甜樱桃地上部的分布　　（单位：%）

处理	二年生枝木质部	二年生枝韧皮部	一年生枝木质部	一年生枝韧皮部
I	0.96^d	2.50^b	0.97^b	4.84^a
II	0.97^d	2.91^{ab}	1.11^b	4.71^a

（续表）

处理	二年生枝 木质部	二年生枝 韧皮部	一年生枝 木质部	一年生枝 韧皮部
Ⅲ	1.48[ab]	2.52[b]	1.04[b]	3.57[ab]
Ⅳ	1.60[a]	2.56[b]	1.51[b]	4.39[a]
Ⅴ	1.75[a]	2.54[b]	1.22[b]	3.78[ab]
Ⅵ	1.71[a]	2.44[b]	1.15[b]	3.85[ab]
Ⅶ	0.84[d]	2.71[b]	9.63[a]	4.49[a]
Ⅷ	1.72[a]	2.53[b]	7.08[a]	2.77[b]
Ⅸ	1.38[abc]	3.31[a]	7.99[a]	2.81[b]
Ⅹ	1.21[bcd]	2.85[ab]	7.40[a]	3.93[ab]
CK	1.03[cd]	3.20[a]	7.36[a]	3.72[ab]

注：不同小写字母表示经邓肯氏测验达到显著差异，$P<0.05$

5.5.1.5　基质对甜樱桃叶片蛋白质含量的影响

从表 5-22 中可以看出，蛋白质在生长季变化较大，夏季叶片中蛋白质含量高于春、秋季，而秋季叶片中的蛋白质含量最低。添加少量炭化稻壳的基质蛋白质含量低，其他处理与对照差异不显著。由此可见，随着叶片的发育，春季叶片中蛋白质含量逐渐升高，夏季达到峰顶，秋季树体代谢变缓，叶片衰老蛋白质分解。秋季倍量基质中甜樱桃叶片蛋白质含量仍处于较高水平。

表 5-22　不同基质对甜樱桃叶片蛋白质含量的影响　（单位：%）

处理	春季	夏季	秋季
Ⅰ	84.57[ab]	141.15[a]	6.72[cd]
Ⅱ	77.69[b]	115.64[bc]	7.37[cd]
Ⅲ	78.68[b]	113.68[bc]	4.42[d]
Ⅳ	87.51[ab]	123.49[abc]	12.60[cd]
Ⅴ	78.35[b]	128.40[ab]	22.42[a]
Ⅵ	84.56[ab]	116.95[bc]	10.64[b]
Ⅶ	84.56[ab]	121.85[abc]	96.67[b]
Ⅷ	92.42[a]	108.77[bc]	65.26[b]
Ⅸ	79.00[b]	129.05[ab]	55.12[b]
Ⅹ	78.35[b]	102.88[c]	66.94[b]
CK	81.95[ab]	117.93[bc]	57.09[b]

注：不同小写字母表示经邓肯氏测验达到显著差异，$P<0.05$

5.5.1.6　对甜樱桃枝条中蛋白质含量的影响

从表5-23中可以看出，蛋白质在树体枝条各部位的分配不规律。在二年生枝韧皮部中，蛋白质含量稍高于在其他部位的含量，处理Ⅸ、Ⅹ的总体蛋白质含量水平高于其他处理，表明倍量沙砾、炭化稻壳基质使枝条中蛋白质含量增加。

表 5-23　蛋白质含量在甜樱桃地上部的分布　　　　　（单位：%）

处理	二年生枝木质部	二年生枝韧皮部	一年生枝木质部	一年生枝韧皮部
Ⅰ	66.25[b]	91.44[cd]	78.68[b]	43.68[f]
Ⅱ	72.46[b]	95.36[bc]	74.75[bc]	67.88[de]
Ⅲ	72.79[b]	87.84[cd]	71.48[bc]	66.90[de]
Ⅳ	70.82[b]	100.26[ab]	67.56[cd]	61.34[e]
Ⅴ	71.48[b]	91.11[cd]	73.44[bc]	61.01[e]
Ⅵ	72.79[b]	101.57[ab]	72.79[bc]	73.77[cd]
Ⅶ	68.21[b]	94.05[bcd]	60.69[d]	79.33[c]
Ⅷ	65.27[b]	85.87[d]	75.41[bc]	71.81[cde]
Ⅸ	89.14[a]	104.52[a]	94.38[a]	75.08[cd]
Ⅹ	85.54[a]	91.43[cd]	95.03[a]	118.91[a]
CK	86.53[a]	95.69[bc]	81.62[b]	107.46[b]

注：不同小写字母表示经邓肯氏测验达到显著差异，$P < 0.05$

5.5.2　基质对樱桃叶片矿质元素含量的影响

植株叶片是进行光合作用的部位，叶片中含有的矿质元素既可以保证叶片发育的需要，又可以作为其结构物质起作用。通过测定叶片中矿质元素含量，在某种程度上就可以判断树体的营养水平。

5.5.2.1　叶片全氮含量的季节变化

从图5-14中可以看出，甜樱桃叶片中全氮含量在生长季有所不同。除了处理Ⅱ、Ⅲ、Ⅳ、Ⅵ以外，其他处理基本上是春、秋季高，夏季含量低。其中处理Ⅰ的动态变化较大，处理Ⅱ的全氮含量呈现直线上升的趋势。

由此可见，大多数基质处理的甜樱桃叶片全氮含量变化不大，在添加草炭的基质中，植株叶片全氮含量维持在较高水平。

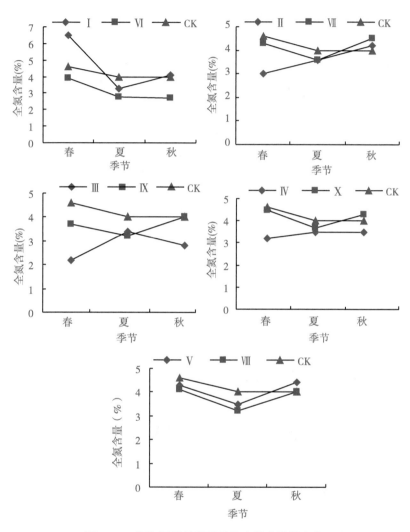

图 5-14 添加不同的基质叶片全氮含量的变化

5.5.2.2 叶片全磷含量的季节变化

从图 5-15 可以看出，叶片中全磷含量季节变化较大。在大多数处理中，叶片全磷含量的变化与对照相反，即春、秋季全磷含量低，夏季含量高。其中处理Ⅰ、Ⅹ的全磷含量从春季到秋季逐渐下降。处理Ⅵ、Ⅳ的叶片全磷含量全年比较平稳。

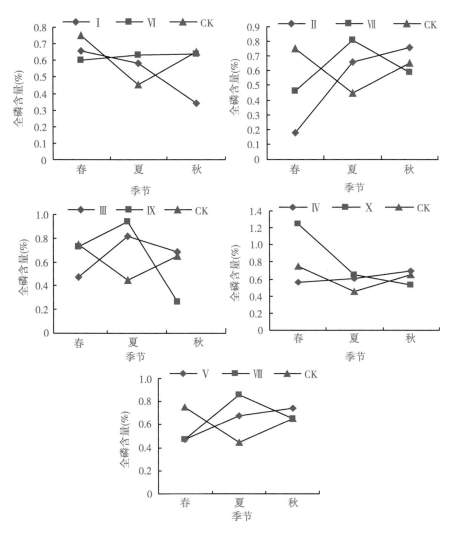

图 5-15 添加不同的基质叶片全磷含量的变化

5.5.2.3 叶片全钾含量的季节变化

从图 5-16 可以看出，甜樱桃叶片的全钾含量与叶片中全磷含量的变化规律相似，即春、秋季低，而夏季高。添加炉渣、沙砾的 4 个基质（Ⅰ、Ⅵ、Ⅳ、Ⅹ）的全钾含量变化相对平稳。

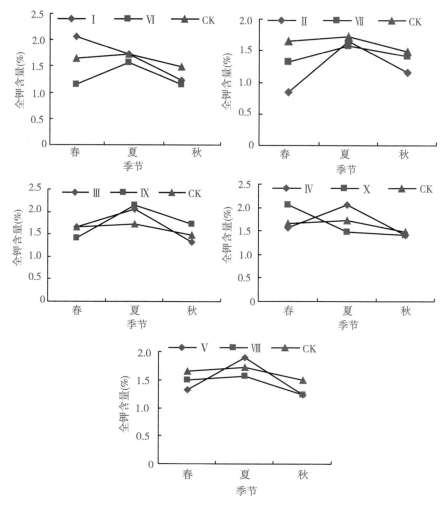

图 5-16 添加不同的基质叶片全钾含量的变化

综合甜樱桃叶片中矿质养分含量的季节变化规律可知，在盆栽基质试验中，叶片中全氮含量全年变化较平稳。添加草炭的基质中速效氮含量高，可保证氮素的供给，因此，叶片中的全氮含量水平相对高。叶片中全磷、全钾含量在夏季出现高峰，添加炉渣、沙砾的基质，叶片中全磷、全钾含量变化幅度相对小，与基质中速效养分含量少有关。

5.5.3 基质对地下部营养物质分配的影响

5.5.3.1 基质对根系可溶性糖含量的影响

试验数据结果显示，在根系中可溶性糖含量以直径小于 1mm 的根最高，直径大于 3mm 根的次之，直径 1~3mm 根的含量最少。不同基质栽培条件下，可溶性糖在不同粗度根中积累。活跃根中可溶性糖含量高，为根伸长提供养分了动力，反过来又促进对水分和养分的吸收，有利于植株的生长发育。在小于 1mm 的根中对照较其他基质在根系糖含量高，添加 4 倍量蛭石的基质处理（Ⅷ）含量水平较高，在各个混配基质中樱桃直径大于 3mm 根中糖含量显著高于对照，其中添加 2 倍蛭石处理的基质含量最高达到对照的近 2 倍。（表 5-24）。

表 5-24 根系可溶性糖含量 （单位：%）

处理	根直径<1mm	根直径 1~3mm	根直径>3mm
Ⅰ	7.49^{ab}	3.54^{b}	4.54^{e}
Ⅱ	4.97^{b}	4.22^{ab}	5.71^{ab}
Ⅲ	5.58^{ab}	4.15^{ab}	6.13^{ab}
Ⅳ	6.12^{ab}	4.01^{ab}	5.32^{bcde}
Ⅴ	5.34^{ab}	3.93^{ab}	6.50^{a}
Ⅵ	5.09^{b}	5.86^{a}	5.56^{bcd}
Ⅶ	6.71^{ab}	4.60^{ab}	4.52^{e}
Ⅷ	7.91^{a}	5.96^{a}	5.59^{bc}
Ⅸ	5.82^{ab}	3.90^{ab}	4.72^{cde}
Ⅹ	5.15^{b}	3.32^{b}	4.67^{de}
CK	7.55^{ab}	4.58^{ab}	3.41^{f}

注：不同小写字母表示经邓肯氏测验达到显著差异，$P<0.05$

5.5.3.2 基质对根系淀粉含量的影响

从表 5-25 中可以看出，淀粉作为主要的能量贮存物质，根系中淀粉含量主要分布于直径大于 1mm 以上的根中。添加炉渣、草炭、炭化稻壳的基质中栽培樱桃在 1~3mm 根中淀粉水平显著高于对照。而在大于 3mm 根中淀粉含量测定结果显示，所有基质处理栽培樱桃根中淀粉均显著高于对照。

表 5-25　根系淀粉含量　　（单位:%）

处理	根直径<1mm	根直径 1~3mm	根直径>3mm
I	9.95ª	17.76ª	14.80ᵇᶜ
II	6.72ᶜ	17.55ª	17.22ª
III	7.19ᶜ	16.21ᵃᵇ	15.41ᵃᵇ
IV	7.96ᵇᶜ	12.97ᵇᶜ	11.45ᵈ
V	5.50ᵈ	6.92ᵉ	8.80ᵉ
VI	4.31ᵈ	6.99ᵉ	15.02ᵇᶜ
VII	4.75ᵈ	5.32ᵉ	9.04ᵉ
VIII	8.53ᵇ	12.25ᵇᶜᵈ	13.10ᶜᵈ
IX	7.96ᵇᶜ	6.53ᵉ	7.84ᵉ
X	7.64ᵇᶜ	8.57ᵈᵉ	8.59ᵉ
CK	6.84ᶜ	12.02ᶜᵈ	5.68ᶠ

注：不同小写字母表示经邓肯氏测验达到显著差异，$P<0.05$

5.5.3.3　基质对根系蛋白质含量的影响

试验结果显示，根系中蛋白质的含量与淀粉含量一样主要在直径大于1mm 以上的根中居多。在<1 mm 根系中蛋白含量对照和 X 且处理显著高于其他处理，而在 1~3 mm 根各处理（VIII、III、IV、VII）中贮藏的养分显著高于对照。在>3 mm 根系对照根系中蛋白质含量显著高于其他基质处理（表 5-26）。

表 5-26　根系蛋白质含量　　（单位：mg/kg）

处理	根直径<1mm	根直径 1~3mm	根直径>3mm
I	27.98ᵇᶜ	68.54ᶜᵈᵉ	51.20ᵈᵉᶠ
II	21.11ᵇᶜᵈ	65.92ᵈᵉ	55.45ᶜᵈᵉ
III	22.74ᵇᶜᵈ	80.96ᵃᵇ	68.21ᵃᵇᶜ
IV	14.57ᵈ	80.96ᵃᵇ	71.15ᵃᵇ
V	20.13ᵈ	57.41ᵉ	58.72ᵇᶜᵈ

（续表）

处理	根直径<1mm	根直径 1~3mm	根直径>3mm
Ⅵ	12.61^d	75.08^{abcd}	52.18^{def}
Ⅶ	27.65^{bc}	79.66^{abc}	41.06^f
Ⅷ	12.60^d	84.56^a	44.33^{ef}
Ⅸ	32.88^b	71.81^{bcd}	41.71^f
Ⅹ	62.97^a	65.59^{de}	61.90^{bc}
CK	73.12^a	65.26^{de}	79.98^a

注：不同小写字母表示经邓肯氏测验达到显著差异，$P<0.05$

5.5.4　基质对根系矿质元素含量的影响

5.5.4.1　氮

从图 5-17 中可以看出，各类根中全氮含量水平有差别。全氮主要在直径小于 3 mm（对照除外）的根中含量居多，直径大于 3 mm 的根中含量较低。处理Ⅲ的粗根全氮含量仅为对照的 26%，处理Ⅱ、Ⅳ、Ⅶ、Ⅹ的细根全氮水平较高，直径小于 1 mm 的根有较高的比例。

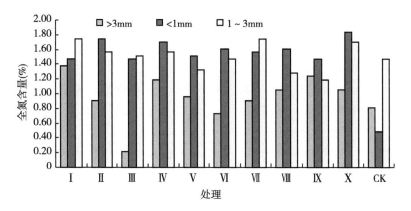

图 5-17　根系中全氮含量的变化

综上所述，根系中全氮主要分布在直径小于 3 mm 根中，添加草炭、沙砾的基质中，细根全氮含量水平较高。

5.5.4.2 磷

从试验结果中可以看出，甜樱桃根中全磷含量差别较大。除了处理Ⅵ、Ⅹ的直径小于1mm的根中全磷含量较高外，其他处理的全磷主要分布在直径大于1mm的根中。处理Ⅲ、Ⅸ的根中全磷含量较高（图5-18）。

综上所述，甜樱桃根系中全磷主要分布在直径大于1mm以上的根中。添加炭化稻壳的基质，根中全磷含量较高。

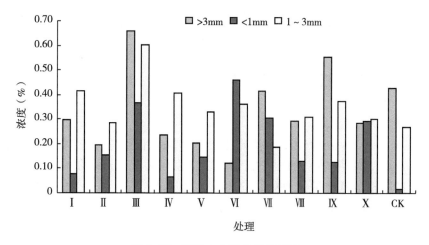

图5-18 根系中全磷含量的变化

5.5.4.3 钾

从图5-19中可以看出，根系中全钾含量在各处理间有差别，以直径小于3mm的根中含量居多。处理Ⅲ、Ⅵ（直径大于3mm根除外）的全钾水平较高。

综上所述，甜樱桃根中全钾以直径小于3mm的根中含量居多。添加炭化稻壳、炉渣的基质，根中全钾含量较多。

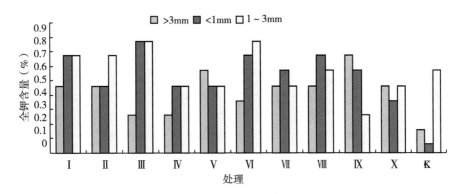

图 5-19　根系中全钾含量的变化

5.6　混配基质对樱桃生理指标的影响

5.6.1　基质对光合作用的影响

植物的叶片是制造光合产物的场所，维持叶片的形态和功能的完整性对光合产物的积累十分重要。叶片中的光合色素参与光合作用过程中光能的吸收、传递和转化，在一定范围内光合色素含量高低直接影响果树的光合能力，其中以叶绿素（Chl）和类胡萝卜素（Car）与光合作用的关系较密切。类胡萝卜素有抗叶绿素光氧化的能力，在光和氧存在的条件下可以阻止叶绿素的光氧化作用，本身也可以吸收光合有效光，并将激发能传给叶绿素 a（姜卫兵，2002）。

5.6.1.1　春季色素动态变化

从表 5-27 中可以看出，与对照相比，处理Ⅰ、Ⅳ的叶片色素含量相对较高，而处理Ⅱ、Ⅲ的叶片色素含量较低，处理Ⅵ的叶绿素 a/b 比对照高 29%，说明叶片对光能利用能力强，其他处理与对照差异不显著。

表 5-27　春季不同基质中甜樱桃叶片叶绿素和类胡萝卜素的含量

（单位：mg/gDW）

处理	叶绿素 a	叶绿素 b	叶绿素 a/b	总叶绿素 （Chl a+chl b）	类胡萝卜素
I	2.01（118）	0.58（129）	3.46（91）	2.59（120）	0.80（108）
II	1.28（75）	0.33（73）	3.88（102）	1.61（75）	0.63（85）
III	1.14（67）	0.31（69）	3.70（97）	1.45（67）	0.54（73）
IV	1.75（102）	0.50（111）	3.53（93）	2.24（104）	0.74（100）
V	1.66（97）	0.45（100）	3.73（98）	2.11（98）	0.73（99）
VI	1.47（86）	0.30（67）	4.91（129）	1.77（82）	0.71（96）
VII	1.54（90）	0.41（91）	3.76（99）	1.95（90）	0.68（92）
VIII	1.60（94）	0.44（98）	3.65（96）	2.03（94）	0.70（95）
IX	1.55（91）	0.41（91）	3.75（98）	1.96（91）	0.70（95）
X	1.45（85）	0.39（87）	3.76（99）	1.84（85）	0.67（91）
CK	1.71（100）	0.45（100）	3.81（100）	2.16（100）	0.74（100）

注：括号内的数值均为各处理与对照的比值

由此可见，春季在添加少量沙砾、炉渣的基质中，甜樱桃叶片色素含量较高，有利于叶片光合产物早期积累，对樱桃的光合作用及生长发育有重要的意义。而添加少量炭化稻壳的基质，叶片的色素含量较低，一定程度减弱了光合作用，则不利于植株的生长发育。

5.6.1.2　夏季色素动态变化

从表 5-28 中可以看出，与对照相比，夏季处理 III、VI、VII 的叶片色素含量维持在较高的水平，其他处理叶片色素含量与对照差异不明显。

表 5-28　夏季不同基质中甜樱桃叶片叶绿素和类胡萝卜素的含量

（单位：mg/gDW）

处理	叶绿素 a	叶绿素 b	叶绿素 a/b	总叶绿素 （Chl a+chl b）	类胡萝卜素
I	1.59（95）	0.44（100）	3.65（95）	2.02（96）	0.44（88）
II	1.64（98）	0.43（98）	3.78（98）	2.01（95）	0.48（96）
III	2.02（120）	0.56（127）	3.64（95）	2.57（122）	0.57（114）
IV	2.61（155）	0.42（95）	3.81（99）	1.85（88）	0.48（96）
V	1.54（92）	0.37（84）	4.18（109）	1.92（91）	0.46（92）

（续表）

处理	叶绿素 a	叶绿素 b	叶绿素 a/b	总叶绿素 （Chl a+chl b）	类胡萝卜素
Ⅵ	1.82（108）	0.48（109）	3.77（98）	2.30（109）	0.50（100）
Ⅶ	1.75（104）	0.46（105）	3.83（100）	2.21（105）	0.52（104）
Ⅷ	1.62（96）	0.44（100）	3.71（97）	2.06（98）	0.46（92）
Ⅸ	1.65（98）	0.44（100）	3.75（98）	2.09（99）	0.50（100）
Ⅹ	1.54（92）	0.40（91）	3.91（102）	1.94（92）	0.43（86）
CK	1.68（100）	0.44（100）	3.84（100）	2.11（100）	0.50（100）

注：括号内的数值均为各处理与对照的比值

由此可见，添加少量炭化稻壳、炉渣、倍量草炭的基质，叶片中叶绿素含量较高，各处理甜樱桃叶片中类胡萝卜素含量总体水平较春季有所下降。

5.6.1.3 秋季色素动态变化

从表5-29中可以看出，秋季叶片中色素的含量较夏季有不同程度的下降。与对照相比，其中处理Ⅳ、Ⅴ叶片的色素含量较低，低于对照。其他处理与对照相比，叶片的色素含量均显著高于对照，其中处理Ⅲ的叶片色素含量达到最高值1.63，叶绿素 b 含量比对照高出43%，但叶绿素 a/b 值低于对照。

表5-29 秋季不同基质中甜樱桃叶片叶绿素和类胡萝卜素的含量

（单位：mg/gDW）

处 理	叶绿素 a	叶绿素 b	叶绿素 a/b	总叶绿素 （Chl a+chl b）	类胡萝卜素
Ⅰ	1.46（116）	0.35（117）	4.09（96）	1.81（117）	0.41（108）
Ⅱ	1.34（106）	0.33（110）	4.01（94）	1.67（108）	0.40（105）
Ⅲ	1.63（129）	0.43（143）	3.82（89）	2.06（133）	0.46（121）
Ⅳ	1.09（87）	0.28（93）	3.95（93）	1.36（88）	0.31（81）
Ⅴ	1.11（88）	0.27（90）	4.03（94）	1.38（89）	0.33（87）
Ⅵ	1.51（120）	0.36（120）	4.22（99）	1.87（121）	0.41（108）
Ⅶ	1.56（124）	0.37（123）	4.27（100）	1.92（124）	0.44（116）
Ⅷ	1.59（126）	0.39（130）	4.11（96）	1.98（128）	0.46（121）
Ⅸ	1.47（117）	0.36（120）	4.04（95）	1.83（118）	0.42（111）
Ⅹ	1.43（113）	0.34（113）	4.19（98）	1.77（114）	0.41（108）
CK	1.26（100）	0.30（100）	4.27（100）	1.55（100）	0.38（100）

注：括号内的数值均为各处理与对照的比值

综合叶片色素含量水平变化可以看出,叶绿素的含量基本是从春季到夏季升高,秋季下降,这与叶片的生长发育规律基本吻合,即随着叶片结构和功能的不断完善叶绿素含量升高。在生长季后期外界环境条件的恶化及叶片逐渐衰老,造成叶片中叶绿素降解含量下降。类胡萝卜素的含量在整个生长季呈现逐渐下降的趋势,这与其在光合作用中的所起作用是分不开的,即夏季防止高温、强光照对叶绿素的伤害,秋季保护叶绿素结构和功能的完整性。在各处理中,添加炭化稻壳、蛭石、炉渣的基质,除春季外叶片中色素含量一直较高,可保持较高的光合同化力,合成更多的光合产物,以能满足甜樱桃植株生长发育的需要。

5.6.2 叶片的光合状况

5.6.2.1 1年生甜樱桃光合特性

从表5-30可以看出,所有处理都显著提高了叶片的光合速率,尤其添加草炭和炭化稻壳的4个处理(Ⅱ、Ⅲ、Ⅶ、Ⅸ),叶片光合速率较对照提高达1倍以上。说明基质保水性增强,有利于叶片光合作用加强。

表5-30 人工混配基质条件下1年生甜樱桃光合特性

基质	光合速率 ($\mu mol/m^2 s$)	气孔导度 ($\mu molH_2O/m^2 s$)	胞间 CO_2 浓度 ($\mu L/L$)	蒸腾速率 ($gH_2O/m^2 s$)
Ⅰ	6.82 (187)	0.112 (233)	244.0 (83)	2.57 (218)
Ⅱ	8.21 (225)	0.135 (281)	240.1 (82)	2.85 (242)
Ⅲ	7.74 (212)	0.113 (235)	227.8 (77)	2.47 (209)
Ⅳ	6.59 (190)	0.074 (154)	199.0 (68)	1.65 (139)
Ⅴ	6.00 (164)	0.060 (125)	188.9 (64)	1.27 (108)
Ⅵ	6.45 (177)	0.075 (156)	203.9 (69)	1.68 (142)
Ⅶ	8.37 (229)	0.123 (256)	222.9 (76)	2.47 (209)
Ⅷ	6.24 (171)	0.064 (133)	184.9 (63)	1.50 (127)
Ⅸ	8.12 (222)	0.116 (242)	230.6 (78)	2.36 (200)
Ⅹ	6.74 (185)	0.098 (204)	232.7 (79)	2.15 (182)
CK	3.65 (100)	0.048 (100)	294.1 (100)	1.18 (100)

注:括号内的数值均为各处理与对照的比值

叶片气孔导度的变化规律同于叶片光合速率。细胞间隙 CO_2 浓度变化规律与光合速率和气孔导度相反，所有的处理均呈现下降趋势，但下降幅度较大的是添加蛭石的2个处理（Ⅴ、Ⅷ）。所有的处理均使叶片蒸腾速率均较对照升高，但升高幅度最小的仍然是添加蛭石的2个处理（Ⅴ、Ⅷ）。光合作用制造的养分用于器官建造和呼吸消耗的比例较大，地上地下贮藏养分相对较少。

5.6.2.2　基质对叶片光合速率动态变化的影响

基质对叶片光合速率动态变化结果显示，在整个生长季中甜樱桃叶片的光合速率基本呈现从春季到夏季升高，秋季下降。但每个处理表现出不同的规律。与对照相比，添加炭化稻壳、倍量蛭石、倍量炉渣、沙砾的基质中（Ⅱ、Ⅳ、Ⅴ、Ⅵ、Ⅷ、Ⅹ），叶片的光合速率在春均高于对照，其他处理低于对照。随着夏季到来，各个处理基质栽培樱桃均高于对照，且添加倍量炭化稻壳、和倍量炉渣处理（Ⅵ、Ⅷ）光合速率达到对照的二倍以上。秋季到来后各处理光合速率军呈现下降趋势，其中添加倍量炉渣、倍量草炭、倍量蛭石和倍量炭化稻壳的处理（Ⅵ、Ⅶ、Ⅷ、Ⅸ）光合速率高于对照，其他处理低于对。同时数据比对结果显示，光合速率与叶片中的叶绿素含量的随季节变化呈现相似的规律，说明在一定范围内二者存在相关性（表5-31）。

表 5-31　甜樱桃叶片光合速率的季节变化

[单位：（$\mu mol/m^2 \cdot s$）]

处理	春季	夏季	秋季
Ⅰ	9.61（96）	9.30（132）	9.01（91）
Ⅱ	10.41（104）	12.30（175）	9.19（92）
Ⅲ	9.89（99）	13.86（197）	8.96（90）
Ⅳ	10.90（109）	12.18（174）	7.12（72）
Ⅴ	10.61（106）	12.44（177）	9.95（100）
Ⅵ	10.74（107）	14.30（204）	11.88（120）
Ⅶ	9.69（97）	12.86（183）	11.20（113）
Ⅷ	10.31（103）	12.62（180）	10.69（108）
Ⅸ	9.99（100）	15.43（220）	11.87（119）
Ⅹ	11.93（119）	13.81（197）	9.43（95）
CK	10.03（100）	7.02（100）	9.94（100）

注：括号内的数值均为各处理与对照的比值

5.6.3 基质对甜樱桃根系活力动态变化的影响

5.6.3.1 春季

试验数据结果显示，与对照相比代表根系活力指标的总表面积、活跃表面积、活跃表面比3个指标在各处理间基本没有显著差异。值得注意的是，细根活跃吸收面积的百分比在不同处理的基质间差异较小。说明单根活力受基质影响不显著，与大田研究结果不同，可能与盆栽条件下基质环境不易出现诸如积水、窒息等障碍有关。添加倍量炭化稻壳的基质根系密度数值与对照无显著差异，其他处理的甜樱桃根系密度明显比对照高，添加蛭石、倍量沙砾的基质根系密度为对照的340%、278%、248%。除添加少量炭化稻壳、少量炉渣、少量草炭的基质根系生长点数较少外，其他处理的根系生长点数与对照相比有显著的提高（表5-32）。

表5-32　基质对春季根系活力的影响

处理	总表面积（m²/g）	活跃表面积（m²/g）	活跃表面比（%）	根系密度（mg/cm³）	生长点数（个/g）
I	1.59（99）	0.77（103）	48.13（102）	13.02（125）	309（89）
II	1.59（99）	0.76（101）	47.71（101）	19.92（191）	311（90）
III	1.58（99）	0.77（103）	48.43（102）	13.86（133）	260（75）
IV	1.59（99）	0.76（101）	48.24（102）	20.97（201）	448（129）
V	1.60（100）	0.76（101）	47.71（101）	35.50（340）	361（104）
VI	1.58（99）	0.75（100）	47.36（100）	21.54（206）	472（136）
VII	1.59（99）	0.76（101）	48.29（102）	16.48（158）	439（127）
VIII	1.60（100）	0.76（101）	47.85（101）	29.10（278）	551（159）
IX	1.58（99）	0.76（101）	47.85（101）	10.86（104）	363（105）
X	1.61（101）	0.77（103）	48.10（102）	25.93（248）	480（138）
CK	1.60（100）	0.75（100）	47.36（100）	10.45（100）	347（100）

注：括号内的数值均为各处理与对照的比值

5.6.3.2　夏季

试验数据结果显示，夏季各处理的根系活力指标同春季一样，基本没有太大的变化，处理间差异不显著。但相对于春季，甜樱桃根系密度明显增加，添加倍量草炭、沙砾的基质根系密度不到对照的50%，这可能与夏季基质的持水力下降，为保证地上部梢叶旺盛生长，植株呼吸代谢加快，通过加长生长以加强水分、养分的吸收，满足植株的需要。与对照相比生长点数均有增加。其中，Ⅸ处理根的生长点数增加了对照的2倍，增加效果显著（表5-33）。

表5-33　基质对夏季根系活力的影响

处理	总表面积 （m²/g）	活跃表面积 （m²/g）	活跃表面积 （%）	根系密度 （mg/cm³）	生长点数 （个/g）
Ⅰ	1.57（99）	0.78（99）	49.04（99）	33.39（77）	237（115）
Ⅱ	1.57（99）	0.78（99）	49.61（100）	46.87（109）	269（131）
Ⅲ	1.55（97）	0.77（97）	49.48（100）	36.67（85）	302（147）
Ⅳ	1.58（99）	0.78（99）	49.63（100）	35.17（82）	244（118）
Ⅴ	1.57（99）	0.77（97）	49.16（99）	50.52（117）	227（110）
Ⅵ	1.57（99）	0.78（99）	49.35（99）	37.94（88）	248（120）
Ⅶ	1.58（99）	0.78（99）	49.07（99）	21.11（49）	297（144）
Ⅷ	1.57（99）	0.78（99）	49.59（100）	33.32（77）	244（118）
Ⅸ	1.59（100）	0.78（99）	49.33（99）	38.83（90）	411（200）
Ⅹ	1.58（99）	0.78（99）	49.09（99）	20.16（47）	283（137）
CK	1.59（100）	0.79（100）	49.66（100）	43.09（100）	206（100）

注：括号内的数值均为各处理与对照的比值

5.6.3.3　秋季

试验数据结果显示，秋季各处理的根系总表面积、活跃表面积、活跃表面比基本无差异，添加草炭的基质根系活跃表面积、活跃表面比较对照有增加。生长点数在处理间差异不显著，但较春、夏季明显增加，说明基质的理化条件适合甜樱桃根系的发生，根产生大量分枝，以加强养分的吸收和贮藏，这与试验中发现秋季根发生数量多相一致。各处理的根系密度与对照相比大幅度提高，其中添加少量蛭石、倍量草炭、倍量炭化稻壳的基质根系密度是对照的

2~3倍。在取样时发现，添加炭化稻壳的基质，植株的短枝叶片出现黄花脱落现象，部分细根基部变褐根尖部位呈透明状，新根死亡较多（表5-34）。

表5-34 基质对秋季根系活力的影响

处理	总表面积 （m²/g）	活跃表面积 （m²/g）	活跃表面积 （%）	根系密度 （mg/cm³）	生长点数 （个/g）
Ⅰ	1.55（99）	0.75（99）	48.63（101）	45.56（198）	456（90）
Ⅱ	1.55（99）	0.78（102）	50.47（104）	43.64（190）	452（89）
Ⅲ	1.57（100）	0.76（100）	48.64（101）	31.64（138）	513（101）
Ⅳ	1.58（101）	0.77（101）	48.60（101）	29.12（126）	574（113）
Ⅴ	1.57（100）	0.76（100）	48.46（100）	49.64（216）	596（117）
Ⅵ	1.57（100）	0.75（99）	47.72（99）	42.48（185）	637（125）
Ⅶ	1.59（101）	0.77（101）	48.70（101）	76.28（332）	566（111）
Ⅷ	1.58（101）	0.77（101）	48.41（100）	35.48（154）	554（109）
Ⅸ	1.60（102）	0.77（101）	48.17（100）	60.52（263）	628（123）
Ⅹ	1.59（101）	0.77（101）	48.41（100）	35.08（153）	426（84）
CK	1.57（100）	0.76（100）	48.30（100）	23.00（100）	509（100）

注：括号内的数值均为各处理与对照的比值

综合分析表明，各处理的根系总表面积、活力活跃表面积、活跃表面比3个指标在生长季变化不太明显，说明在11个基质中，单根活力受基质影响较小，只有草炭处理的根活力相对较强。根系密度在生长季中有逐渐增加的趋势，添加蛭石的基质根系密度较对照高2倍以上。根系生长点数夏季少，秋季高，与秋季是根系发生高峰期有关。

5.6.4 基质转换对根系发生的影响

土壤类型影响植株的根系。在特定的土壤环境条件果树根系下会形成特定的功能适应型，与所处的土壤达到协调一致。若土壤条件发生改变，根系相应会产生不适应，要重新建立起新的适应型，以保证植株正常的生长。基质栽培的甜樱桃经介质转化后，根据新根发生情况可以了解混合基质对根系发生及功能发挥的效应，从而对混配基质的成分进行综合评价。

盆栽甜樱桃在不同基质条件下建立起来的根系经基质转换后会发生变化。通过彩图清晰显示了修剪后根系生长差异，处理 I（未剪）新根发生较多，且生长健壮，主要在根的中前部发生（彩图 88）。处理 I（剪根）新根发生较少，且生长势弱，较细，主要发生在剪口部位（彩图 89）。处理 II（未剪）新根发生量中等，且粗壮，以缓慢生长根为主，新根后部有分枝，发生部位较多（彩图 90）。处理 II（剪根）新根发生少粗壮，主要在剪口附近发生，大的输导根无新根发生，小的输导根有吸收生长根发生（彩图 91）。处理 III（未剪）新根大量发生，根纤细弱弯曲，无强旺生长根发生，多在原来细弱老根的先端发生（彩图 92）。处理 III（剪根）发根少，粗壮，生长势强，新根较长，无分枝，在剪口处发生粗根（彩图 93）。处理 IV（未剪）新根发生较多，较粗壮，发生部位分散（彩图 94）。处理 IV（剪根）新根发生多，生长势中等，发生部位分散，剪口粗壮根较少（彩图 95）。处理 V（未剪）新根发生少，细弱，发生部位分散，老根发出的根不强壮，有部分分枝（彩图 96）。处理 V（剪根）新根发生中等，且生长势中庸，以剪口附近发生为主，先端附近有迅速生长根产生（彩图 97）。处理 VI（未剪）发生的新根以吸收生长为主，细弱，长势中等分枝多，主要在前部发生（彩图 98）。处理 VI（剪根）新根量大，较粗壮，有强旺生长根发生。分枝少，主要在剪口附近发生（彩图 99）。处理 VII（未剪）发根粗壮，数量中等，发根部位广泛（彩图 100）。处理 VII（剪根）新根粗壮，数量中等偏少，无分枝。发生部位广泛，剪口附近不是明显发根中心（彩图 101）。处理 VIII（未剪）新根发生量少较粗壮，有分枝。以吸收根为主，新根发生部位广泛（彩图 102）。处理 VIII（剪根）新根发生多，生长势中等，发生部位主要集中在剪口、老根中后部（彩图 103）。处理 IX（未剪）发根量大，细弱。发生范围广，以吸收根为主，无典型生长根（彩图 104）。处理 IX（剪根）根发生少，较细，主要在剪口及其附近发生（彩图 105）。处理 X（未剪）新根发根中等偏多，细长，以吸收根为主，发生部位分散（彩图 106）。处理 X（剪根）发根少，生长势中等发生部位较广，老根段有少量新根发生（彩图 107）。CK（未剪）发根少，细长，主要在老根先端部位发生（彩图 108 和彩图 110）。CK（剪根）发根量大，根粗壮且短，发生范围广（彩图 109 和彩图 111）。

　　综合基质转化后根系发生情况，添加炭化稻壳的基质形成的根生长势和功能较差，而添加草炭、沙砾、倍量蛭石的基质根发生数量多、生长势强、发根范围广，可保证养分、水分的吸收，有利于植株地上部的生长。

5.7　讨论与小结

5.7.1　不同的成分对混配基质理化性状的影响机制及应用分析

根系是植物生长发育的基础，而不同土壤为根系创造了一个水、肥、气、热诸因子不同的介质环境。在特定的条件下，通过局部改善基质理化特性，可改善根系的环境条件，调节根系营养代谢水平，达到发挥果树整体功能的效果（Glenn et al.，1991）。土壤微生物是土壤中重要又活跃的部分，是自然物质循环不可缺少的成员，对植株的生长起着重要的作用（张明，1990；杨承栋，1990）。在一定范围内，土壤微生物量随土壤含水量增加而增大（Sprling et al.，1989）。章家恩（2002）研究亚热带植被根系中微生物含量表明，细菌的数量明显高于放线菌和真菌的数量。好气性放线菌产生的抗生素类物质，能抑制土壤中腐生霉菌的发生。而真菌对木本植物的落叶分解有积极作用，可加快其养分的释放，有利于根系的吸收，因此，三大菌群数量的多少也反映了土壤肥力的高低。

果树根系的生长发育特点与功能，是种性在土壤环境综合作用下的表达，根系生长于特定的土壤条件下，会形成一种特定的功能适应型与之相适应。一旦环境条件发生变化，便会产生一系列的不适应，需要重新建立起新的适应型（吕德国，2002）。通过转换后根系的表达情况，来研究基质对根系和地上部的作用效果，可以从另种角度对基质的理化性状、肥力特征加以评价，为栽培提供参考。关于不同栽培基质的应用效果评价，目前尚缺乏具有权威性的统一标准，多数采用基质对植物的生产性状和农艺性状来评价基质的优劣，然而不同基质对各性状的影响会产生不一致性（荆延德，2001；杜振宇，2003）。因此在评价时，应综合考虑基质的理化性状、肥力特征、微生物特性以及基质对植株生长、开花的影响，以期获得比较客观准确的结论。

土壤空气是土壤肥力的重要因素，它的某些组分是植物生长发育和土壤微生物活动所需气体的来源，其中生物体在呼吸过程中产生的 CO_2，如果积累过多植物生长将受到不良影响。在嫌气条件下，产生某些还原性气体，对植物生长发育将产生严重影响。已有的研究资料表明，裸地土壤空气中 CO_2 浓度通常为大气的 10 倍左右（Lundegord，1967），水稻淹水土壤中最高可达3%~18%。从雨季的试验数据中可以看出，根部 CO_2 浓度与前人的结论基本相一致，产生的还原性气体含量较低，可能是砖槽结构及基质通透性较好，使产生的气体扩散快或甜樱桃本身在雨季产生还原性气体少，具体原因有待进一步研究。

草炭含丰富的有机质，具有较强的缓冲性，能加强土粒间的团聚作用，可以使土壤疏松、充气良好，有较好的保水能力，是生产中首选的基质原料。齐彗霞（1998）用草炭作为基质研究草莓营养生长和结果情况，认为添加草炭的基质具有较好的物理性状，草莓植株营养生长较好，冠径、新茎粗、葡匐茎等形态指标表现良好。对植株的生殖生长而言，添加草炭的基质对单株花序数、总花朵数、坐果率的作用效果也较好（齐彗霞，2002）。在本试验中添加草炭的基质综合理化性状较好，通过加入草炭可提高基质的保水、保肥能力。但草炭可利用的资源有限，加之人们的环保意识不断增强，因此生产中大规模的应用受到很大限制。

炭化稻壳为多孔构造，质量轻，通气良好，有适度的持水量，并且阳离子交换量较高，在草本植物上的应用效果较好。在本试验中添加少量炭化稻壳的基质容重小、孔隙大，随炭化稻壳量的增加基质的气相所占比例过高，影响基质的通透性，易造成根系窒息死亡。生产中稻壳的炭化、脱碱程度，也会影响基质的理化性状，综合炭化稻壳的理化性状，不适合单独作为甜樱桃的栽培基质，应充分利用其优点与其他原料配合使用。

蛭石作为栽培基质综合理化性状较好，但经过长期栽培植物后，会使其结构破坏，而且因其高含水量，基质通透性不好。在本试验中，倍量蛭石的基质呈"饼子"状，根系颜色暗有死亡的现象，对植株的影响较大，所以对其在果树上使用的持久性尚需研究。

混合基质中加入沙砾、炉渣后的理化性状发生很大的变化，基质的容重变化较大，较高的容重使基质致密，通气性差。利用混合基质栽培果树，可发挥基质的透气、保水、保肥特性，为植株提供了良好的理化环境（叶祥盛，2003）。同时固、液、气三相比中固相所占比例过高，饱和持水量低，而且随比例的增加保水能力更差。基质中微生物数量少，养分低，持续供肥能力低，综合理化性状较差。在肥、水供应不足的条件下，容易影响树体的发育，因此，作为栽培基质的可行性有待继续研究。魏书（1994）对桃绿枝扦插繁殖技术研究证实，扦插在珍珠岩和混合基质（泥炭 2：珍珠岩 1：蛭石 1，v/v）的插条，生根和成活率均高于砻糠灰中的基质，混合基质扦插效果好，但基质重复使用，插条生根率锐减，腐烂率陡增。王雪萍等（2014）对不同基质下茶树穴盘扦插效果研究结果显示，采用泥炭土、珍珠岩、蛭石等轻基质能明显提高插穗生根率、促进根系和茶苗生长；泥炭土—珍珠岩（5：1，v/v）混合基质中生长的茶苗成活率较高，苗高、茎粗和新生叶片数明显高于其他处理。沙棘扦插基质采用细河沙、蛭石、园土、混合基质（园土；蛭石：有机肥＝5：4：1）。以 1~2 年生枝条基部做插穗、用浓度为 200mg/LAB T2 生根粉处理插穗效果最好，扦插成活率可达 73.5%（王琳和于军，2007）。使用 1 500mg/L 的 IBA 处理和蛭石、河沙、珍珠岩（2：2：1）混合基质是进行苹果矮化砧木 B9 嫩枝扦插较为理想的组合（李海伟等，2010）。以河沙、椰糠、草木灰（5：5：1）混合基质对树葡萄扦插的效果最好，成活率达 64.7%（杜丽敏等，2019）。可见在果树扦插繁殖过程中选用不同基质进行混配已经被大多数学者肯定，混合基质的理化性状还要进一步分析鉴定。

5.7.2　不同基质对植株生长发育和开花结果的影响

在甜樱桃盆栽基质试验中，添加不同原料的基质对植株的生长影响很大。添加草炭、蛭石的基质促进了植株地上部的生长，处理效果非常明显。可充分保证植株的营养生长，使树冠扩大速度加快、枝叶旺盛，接受更多的光照，积累光合产物，为植株产量的提早形成奠定基础。添加少量炉渣、少量沙砾、倍量蛭石的基质，植株平均叶面积、总叶面积、叶片数、新梢长度、粗度等指标较好，在盆栽甜条件下形成长枝、短枝较多，即保证植株的营养生长，又能够提早形成花芽，为早期丰产打下基础。在槽栽试验，植株形成的长枝、短枝所占比例较大，但与盆栽相比短枝比例相对下降、中枝比例升高。在本试验中，添加倍量炭化稻壳的基质明显抑制强旺枝生长，产生细弱的枝条，使植株的生长势衰弱，不利于早期丰产和总产量的形成。造成这种情况的原因，可能是基质中含水过高，通透性变差，根系呼吸代谢受阻，引起叶片黄花脱落，最终抑制地上部的生长发育。两种栽培方式中各基质对地上部的枝类组成、生长量结果有所差别，已经体现出基质间的差异。

本试验中添加不同原料的基质，植株开花情况已经有较大差异。槽栽成花状况与盆栽甜樱桃相类似，添加少量炉渣、沙砾、蛭石的基质，植株的成花比例、花芽数等指标均较对照高，能够促进植株提早结果，有利于早期产量的形成。但添加草炭的基质在两种栽培方式下，植株的成花情况有所差异，可能与根系所处的空间大小不一，根系发生的数量和功能相差大有关。添加炭化稻壳的基质对成花的效果最差，与树体发育不良，营养积累少有很大的关系。

盆栽试验中发现，长梢的生长量较短枝大得多，但还能成花，可能限根栽培减少根系生长的空间，促进根系生长和功能发挥，使养分积累。另外，采用不同基质栽培的甜樱桃对水肥及其他管理的要求也应发生相应变化。如何保证在不同基质下其根系功能的高效、稳定，从而保证地上部分植株良好生长值得深入研究。

土壤作为植物的生长介质，为根系提供所需的水分和养分，保持合理的土壤容重及固、液、气三相比是植物良好生长的基础，而适宜的三相比通常为固相 50% 左右、液相 25%~30%、气相 15%~25%。草炭是园艺作物基质化栽培中首选的材料，应用范围非常广泛，在草本花卉、草莓上应用效果良好，炉渣经处理后也是较理想的基质原料。添加炭化稻壳的基质容重虽明显降低，但固、液、气三相比例中气相所占比例较低，说明炭化稻壳的多孔质构造，造成水容量高，但基质长期含水过多，又影响了通气状况，试验中发现炭化稻壳基质中甜樱桃新根呈水浸透明状，地上部表现为树体矮小，分枝少，不利于树体骨架的建造和早期丰产。添加蛭石的基质植株生长发育水平仅次于添加草炭的基质，但随着时间推移，会使基质结构破坏，通气状况恶化，在果树上使用的持久性尚需研究。

试验结果表明，在砖槽限根栽培试验中，甜樱桃的成花状况、植株产量均以添加草炭、炉渣的基质效果较好，可以实现早期丰产。添加炭化稻壳和腐熟秸秆的基质对甜樱桃的成花效果和植株产量形成作用差，可能与根系长期处于较高的含水量，通气条件差有关。秦嗣军等（2010）对砖槽限根下寒富苹果幼树养分分配及枝类构成的影响研究结果表明，总干物质量随根域空间减小而下降，生长季前期干物质及可溶性糖等养分主要分布于叶片中，落叶期粗根中的分配比例增加。根域空间减小提高了干物质养分向枝干韧皮部的分配比例，使植株生长势减弱，形成短枝比例明显增加，有利于促进果树由营养生长向生殖发育方向转化。张晓玉等（2019）研究证实，限根栽培不同程度抑制了蓝莓植株地上部的营养生长和根系的生长构成，减小单株植物占地面积，增加单位面积栽培数量。限根栽培促进果实糖分积累，降低可滴定酸含量，提高了产量和品质。

甜樱桃为浅根系树种，其根系对土壤的适应性相对较差，土壤的结构、通气状况、肥力等因子的变化会对甜樱桃的生长发育产生很大影响。因此，稳定土壤结构、提高根系的功能具有十分重要现实的意义。人工混配栽培基质为甜樱桃根系提供了不同于一般土壤的生长环境，在一定程度上调节了根系功能，影响植株地上部分的生长发育。但采用不同基质栽培的甜樱桃对水肥及其他管理的要求也应发生相应变化，如何保证在不同基质、尤其在不同容积限根条件下根系功能的高效、稳定，从而保证地上部分植株良好生长发育值得深入研究。

5.7.3　不同基质对植株的养分及生理指标的影响

氮素营养对果树生长发育起着重要作用，它直接影响果树的新陈代谢、形态建成。果树中氮素来源主要由根系从土壤中吸收，因此，树体氮素营养水平与根系生长的土壤介质条件——水分、pH 值、有机质、基质含氮量、土壤微生物状况以及树体本身的生长发育状况关系十分密切。

据有关研究，高达 30% 的光合产物以有机碳形式释放进入根际土壤（Norton，1990；Metting，1993）。这些有机质不仅为微生物提供丰富的碳源，而且极大的改变根际的物理和化学环境，对土壤养分产生重要的影响（张福锁，1992）。秦彩云等（2014）采用 5 种栽培基质对沙枣的生长性状及有关生理指标进行研究，结果表明，有机肥、沙和盐碱土比例为 1∶1∶1 的配比较为适合营造以生物量为主要指标的沙枣饲料林，可以显著增加产量；有机肥、沙和盐碱土比例为 1∶2∶1 的配比适合营造沙枣生态林，可以正常生长。沙枣具有较高的耐盐碱特性。在本试验中，春季基质中碱解氮含量低，供给植株可利用的速效氮少，随着土壤中微生物活性的提高，使基质中迟效养分不断地分解，加快氮素营养的供给。植株根系吸收利用的养分多，可促进地上部枝叶的生长。夏季植株生理代谢、呼吸加快，对氮素利用率高，使基质中可利用的速效氮含量暂时下降。秋季植株代谢变慢，对速效氮利用减少，加之基质本身氮素转化率的差异，使速效氮含量有上升或下降。

叶片的光合作用是决定果树生物产量和经济产量的首要因素（胡桂娟，1994）。许多研究表明，植物叶片的叶绿素含量与光合作用之间呈密切的正相关（Buttery et al.，1979）。从叶片色素的季节变化可以看出，良好的水分条件和通气状况促进了根系的生长发育，从而显著提高了叶片的光合能力。添加炭化稻壳的基质叶绿素含量在夏、秋季一直处于较高的水平，叶片光合速率也较高，但树体的枝类组成、枝条生物量等反映树体建造水平的指标却较低，这种不一致可能与树体本身的呼吸消耗较大，用于树体建造的养分少有关。

　　添加栽培基质可显著改善土壤性状，同种栽培基质对不同类型土壤的改良效应存在差异，此外不同栽培基质对于同种果园土壤的改良效应也有所不同；草炭加炉渣处理对果园土壤肥力具有较好的提升效果，单施稻壳在增肥效应上效果不显著，但能明显增大风化土土壤酶活性。因此，不同类型土壤应该有目的地采用适宜的改良基质，生产中可采用草炭、炉渣混合或者草炭、稻壳混合施用来改善3种类型果园土壤的肥力（王鹏程等，2014）。吴玉婷（2013）研究结果表明，柑橘皮渣与各种土壤配比的皮渣营养土速效 N、P、K 含量均显著高于对照，pH 值 6.57~8.17。其中，以皮渣与红壤配制的营养土速效养分含量最高。在本试验中，代表根系活力的根系总表面积、活跃表面积、活跃表面比整个生长季无太大的差别，这与田间试验的结果相悖。可能是在盆栽条件下，基质的理化状况变化幅度小，对甜樱桃的单根功能的影响较小，根系活力在各处理间表现无差异。但代表根系生长的根系密度、生长点数却有明显的季节差异，也体现出基质间的不同，可以作为基质优劣的评价佐证。

5.7.4　小　结

　　通过添加不同的通透材料可以显著改变基质的理化性状。基质中添加沙砾后容重增大，固相比例过高，液相比例过低，基质保水差；添加草炭、炭化稻壳、蛭石后基质容重下降，基质持水量大。添加炉渣、草炭后基质碱解氮含量春秋两季含量较高，夏季出现低谷。以沙砾为主要成分的基质，速效磷、速效钾、钙含量在整个生长季均处于较低的水平。添加草炭、蛭石后基质含有碳、氮较多，利于微生物繁殖；而添加沙砾的基质，微生物数量较少。不论何种基质，细菌、真菌数量均是春季较多，放线菌秋季数量多。基质中添加草炭、蛭石、炉渣后促进根系生长，细根的鲜重明显增加；而添加沙砾、炭化稻壳的基质处理效果较差。

　　基质中添加少量沙砾、少量炉渣、草炭、蛭石后植株叶片数增多，平均叶面积、总叶面积增大；新梢的加长、加粗生长快；添加炭化稻壳、倍量沙砾、倍量炉渣的基质作用效果较差。添加草炭、蛭石的基质可增加甜樱桃枝量，且短枝比例相对增加，利于早期丰产；而添加炉渣、沙砾、炭化稻壳的基质枝量少。基质中添加草炭、炉渣、炭化稻壳、沙砾等通透材料后，叶片中碳素营养水平提高。添加草炭后植株叶片全氮含量较高，添加炭化稻壳后叶片全磷、全钾含量较高。添加炉渣、草炭、炭化稻壳、倍量蛭石的基质中粗根淀粉含量较高，而添加倍量沙砾、倍量炭化稻壳的基质中含量低；添加草炭、沙砾的基质中细根全氮含量较高；添加炭化稻壳的基质中粗根全磷含量较高，细根全钾含量较高。

6 樱桃氮素代谢生理

我国于 19 世纪 80 年代引入甜樱桃，与中国樱桃相比，它具有果实大、风味好、色泽优、耐贮运、售价高等特点，因此在我国的栽培面积迅速扩大，至 2002 年，种植面积达 1.66 万 hm^2（黄贞光，2003），而且还有进一步扩大的趋势。在栽培面积扩大的同时，栽培区域也扩大了，20 年前甜樱桃仅在山东半岛、辽东半岛、秦皇岛地区栽培，现在全国都有引种，尤其是陇海铁路沿线种植面积迅速增加，由于反季节樱桃价格奇高，而使保护地甜樱桃的栽培面积迅速扩大，氮素营养对樱桃栽培有着非常重要的影响，在保护地栽培中温度和氮素养分是栽培能否成花的关键因子，但是设施内甜樱桃温度和氮素营养的系统研究鲜见报道。

6.1 樱桃氮素代谢研究的意义

氮素营养是果树体内一种重要的必需元素，其供应的充足与否直接关系到器官分化、形成以及树体结构的形成。它还可以促进坐果、果实膨大、增加果实中的种子数，进而提高产量（Toldam，1995）。氮素是果树矿质元素的核心元素，其重要性已如前述。已有的研究证明樱桃是需氮量较少的果树之一，年净吸氮量少于 40 kg/hm^2，施氮可以提高树体内各部分的含氮量及果实品质，不过幼树和成年树对施氮的反应不同，这说明幼树和成年树对氮肥的利用效率不同，产生这种不同的机理尚未见报道，另外有关樱桃氮素的吸收、贮藏、分配等生理研究也很少。

本研究是根据目前我国甜樱桃的生产需要和国内外研究现状提出来的，目的是研究不同树龄甜樱桃植株对氮素的吸收、贮藏和分配特点，温度对氮素分配、氮代谢有关酶活性的影响及对甜樱桃花芽分化、雌雄配子形成、受精及胚发育的影响，希望即能丰富甜樱桃氮代谢和生殖生长的理论，又能为内陆地区、日光温室甜樱桃的丰产、高效栽培提供一些理论依据。

以^{15}N 为示踪元素、不同树龄的甜樱桃植株为试材，以不同栽培方式、设定不同的温度条件，定期取样，测定甜樱桃植株在不同温度条件下对氮的吸收、贮藏、分配及相关酶的活性变化，同时观察不同温度条件下的花芽分化、雌雄配子体的发育、花粉萌发及胚的发育规律。本研究以二年生盆栽植株'庄园'对氮素的吸收、贮藏和分配；温度对四年生盆栽植株'庄园'氮素分配的影响；温度对六年生槽栽植株'红艳'氮素分配的影响；花芽萌发过程中的氮代谢；花芽分化期叶片中氮代谢；花芽分化期果肉的氮代谢；秋季枝叶中氮代谢；低温处理枝条中蛋白质和氨基酸的变化。前人对甜樱桃的氮素营养已进行了较多研究，但大都集中在生产措施的效应上，而对树体内氮素地再运转、代谢及环境条件对它们的影响研究较少。本研究主要就温度对氮素的运转及其相关酶的影响进行工作，以期为甜樱桃生产提供理论依据，旨在通过测定甜樱桃果实发育过程中果肉中总氨基酸、可溶性蛋白质含量及谷氨酰胺合成酶、硝酸还原酶、谷丙转氨酶与蛋白酶活性的变化规律，探讨果实发育过程中氮代谢与其相关酶活性变化的关系，以期对甜樱桃的果实生长发育调控提供理论指导。

6.2　樱桃氮素代谢试验设计

6.2.1　试验材料与方法

盆栽二年生甜樱桃植株，品种为'庄园'，21 株；盆栽四年生甜樱桃植株，品种为'庄园'，24 株；日光温室内的六年生槽栽植株，品种为'红艳'，6 株；露地六年生甜樱桃植株，品种为'庄园'，数量 10 株，栽植于大连博士工作站，同龄植株间生长势一致。^{15}N 丰度为 10.29%（NH$_4$）$_2$SO$_4$，购自上海化工研究院。

6.2.2　试验处理

于 2002 年 8 月 4 日对所选植株进行换盆，由 6 寸盆换入 1 尺盆，盆土为10 份腐殖土+4 份石子+4 份腐熟鸡粪，3 周后进行施肥，此时换盆后的甜樱桃植株都已长出大量新根。每盆施丰度为 10.29% 的（NH$_4$）$_2$SO$_4$ 5 g，先将 5 g

$(NH_4)_2SO_4$ 溶解于 500 mL 水中，在盆内挖一环形沟，将肥液倒入沟内，再浇 500 mL 水，水下渗后封土，之后每天浇水 1 000 mL（不使水渗出盆的最大灌水量）。在盆栽植株施肥的同时，对槽栽植株也进行施肥。槽栽植株每株施 25 g，也是先将肥料溶解在约 1 000 mL 水中，在距树干 0.7 m 左右、一大主枝的下侧挖一弧形沟，将肥液倒入沟内，再灌 1 000 mL 水封土，此后管理，同生产一致，于 11 月初将盆栽植株搬入温室防寒，2003 年 4 月初将植株从温室中搬出；日光温室槽栽植株也于 11 月初盖膜扣棚，于 2003 年 1 月 1 日开始加温。

6.2.3 取样方法

6.2.3.1 测定 2 年生盆栽甜樱桃植株'庄园'对氮素的吸收、贮藏和分配

于落叶后（2002 年 10 月 25 日）、深自然休眠期（12 月 8 日）、自然休眠解除后（2003 年 2 月 12 日）、萌芽期（4 月 21 日）、新梢迅速生长期（5 月 17 日）、新梢二次生长期（6 月 7 日）取样，每次 3 株，取样后将植株分解为细根（<1mm）、粗根（1～5mm）、大根（>5mm）皮、大根木质、砧干皮（砧段皮）、砧干木质（砧段木质）、主干皮、主干木质、多年生木质、多年生皮、一年生木质、一年生枝皮、芽，萌芽后将芽换为新梢。每次取 3 株，取样后在 105℃ 条件下杀酶，然后在 70℃ 下烘干，之后磨碎过 80 目筛，3 株样等量混合待用。

6.2.3.2 测定温度对盛果期甜樱桃植株'红艳'氮素分配的影响

于 2003 年 1 月 1 日开始升温，1 月 7 日开始设 2 个温区，高温区昼夜温度为（24±2）℃/（14±2）℃，低温区（17±2）℃/（5±2）℃。分别于萌芽前（1 月 7 日）、萌芽期、盛花期，硬核期、果实成熟期取样，将植株分解为花芽、叶芽、一年生枝皮，一年生木质、多年生枝皮、多年生木质、细根（<1mm），萌发后新梢代替芽，果代替花。取样后处理同 6.2.3.1。

6.2.3.3 测定温度对 4 年生盆栽甜樱桃植株'庄园'氮素分配的影响

于 2003 年 1 月 13 日将 4 年生盆栽植株'庄园'分别放于温室的高温区和低温区，于萌芽前、盛花期、硬核期、果实成熟期取样。取样后将植株分解为一年生枝叶芽、一年生枝花芽、花束枝花芽、短果枝顶芽、多年生短枝、一年生枝皮、一年生木质、二年生枝皮、二年生木质、三年生枝皮、三年生木质、

主干皮、主干木质、砧干皮、砧干木质、大根（>5mm）皮、大根木质、粗根（1~5mm）、细根（<1mm），萌发后新梢代替芽。取样后处理同6.2.3.1。

6.2.3.4 测定花芽萌发期的氮代谢

在日光温室内选长势一致的'红艳'植株，从加温开始取样，分别在芽萌动期、芽露绿1/4~1/3时、芽膨大呈拳头状时采样，样品采回后放入-30℃冰柜中贮藏待测。

6.2.3.5 测定花芽分化期叶片的氮代谢

在日光温室内选长势一致的'红艳'植株，从花芽分化开始取样，高温区从3月14日开始，低温区从4月24日开始，以后每5d取样一次，到花芽分化完成，高温区到5月31日，低温区到6月5日，样品采回后放入-30℃冰柜中贮藏待测。

6.2.3.6 测定花芽分化期果肉中氮代谢

在日光温室的低温区内选长势一致的'红艳'植株，从3月15日开始，每5d取样一次，到5月30日结束，样品采回后放入-30℃冰柜中贮藏待测。

6.2.3.7 测定秋季叶片氮代谢

从8月31日起，同时从温室和露地栽培的'红艳'植株上取样，每两周取样一次，每次分别取长枝、短枝及其上叶片，枝条取回后，分为皮和木质两部分，鲜叶取回后一部分放入-30℃冰柜中贮藏待测，一部分同皮与木质一起烘干，方法同6.2.3.1。

6.2.3.8 测定低温处理枝条中氨基酸和蛋白质的变化

于2002年11月4日在博士工作站取样（此时大连气温刚降到7℃左右），从长势一致的甜樱桃六年生植株'庄园'上各取中长果枝和营养枝200枝，用报纸包后再用水将报纸打湿，然后放到4℃左右的冰箱中进行低温处理，低温处理期间要使报纸保持湿润状态。从11月11日起每隔1周取样一次，每次20枝，10枝插入盛有蒸馏水的烧杯中（水深3cm左右），放入光照培养箱中，培养箱昼夜温度设置为25℃/15℃，白天光照为2级光照，夜晚为0级光照，以后每2d换一次水，同时将枝条基部剪去0.5 cm，于2003年1月18日统计萌芽率；10枝分解为花芽、叶芽、皮、木质，取样后烘干，方法同6.2.3.1。

6.2.4 测定方法

6.2.4.1 ¹⁵N 测定

用质谱仪法（此部分在中国农业科学院原子能利用研究所测）。

6.2.4.2 全氮测定

¹⁵N 标记样品中的全氮用凯氏定氮法（此部分在中国农业科学院原子能利用研究所测）；秋季枝叶中全氮用次氯酸盐比色法（严国光，1982）。

6.2.4.3 可溶性蛋白质及相关酶活性的测定

参照杨美新（1998）的方法，并略作改动，取新鲜样品 3 g，用 5 倍水研碎，在 30℃下提取 1 h，离心，上清液为粗酶液。取粗酶液 1 mL 在 37℃水浴中预热 3~5 min，再加入已预热的酪蛋白溶液 2 mL（酪蛋白溶液 pH 值调至 5）摇均、计时。在 37℃水浴中反应 15 min，然后立即加 10%三氯乙酸 3 mL，保温、沉淀、离心、上清液用福林—酚试剂显色比色。可溶性蛋白质的测定参照邹琦的方法（2000）。谷丙转氨酶（GTP）的测定参照黄维南的方法。谷氨酰胺合成酶（GS）的测定参照邹琦（2000）的方法。硝酸还原酶（NR）的测定参照张宪政（1994）的方法。

6.2.4.4 总氨基酸及种类的测定

总氨基酸的测定参照邹琦的方法（2000）。氨基酸种类的测定时，先将样品磨碎后，用 5%磺基水杨酸提取，用氨基酸分析仪测氨基酸的种类和含量（在中国科学院应用生态研究所进行样品测试）。

6.3 二年生盆栽樱桃氮素的吸收、贮藏和分配的变化

6.3.1 二年生盆栽'庄园'对秋施氮肥的吸收和贮藏

从表 6-1 可以看出，树体各部分氮含量不同，其中含量最高的是细根和粗根，分别为 2.65%和 2.60%，而且地下各部分所含氮量之和占全株总氮量的 5.53%，这说明根是甜樱桃氮素贮藏的主要营养器官。另外，对多年生枝和根来说，皮部氮含量比木质部高，但由于木质部重量比皮部大得多，木质部含氮总量也就比皮部大得多，其中多年生木质所含氮量占全株总氮量的

21.08%，因此，多年生木质也是氮的重要贮藏部位，但对一年生枝来说情况则刚好相反，虽然其含量较多年生枝大，但因其重量小，只占氮总量的很少一部分，不是氮素的主要贮藏部位。因此，果树修剪时应尽量减少对多年生枝的修剪，适当修剪一年生枝，以减少总氮素的损失。芽中氮含量仅次于细根和粗根，但其干物质量太小，所含氮素只占总氮素的很少一部分，因此，枝芽萌发所需氮素应主要来自多年生枝和根。

表 6-1　二年生盆栽植株'庄园'对秋施氮肥的吸收和贮藏

取样部位	重量（g）	含氮量（%）	占全株总氮比率（%）	^{15}N 丰度（%）	NDFF	占全株总^{15}N比率（%）
芽	0.92	1.768	0.86	1.667 9	0.131 3	0.94
一年生枝皮	4.93	1.457	3.80	1.539 1	0.118 3	3.83
一年生木质	4.41	1.578	3.68	1.550 5	0.119 5	3.74
多年生枝皮	12.98	1.163	7.99	1.463 1	0.110 7	7.66
多年生木质	45.88	0.868	21.08	1.367 2	0.101 0	18.88
砧段皮	2.71	1.786	2.57	1.510 7	0.115 5	2.54
砧段木质	9.05	0.938	4.49	1.420 9	0.106 4	4.18
大根皮	3.55	1.820	3.42	1.424 7	0.106 8	3.19
大根木质	14.78	1.561	12.22	1.407 2	0.105 1	11.26
粗根	12.68	2.599	17.45	1.664 2	0.131 0	19.02
细根	16.01	2.651	22.45	1.684 5	0.133 0	24.78
地上部分			44.47			41.76
地下部分			55.53			58.24

注：$NDFF = {}^{15}N * 100 / ({}^{15}N + {}^{14}N)$，即来自肥料中的$^{15}N$百分率

从表 6-1 还可以看出，甜樱桃秋季吸收的氮素，可分布树体各部分，从NDFF 值可以看出，粗根、细根中^{15}N含量高，这说明秋季吸收的氮素主要贮藏在细根和粗根中，只有部分外运，外运的氮素在芽中含量最高，这也说明，秋施基肥可促进芽内营养物质的积累。从各部分 NDFF 值看，秋季吸收的氮素在韧皮部中含量高，在木质部中含量低，可能是由于在秋季氮积累过程中，韧皮部积累的氮素就多，也可能是由于木质部中部分组织不能再吸收氮，从而使

木质部中的^{15}N 含量较低。一年生木质 NDFF 值高于一年生枝皮，可能是由于一年生枝木质部中死组织少，因而使^{15}N 含量增加，当年秋季吸收的^{15}N 积累趋势和总氮积累趋势一致，也是根部大于地上部分，而且更趋向于在根中积累。

6.3.2 二年生盆栽'庄园'在休眠期内氮素的运转和贮藏

从图 6-1 可以看出，在休眠过程中，树体内部氮含量一直在发生着变化，从 10 月 25 日到 12 月 8 日，是休眠逐渐加深并达最深的过程，此期部分组织氮含量增加，部分组织氮含量减少，芽、一年生木质、多年生木质、砧段木质、大根木质含量减小，而一年生枝皮、多年生枝皮、砧段皮、大根皮增加，粗根和细根也增加。这说明不同器官组织之间发生了氮素转移，主要是由木质部向韧皮部转移，这可能也是木质部抗寒性弱于韧皮部的主要原因之一。

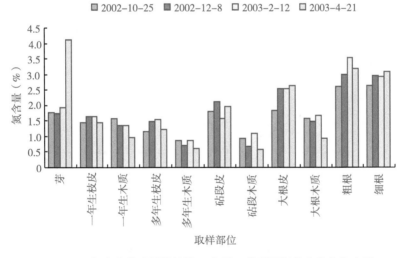

图 6-1　二年生盆栽甜樱桃植株'庄园'休眠期树体各部分氮含量

从图 6-1 还可以看出，2 月 12 日与 12 月 8 日相比除砧段皮氮含量降低外，基本上所有部分的氮含量都有所增加，其中增加最多的就是粗根、砧段木质，而从图 6-2 可以看出 NDFF 值增加，植株吸收的^{15}N 增加，这说明解除休眠后植株氮吸收能力增加了。

从图 6-1 还可以看出，与 2 月 12 日相比，到 4 月 21 日各部分氮含量又发生了明显的变化，其中芽、砧段皮、大根皮，细根的氮含量增加，且芽中增加的量很多，而其他部位的氮含量则减少了，这说明此期氮进行了大的再分配，氮由减少的部位转向氮增加的部位，由于此期芽已膨大露绿，即将萌发，芽便成了氮素分配的中心，所以芽中氮含量最高。

从图 6-2 的 NDFF 值看，此期所有 NDFF 值都降低，说明此期根对土壤中氮的吸收能力很弱，根系再没有从土中吸取 ^{15}N。植株各部分 ^{15}N 含量的变化也进一步说明在休眠加深过程中氮发生了转移，由于这种转移是由较低丰度部分转到较高丰度的部分，转入部分氮的总量增加了，但 ^{15}N 所占的比例却降低了，从而使各部分 ^{15}N 丰度都减少，但也不排除部分氮损失，因此期根的吸收能力弱，而树体仍可能向外界排放氮化物，从而导致各部分的 ^{15}N 丰度降低。

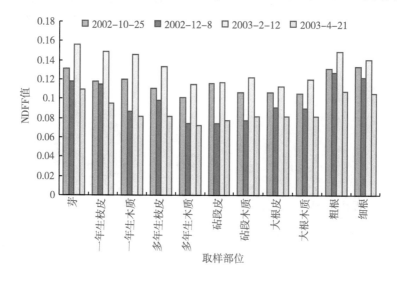

图 6-2　二年生盆栽甜樱桃植株 '庄园' 休眠期树体各部分 NDFF 值

从图 6-2 看出各部位 NDFF 值都降低，说明此期吸氮很少或基本没有吸氮，即此期氮的来源只是树体贮藏的，不过是进行了再分配。此时芽已膨大、露绿，干物质增加，氮含量降低说明植株此期吸收的氮素不足以维持各部分含量，因此萌芽期的生长正是靠前期贮藏的氮素营养来维持，这一结果和 Grassi（2002）的结果相似。

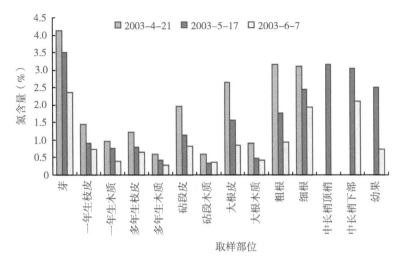

图 6-3 二年生盆栽甜樱桃植株'庄园'萌芽后树体各部分氮含量

6.3.3 二年生盆栽'庄园'萌芽后氮的分配

从图 6-3 可以看出，萌芽后随着树体的生长，各部分的氮含量都下降，在萌发前（图 6-1）以粗根、细根中含量最高，其次是芽、砧段皮、大根皮，而且各部分含量的差异相对比较大。萌发后各部分氮含量逐渐降低，而且含量的相对大小也发生了变化。萌发时芽中的氮素含量迅速增加，使芽中含量高于根含量，之后新梢（叶丛枝、中长梢）中含量始终高于根含量，其间新梢生长迅速，这说明氮素优先供应了生长旺盛的部位。从图 6-3 还可以看出叶丛枝、中长梢间氮素差异不大，中长梢顶端氮含量略有增加，这说明中长梢对氮素的竞争力略大，同时可以看出新梢中含量高于幼果中含量，说明新梢对氮的需求量稍大于幼果，只是从图 6-4 可以看出 ^{15}N 丰度的变化没有氮含量的差异大，而且与图 6-2 相比各部分 ^{15}N 的丰度差异变小，这说明树体各部分之间进行了氮素再分配，由原来分布集中的部位运到一些新生器官，到 6 月 7 日时，新梢中 ^{15}N 丰度已超过根中，这说明根中贮藏的氮一直在在外运输。因此要使树体生长良好，必须增加根中的贮藏营养。从图 6-4 中还可以看出中长梢中的 ^{15}N 丰度比叶丛枝稍高，说明中长梢竞争氮的能力比叶丛枝略大，同时看到幼果中15N丰度在初期远大于新梢，说明幼果竞争氮的能力强于新梢，但由于新梢对氮的需求量大，这就使幼果生长和新梢生长产生矛盾，表现为坐果和新梢生长间的矛盾，若新梢生长过旺则导致幼果因氮素不足而脱落，使坐果率下降；若坐果过多则导致新梢因氮素不足而使生长受抑制，抽不出长枝，使树势衰弱。但随果实的生长对氮素竞争能力逐渐下降。

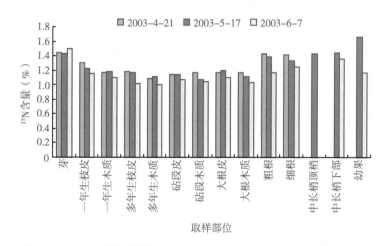

图6-4 二年生盆栽甜樱桃植株‘庄园’萌芽后树体各部分15N丰度

6.4 不同处理对四年生盆栽樱桃氮素分配的影响

6.4.1 四年生盆栽‘庄园’氮素的贮藏

从图6-5可以看出，四年生盆栽植株和二年生盆栽植株相似，氮含量是一年生木质高于一年生枝皮，三年生木质低于三年生枝皮，而且仍是根中氮素含量最高，不过是粗根高于细根，分别为2.13%和2.01%。对四年生盆栽植株来说一年生枝的氮含量大于芽中的含量，说明芽萌发时所需营养物质对树体其他部分的依赖性更强。就芽来说，叶芽的氮含量低于花芽，而花芽中，花束枝花芽比中长枝花芽中氮含量高，这说明花芽形成要求更多的氮素营养，同时花束枝花的质量优于中长枝上的花，这可能就是甜樱桃以短果枝结果为主的原因之一。从各部分15N丰度看，花束枝花芽高于多年生短枝，中长枝上的花芽高于中长枝，叶芽低于中长枝，多年生短枝高于一年生枝，这说明对四年生盆栽植株来说，秋季吸收的氮素向花芽和短枝中运转积累更多，花芽也多于叶芽，并且细根中^{15}N 的丰度低于粗根，这说明秋季吸收的氮素在粗根中积累多于细根，而且其他各部分都多于细根，这进一步说明了对四年生盆栽植株来说秋季吸收的氮素大部分都运往了细根以外的部分，细根保留较少，这和束怀瑞（1993）在苹果上的研究结果即萌芽前粗根的含氮量高于细根相似。

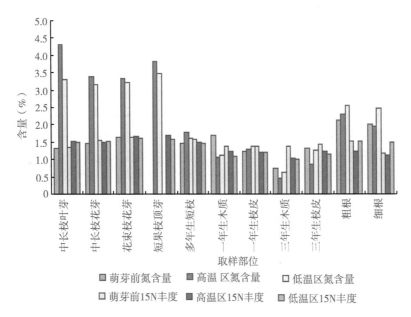

图 6-5　温度对四年生盆栽甜樱桃植株 '庄园' 萌芽前后氮素分配的影响

6.4.2　温度对四年生盆栽 '庄园' 萌芽期氮素分配的影响

从图 6-5 中还可以看出，萌芽后树体各部分氮含量都发生了变化，除一年生木质、三年生木质、三年生枝皮外各部分都有所增加，其中增加最多的就是芽，这可能是由于芽逐渐膨大，干物质不断增加，对氮素的需求量和竞争力加大，运往芽的氮素增多，氮的含量也增加，因而此期芽（叶芽、花芽）是氮素的主要消耗库。此期粗根中氮含量也增加，细根在高温时降低，低温时增加，这说明此期根可能也是一个消耗库，此期消耗的氮可能主要来自枝干的木质部。木质部贮藏的氮向芽和根中运输，其中一年生枝向芽中运输，由于芽体积增加的快，一年生木质部氮素含量减少的多，三年生木质部可能向上运到芽或向下运到根，因此需要消耗氮素多，不仅木质部氮含量下降，枝皮氮含量也有所下降。就氮的丰度来说叶芽中增加，花芽中变化很小，一年生枝、三年生枝下降，粗根在高温条件下下降，而在低温条件下不变或升高，这也说明在萌芽期消耗的氮素主要是贮藏在枝干中的氮素营养。

从图6-5中可以明显看出高温条件下新生器官中氮含量高于低温条件下的新生器官。同样，在高温条件下一年生木质、三年生木质、三年生枝皮中氮含量下降较低温条件下多，这说明高温利于氮素向新生器官中转移，即能促进新生器官迅速生长。在高温条件下粗根氮含量增加小，低温增加多，细根在高温条件下减少，低温条件下增加，这说明温度对氮素分配的影响因地上、地下而不同。对根来说，萌芽期较低温度更有利于氮素向根中运输。从各部分^{15}N丰度看，新生器官或升或降，但变化不大，因这些新生器官的体积一直在增加，而要保持它们^{15}N丰度的不变，必须向它们运送大量的^{15}N，因此新生器官^{15}N丰度变化不大即说明树体向它们运输了大量^{15}N。一年生枝木质、一年生枝皮、三年生木质、三年生枝皮的^{15}N丰度都下降，说明这些部位贮藏的氮被大量运往他处，根部是下降或升高以温度而定，低温增加，高温下降，这也说明，根不是向外运输氮素的主要部位，而枝干才是向外运输氮素的主要器官，新梢生长时最先调动的是枝干中的氮素。在高温条件下，根中贮藏的氮素向外运输，但在低温条件下根中贮藏的氮素不向外运输或向外运输的量少于枝干中向根中运转的量。

6.4.3 温度在生长期对四年生盆栽'庄园'氮素分配的影响

从图6-6可以看出，在高温条件下，一年生木质中的氮含量是逐渐下降的，一年生枝皮在萌芽后稍有增加，之后开始减少，三年生木质则是萌芽后先减少，到硬核期又增加，三年生枝皮的变化趋势与三年生木质一样，也是在硬核期有个显著增加期。粗根的变化趋势是在萌芽后略有增加，以后逐渐下降，细根的也是在硬核期有一显著增加期，叶芽萌动时氮含量增加，发育成枝时氮含量先增加，以后随新梢的生长稍有下降，直到进入硬核期，硬核期过后枝中氮含量急剧下降。花芽的变化和叶芽一样，在萌动时含氮量大量增加，与叶芽不同的是之后它的含量没有降低，而是随果实的发育又有所增加，直到硬核期，硬核期过后氮含量下降。枝、果中氮含量降低说明它们对氮素的需求量减少，而此期部分多年生器官中氮含量急剧增加，这说明硬核期是甜樱桃树氮素营养的转变期，硬核期之前主要是消耗，且消耗的主要是贮藏营养，硬核期之后，氮素营养开始积累，根吸收能力增强。从图6-6还可看出在硬核期幼果和新梢中氮含量相似，说明二者都需较多氮，只是落花比正常花氮含量低得多，落花可能与氮素含量有关。落果中的氮含量低于好果，氮不足可能与硬核期落果有关。

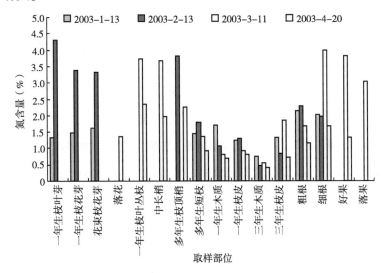

图6-6　高温区四年生盆栽甜樱桃植株'庄园'萌芽后树体各部分氮含量

　　低温条件下各部分氮含量的变化如图6-7所示：一年生木质中的氮是逐渐下降的，一年生枝皮在萌芽后稍增，在盛花期略有下降，盛花期后迅速下降，之后开始上升；三年生木质在萌芽后稍有下降，在盛花期达最大，之后减少，三年生枝皮中的氮是逐渐下降的；粗根和细根都是萌芽后最大，之后逐渐减少；芽变成新梢后氮也是先增加直到盛花期，之后开始减少。和高温区相比，在低温条件下氮素变化的转折点是盛花期。盛花期新梢、花中氮含量达最大，之后各部分的氮含量都降低，说明在低温条件下植株从土壤中吸收氮少。从图6-7可以看出新梢的氮含量始终高于果实，这说明在氮素供应较少时，氮素优先供应营养器官生长。

　　从图6-8可以看出，在高温条件下^{15}N丰度在硬核期之前多年生短枝、一

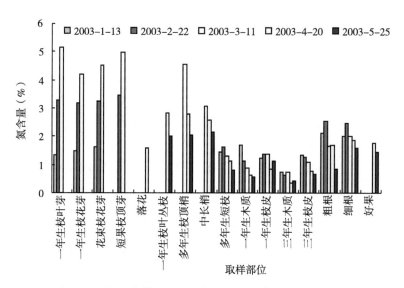

图 6-7　低温区四年生盆栽甜樱桃植株'庄园'萌芽后树体各部分氮含量

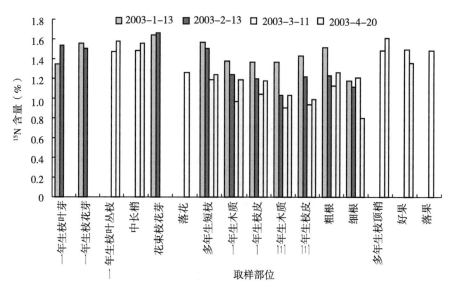

图 6-8　高温区四年生盆栽甜樱桃植株'庄园'萌芽后树体各部分^{15}N 含量

年生木质、一年生枝皮、三年生木质、三年生枝皮、粗根是逐渐下降的，而新生器官中是逐漸增加，說明¹⁵N由這些部分逐漸運到新生器官，而從土中吸收很少，硬核期過後，除細根和幼果外其他各部分的¹⁵N豐度都增加，這說明硬核期過後，根從土壤中吸氮能力增強。這進一步說明在高溫條件下硬核期是甜櫻桃植株的營養轉變期。

從圖6-9可以看出在低溫條件下，花芽中的¹⁵N豐度逐漸降低；葉芽在萌芽期增加，在盛花期又降低；多年生短枝、三年生木質、三年生枝皮、粗根在盛花期前是逐漸下降，到盛花期達最低；細根在萌芽後增加，到盛花期達最低；一年生木質、一年生枝皮在芽萌動後都下降，在盛花期略有上升。但所有器官在盛花期之後都有增加，這說明在低溫條件下盛花期後樹體即開始從土壤中吸收氮素。

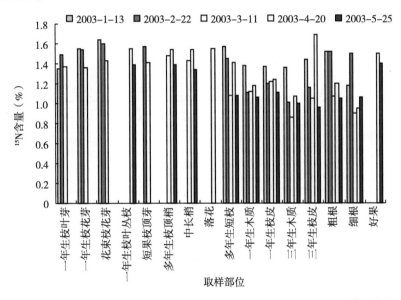

图6-9 低温区四年生盆栽甜樱桃植株'庄园'萌芽后树体各部分¹⁵N含量

6.5 不同处理对六年生槽栽樱桃氮素分配的影响

6.5.1 施肥部位对六年生'红艳'氮含量的影响

从图6-10可以明显看出，树体不同部位氮含量不同，而且施肥部位影响各部分氮素含量。从氮素含量看以细根中最多，其次是一年生木质，一年生枝皮，花芽和叶芽，然后是多年生枝皮，多年生木质。和四年生盆栽植株相比，各部分的含量趋势相似。施肥部位明显影响氮的含量，除多年生枝皮和细根外其他各部分都是施肥侧高于施肥对侧，而从各部分 ^{15}N 丰度看，都是施肥侧高于施肥对侧，其中差异最大的就是细根，这说明对六年生槽栽植株'红艳'而言，秋施氮肥可以促进根对氮素的吸收，增加氮素的积累，同时也说明甜樱桃和其他果树一样，肥料在同侧吸收、同侧运输为主的同时也能向其他部位运输。

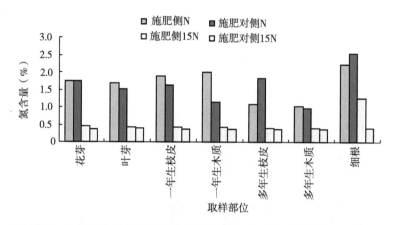

图 6-10 施肥部位对六年生槽栽甜樱桃植株'红艳'树体各部分氮含量及 ^{15}N 丰度的影响

6.5.2 温度对六年生'红艳'氮素变化的影响

试验数据结果显示，在高温条件下，从萌芽到果实成熟各时期各部位氮含量因发育阶段的不同而不同，花芽和叶芽中从萌芽前到开花或展叶期间，氮含量一直是增加的，这可能是由于新生组织（雏梢）逐渐增大，运向这些新生器官的氮逐渐增加。之后，花发育成果实，雏梢发育成新梢，由于果和新梢的重量增加速度大，造成运往这些器官的氮素主要用于器官建造，贮存备用的氮减少，从而使氮素含量逐渐降低。叶丛枝和中长新梢相比，叶丛枝的氮含量一直有比中长梢高的趋势，这可能是成年树叶丛枝易分化花芽的营养基础。在长枝中，梢尖的氮含量明显高于中下部及叶丛枝，这说明梢尖对养分的竞争力强。2月19日，即硬核开始期，采摘大果和小果测定发现，小果中比大果中氮含量稍高，说明氮含量不是果实变小的原因，3月1日，即出现落果时，采好果与落果比较发现落果中氮含量低，说明了落果中氮营养不足，营养不足可能是此期落果的原因。1年生枝、多年生枝中氮含量在芽膨大期除多年生枝皮外都下降，到盛花期除多年生枝皮外都上升，但盛花后多年生枝皮又上升，之后基本呈下降趋势，只是一年生木质在硬核结束时突然增加。随着新梢的生长，树体中贮藏的氮被逐渐消耗，而这段时间吸收的氮不能弥补氮的消耗，所以枝中的氮逐渐降低（图6-11）。

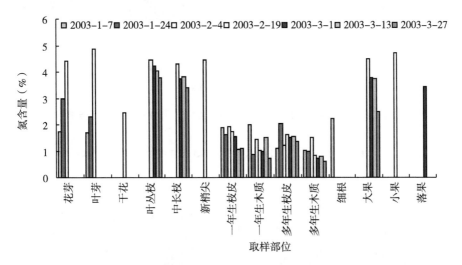

图 6-11　高温区六年生槽栽甜樱桃植株 '红艳' 萌芽后树体各部分氮含量

试验数据结果显示，低温区中花芽、叶芽的变化趋势和高温区相似，不同的是萌芽时一年生枝皮氮含量增加，盛花期后一年生枝皮、一年生木质的氮含量比较稳定，这说明向它们供应的氮较多或它们运出的少（图6-12）。

6.5.3　温度对六年生 '红艳' 氮素分配的影响

从图6-13可以看出，高温区六年生盆栽植株在生长过程中^{15}N丰度的变化没有氮含量变化大，在萌芽期各部分的^{15}N丰度下降，在盛花期叶芽、花芽、一年生木质中含量增加，其他部分变化很小，之后除中长枝外各部分含量都增加，直到硬核结束各部分丰度才下降，这说明对盛果期树来说在高温条件

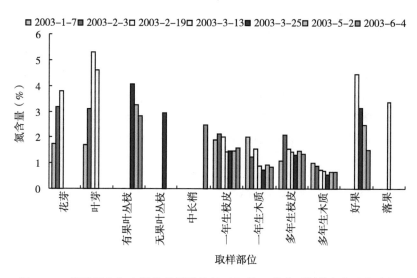

图6-12 低温区六年生槽栽甜樱桃植株'红艳'萌芽后树体各部分氮含量

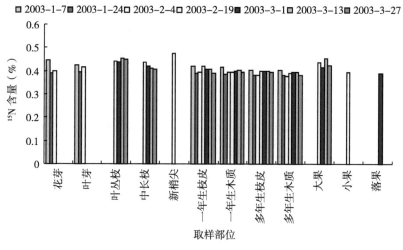

图6-13 高温区六年生槽栽甜樱桃植株'红艳'萌芽后树体各部分^{15}N含量

下盛花后既开始从土壤中吸收氮素，或者根中贮藏的氮素向地上部分大量运转，总之高温有利于地上部分得到更多的氮素。在开花前花芽的^{15}N丰度大于叶芽，开花后新梢（叶丛枝，中长枝）[15]N 丰度高于果实，说明新梢对养分的竞争力强于果实，这可能就是櫻桃坐果率低的主要原因之一。

从图 6-14 可以看出在低温条件下，[15]N 的分配和高温条件下不同，在盛花前一年生枝皮、一年生木质中的[15]N 是持续增加的，多年生枝皮中的[15]N 也没有下降，这说明在低温条件下根开始从土壤中吸收氮素早或地下部向地上部运输多。而且硬核期后运往 1 年生枝、多年生枝[15]N 明显较高温时为多，这也说明此期向地上部分供应氮素多。

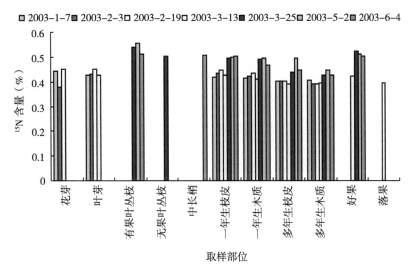

图 6-14　低温区六年生槽栽甜櫻桃'红艳'萌芽后树体各部分[15]N 含量

6.6　六年生槽栽櫻桃花芽萌发及分化过程中的氮代谢

6.6.1　六年生'红艳'花芽萌发过程中蛋白质含量的变化

在花芽萌发过程中蛋白质的含量一直是发生变化的。在高温条件下，从萌动到花序伸出持续时间短，在这段时间内蛋白质含量迅速上升，到花芽呈拳头状时，即花序即将伸出时达到最高点，而在低温条件下，从萌动到花序伸出持续时间长，其间蛋白质含量先略有下降，之后迅速上升达到最高点，此时的蛋白质含量高于高温条件下花芽中蛋白质的最高含量，之后开始缓慢下降，到花芽呈拳头状即花序即将伸出时蛋白质含量略低于高温条件下此期的蛋白质含量（图6-15）。

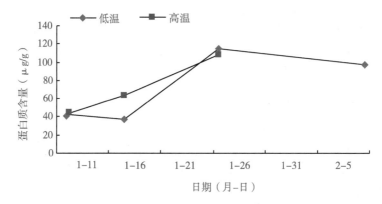

图6-15 温度对花芽萌发过程中蛋白质含量变化的影响

6.6.2 六年生'红艳'花芽萌发过程中总基酸含量的变化

从图6-16可知，在高温条件下，花芽中的总氨基酸含量随芽萌发进程的加深含量持续增加，但增加的速度很慢，而在低温条件下总氨酸含量先缓慢下降，到芽露绿1/4～1/3时，含量达最低，之后迅速上升，到芽呈拳头期时，总氨基酸含量达最高，此总氨基酸含量比高温条件下同期高出23.13%。

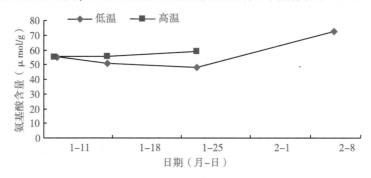

图6-16 温度对花芽萌发过程中氨基酸含量变化的影响

6.6.3 六年生'红艳'花芽萌发过程中谷丙转氨酶活性的变化

从图 6-17 可以看出，高温条件下在花芽萌发过程中，谷丙转氨酶（GPT）活性变化趋势趋于稳定；在低温条件下，GPT 活性先缓慢增加后又缓慢下降，并且 GPT 活性一直高于高温条件下的花芽，只是在花序伸出前才略低于高温条件下的活性。

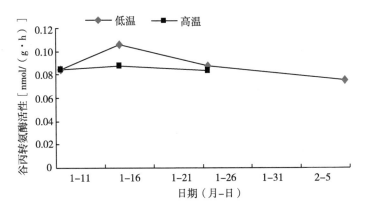

图6-17 温度对花芽萌发过程中谷丙转氨酶活性变化的影响

6.6.4 六年生'红艳'花芽萌发过程中谷氨酰胺合成酶的活性变化

在图 6-18 中可以看出，在高温条件下，当花芽萌发一半时谷氨酰胺合成酶活性有一个明显的峰，之后迅速下降，而在低温条件下谷氨酰胺合成酶则是持续下降的，其中在萌芽过程的前期下降速度快，后期下降趋于缓慢。

6.6.5 六年生'红艳'花芽萌发过程中硝酸还原酶活性的变化

在高温条件下与在低温条件下硝酸还原酶的变化趋势相似，两者都有一个峰，并且都出现在花芽萌发近一半时，即露绿 1/4～1/3 时达最大，之后开始下降，但硝酸还原酶的活性在花芽萌发的大部分时间内是低温条件下活性低于高温，见图 6-19，这说明在低温条件下甜樱桃对硝酸盐的利用效率低或是树体吸收硝酸根离子少，因此，早春施肥不应以硝态氮为主。

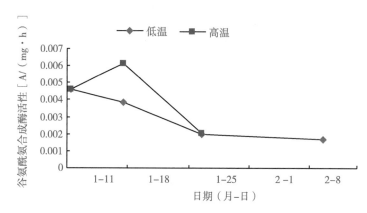

图6-18　温度对花芽萌发过程中谷氨酰胺合成酶活性变化的影响

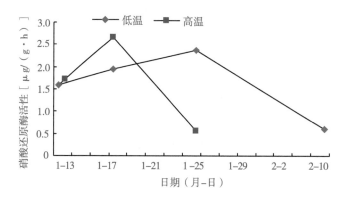

图6-19　温度对花芽萌发过程中硝酸还原酶活性变化的影响

总观花芽萌发过程中蛋白质、氨基酸及代谢有关酶的变化动态可知，在低温条件下，总氨基酸、蛋白质含量高，谷氨酰胺合成酶活性低，谷丙转氨酶活性高，这可能是由于低温引起体内代谢发生变化，使氨基酸积累，α-酮戊二酸减少，谷氨酰胺合成酶活性降低，为调节体内氨基酸代谢，GPT活性增加。已有研究也证明谷丙转氨酶参与抗逆反应（莫良玉等，2002），低温条件下GPT活性的增加是甜樱桃植株在低温条件下做出的正常生理反应。

6.6.6 六年生'红艳'花芽分化期叶片中氮代谢

6.6.6.1 花芽分化期叶片中可溶性蛋白质含量的变化

从图6-20可以看出，在高温条件下和低温条件下，蛋白质的变化极为相似，在整个过程中二者都是呈波浪式缓慢上升的趋势，但在低温条件下蛋白质含量比高温条件下的高。

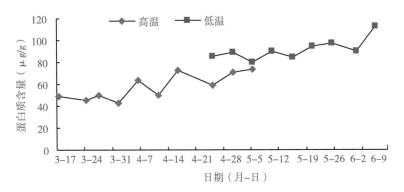

图6-20 温度对花芽分化期叶片蛋白质含量变化的影响

6.6.6.2 花芽分化期叶片中总氨基酸含量的变化

从图6-21可以看出，在高温条件下总基酸的含量变化比较大，变化趋势是先降后升，之后保持相对稳定，但到花芽分化的中后期有一个含量低谷，在此期间内先迅速下降，之后又迅速上升，到花芽形成上升到一个极值；而在低温条件下变化比较缓和，先是缓慢下降，到花芽分化中期之后又缓慢上升，直到花芽形成。

6.6.6.3 花芽分化期叶片中谷丙转氨酶活性的变化

试验数据结果显示，在花芽分化期，叶片的谷丙转氨酶活性在高温条件下和低温条件下的变化趋势明显不同，在高温条件下，GPT活性持续下降，其间形成两个最低峰，但变化比较缓和；而在低温条件下，GPT活性迅速达到高峰后急剧下降达，且达到最低峰之后，缓慢上升并保持相对平稳状态直到花芽分化结束（图6-22）。

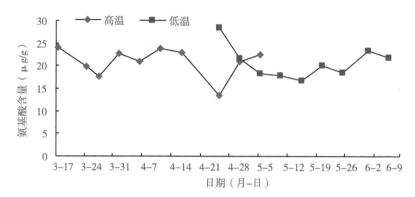

图6-21 温度对花芽分化期叶片总氨基酸含量变化的影响

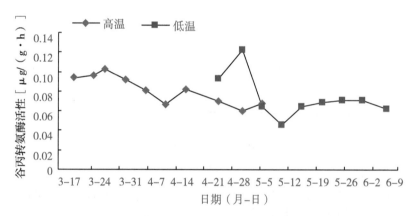

图6-22 温度对花芽分化期叶片谷丙转氨酶活性变化的影响

6.6.6.4 花芽分化期叶片中谷氨酰胺合成酶活性的变化

从图6-23可以看出，在两个温度条件下，二者的变化趋势相似都没有明显的规律可循，这表明此期GS活性对温度反应不太敏感，所设的两个温度可能都在甜樱桃的适宜范围之内，但也不排除还有其他因素和温度一起对GS活性起作用。

6.6.6.5 花芽分化期叶片中硝酸还原酶的活性

从图6-24可以看出在高温条件下，硝酸还原酶活性始终低于低温条件硝酸还原酶活性，这和花芽萌发过程中温度对硝酸还原活性的影响不同，这说明

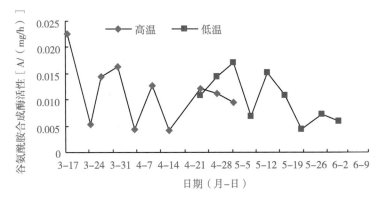

图6-23　温度对花芽分化期叶片谷氨酰胺合成酶活性变化的影响

随树体的生长，树体吸收 NO_3^--N 的能力对温度的反应不同。低温条件下，在花芽分化的中期，有一硝酸还原酶的急剧变化期，而后达到一个高峰阶段。而在高温条件下，这一急剧变化期出现较早，并且低活性阶段持续时间长，之后则一直保持相对平稳。

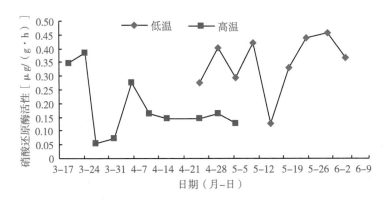

图6-24　温度对花芽分化期叶片硝酸还原酶活性变化的影响

在果实的花芽分化期也是果实的硬核期和果实的迅速膨大期，此时花芽的形成和果实的增大都需有较多的氮素供应，也是氮代谢变化最敏感的时期。从GPT、GS、NR 的变化即可看出温度对这一期间的氮代谢有影响，但两者的差异不显著。同期观察花芽分化过程知在高温条件下，花芽分化速度快，所需时间短、各花芽间发育整齐，而在低温条件下则刚好相反，这说明叶和花芽对温度的敏感性不同，也说明花芽分化所需的物质对叶的依赖性并不一定很强。

6.6.7 六年生'红艳'花芽分化期果肉中氮代谢

6.6.7.1 果肉中蛋白质和总氨基酸含量的变化

在果实发育过程中，果实中蛋白质的含量一直比较平稳，只是在果实迅速膨大的初期略有下降，但果实中总氨基酸的变化较大，在硬核开始时达到最小，之后迅速上升，但达到最高并保持一段时间之后开始下降，在硬核结束前又降到一最低点，之后又开始上升，当进入迅速膨大期后开始下降，果实达最大时，总氨基酸达最低，随成熟的进行总氨基酸含量开始上升（图6-25）。

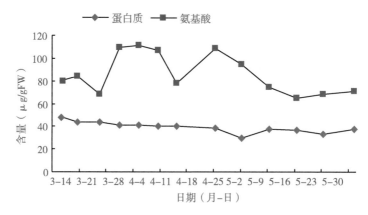

图6-25 花芽分化期果肉蛋白质和氨基酸含量的变化

6.6.7.2 果肉中谷丙转氨酶活性的变化

试验结果可以看出，果实在硬核期开始前谷丙转氨酶活性迅速降低达一低谷，之后又迅速上升。在硬核中期达到最高峰，之后稍有下降，在果实开始迅速膨大时急剧降低，在果实迅速膨大中期达到又一个低峰，之后又上升，到果实成熟期达到最大，之后稍呈下降，并维持到果实成熟（图6-26）。

6.6.7.3 果肉中谷氨酰胺合成酶活性的变化

从图6-27可以看出，在果实生长过程中的，谷氨酰胺合成酶的活性一直呈上升的趋势，且其间有两个峰，一个出现在果实硬核中期，一个出现在果实

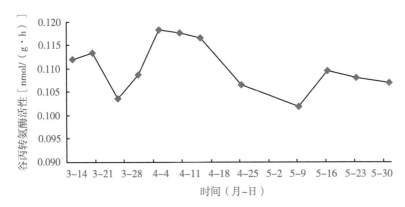

图 6-26 花芽分化期果肉谷丙转氨酶活性的变化

基本成熟时。GS 酶活性的持续升高，说明果实也是氮代谢的一个库。

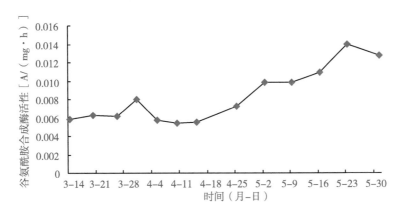

图 6-27 花芽分化期果肉谷氨酰胺合成酶活性的变化

6.6.7.4 果肉中蛋白酶的活性变化

试验结果可以看出，在果实的整个发育中，果肉中的蛋白酶活性在幼果迅速膨大期是逐渐上升的，并在硬核开始时达到最大，之后迅速下降，然后又上升，到硬核末期又达到一峰值，在果实迅速膨大期开始后下降并保持一个较低值持续到果实成熟，在果实成熟后又迅速增加。这一趋势可能与果实中蛋白质含量在果实迅速膨大期仍能保持一个相对稳定值，果实成熟开始后下降有关

（图6-28）。

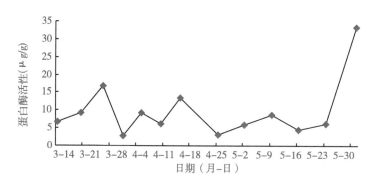

图6-28　花芽分化期果肉蛋白酶活性的变化

6.6.7.5　果肉中硝酸还原酶的变化

试验结果可以看出，果实中硝酸还原酶活性与同温度下叶片中硝酸还原酶变化趋势相似，但较叶片中硝酸还原酶活性为高，这说明果实中对硝态氮的利用比叶中还强，在幼果迅速膨大期酶活性较高，随果核的硬化开始下降，到硬核中期酶活性最低，之后开始急剧上升达一最高点，之后又缓慢下降，到果实成熟期又有所升高（图6-29）。

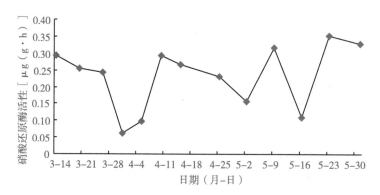

图6-29　花芽分化期果肉硝酸还原酶活性的变化

在日光温室条件下花芽分化期与果实的发育期重叠，果实生长与花芽分化都需要较多的氮素营养，从试验结果看在果实发育中可溶性蛋白质保持相对稳定，氨基酸含量也始终保持较高水平，蛋白酶活性较低，且只在成熟后期才有所上升，硝酸还原酶活性比叶片中还高，谷氨酰胺合成酶活性持续上升，这些都表明果实并不是简单地从其他器官调运自己所需含氮物质，而是利用吸收的含氮物质进行了复杂的代谢活动，以合成自己所需营养物质，果实中的氮代谢可能还会对其他组织的氮代谢有影响。

6.7　六年生槽栽樱桃秋季枝叶中氮代谢

6.7.1　六年生'红艳'秋季枝叶中总氮的变化

从图 6-30 可以看出，在秋季叶中的总氮含量高于枝中的总氮含量，而且在整个秋季，各器官中总氮含量的变化并不剧烈。但从秋初和秋末两次的数据看仍然是叶中总氮减少，枝中总氮增加，而且在整个变化过程中并不一直都是减少或增加的，中间有时增加，有时减少，这也说明了秋季氮素贮藏和运转的复杂性。比较温室内和露地条件下枝叶后发现，除两者短枝叶片中总氮含量相似外，其他各部分的总氮含量都是露地的高于温室的，这也说明在温室条件下氮素的积累没有在露地条件下高，在温室的条件下可能会因为氮素不足而影响树体的生长结果。从秋末和秋初两次枝叶中全氮含量变化看是长枝皮增加最多，其次是长枝木质，再次是短枝，其中露地长枝枝皮可增加 39.31%，而温室长枝皮中只增加 31.89%，露地长枝木质增加 31.02% 而温室长枝木质增加 21.36%，露地短枝增加 10.24%，而温室短枝增加 6.97%，叶片中氮素的减少也是长枝叶大于短枝叶，其中露地长枝叶减少 14.46%，温室长枝叶减少 12.44%，露地短枝叶减少 8.91%，温室短枝叶减少 8.11%。秋季枝叶中氮素的增减，说明叶中的氮运转到树体的枝干中。至于温室条件下，枝叶含氮量比露地的少是由于在温室中氮吸收能力降低而导致叶片功能改变，还是由于叶片功能改变导致吸氮能力降低，值得进一步深入研究讨论。

6.7.2　六年生红艳'秋季枝叶中可溶性蛋白质的变化

从图 6-31 可以看出，秋季枝叶中蛋白质含量的变化趋势，没有总氮的变化那么大。图中显示秋季落叶后长枝木质中可溶性蛋白质最少，其次是短枝，

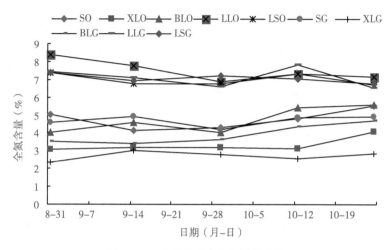

图 6-30　秋季枝叶中全氮量的变化

注：SO 代表露地短枝；XLO 代表露地长枝木质；BLO 代表露地长枝皮；LLO 代表露地长枝叶；LSO 代表露地短枝叶；SG 代表温室短枝；XLG 代表温室长枝木质；BLG 代表温室长枝皮；LLG 代表温室长枝叶；LSG 代表温室短枝叶（下同）

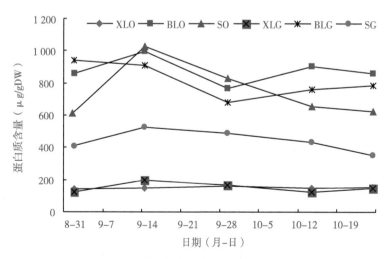

图 6-31　秋季枝条中可溶性蛋白质含量的变化

以长枝枝皮中含量最高，而且仍然是露地的高于温室的，但与总氮不同的是温室长枝枝皮、温室短枝中的可溶性蛋白质不仅没有增加，反而分别减少了16.30%和11.67%，但温室长枝木质中可溶性蛋白质却增加很多，达21.35%。在露地条件下，枝条可溶性蛋白质增加则较少。

虽然枝条中蛋白质变化的趋势各不相同，但叶中蛋白质变化趋势较相似，即叶中的可溶性蛋白质均呈现减少的趋势，而且在整个秋季中都是先增后减，并维持在相当高的水平，在进入10月后即明显降温后急剧减少，而且减少速率都很大，这从图6-32中可以看出，但与枝条中不同的是温室叶中可溶性蛋白质高于露地叶中含量。

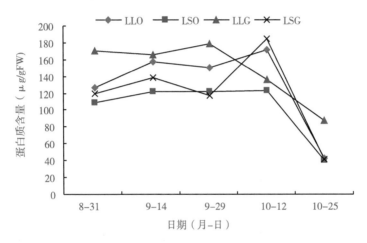

图6-32　秋季叶片蛋白质含量

6.7.3　六年生'红艳'秋季枝叶中总氨基酸的变化

秋季枝中总氨基酸的变化趋势比较复杂，见图6-33。在温室条件下，落叶后是长枝木质中含量最低，其次是短枝，长枝枝皮中含量最多，而且长枝枝皮中的总氨基酸在整个秋季都是逐渐增加的，而长枝木质和短枝中都是先增加后减少；在露地条件下，落叶后是长枝枝皮中含量最低，其次是短枝，以长枝木质中含量最高，而且在整个秋季中，增减变化比较剧烈，没有规律可循。

秋季叶中总氨基酸的变化趋势则较枝中变化有明显的规律性，其中露地短枝叶和温室长枝叶是先减少，直到气温显著降低后才又明显增加，而露地长枝叶和温室短枝叶则是先增后降再增加，变化都比较小，而且在落叶时，和可溶性蛋白质含量一样是温室的高于露地的（图6-34）。

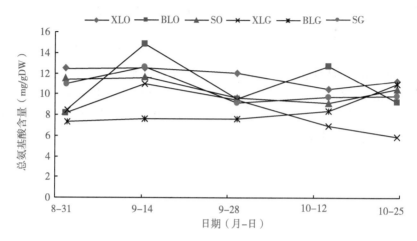

图6-33　秋季枝条干样中总氨基酸含量的变化

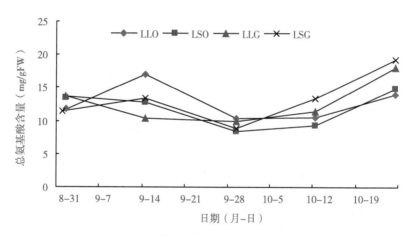

图6-34　秋季叶片总氨基酸含量的变化

6.7.4　秋季叶中与氮代谢有关的酶的活性

试验数据结果可以看出，秋季叶片中谷丙转氨酶在秋季的变化趋势相似，都先呈下降趋势，之后上升，然后又下降，但有一点不同的是温室长枝叶的

GPT 活性在落叶前又急剧上升，且达到一个最高峰值（图 6-35）。

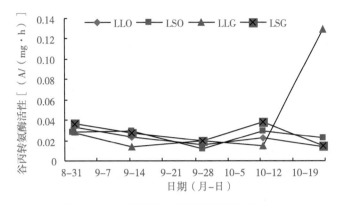

图 6-35　秋季叶片谷丙转氨酶活性的变化

谷氨酰胺合成酶活性，因叶片种类的不同而不同，详见图 6-36，其中露地长枝叶片在整个秋季相对比较稳定，但在落叶前急剧上升，露地短枝叶片一进入秋季就有所下降，并在下降后保持一稳定值一段时间，在 10 月初开始上升；温室长枝叶片进入秋季后也有所下降，但随即又上升，然后保持一个相对

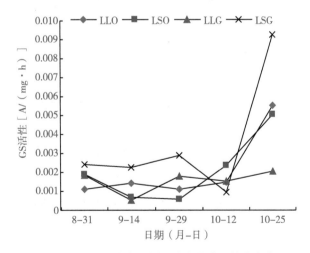

图 6-36　秋季叶片谷氨酰胺合成酶活性的变化

稳定值，直到落叶；而温室短枝叶片在秋季的前期活性虽有变化但变化不大，

到 10 月初下降，气温降低后又突然急剧上升，总之从整个秋季看，温室叶片的活性在大多数时间内都比露地的高，而且落叶前酶活性突然增加，这一变化趋势和苹果上相似（曾骧，1991），但比苹果开始增加的时间晚，谷氨酰胺合成酶活性增加是由于叶内蛋白质降解向树体回撤的氮主要以谷氨酰胺态运输，因此，叶片内谷氨酰胺酶活性增强。

　　硝酸还原酶的活性，在整个秋季活性都比较高，而且在秋季形成 1~2 个活性高峰，露地长枝叶在 10 月初出现，温室长枝叶和露地短枝叶在 9 月中旬，而温室短枝叶则在 9 月中旬和 10 月中旬各有 1 个高峰，秋季叶片硝酸还原酶的活性增加，说明树体中 NO_3^- 含量增加，即树体吸收增加，此时增加硝酸盐的施用，可增加树体的氮素贮藏营养。在前期露地长枝叶的活性低于温室长枝叶，露地短枝叶的活性高于温室短枝叶，后期则相反，这说明不同类型枝上的叶衰亡快慢不一样（图 6-37）。

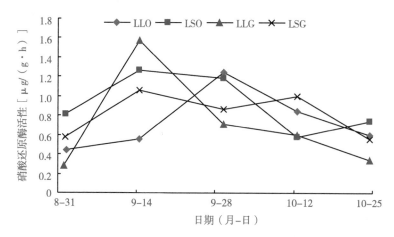

图 6-37　秋季叶片硝酸还原酶活性的变化

6.8　低温处理六年生槽栽樱桃蛋白质和氨基酸的变化

6.8.1　低温处理对六年生'庄园'萌芽的影响

　　从表 6-2 中可以看出，随着低温处理时数的增加，花芽萌发率和叶芽萌发率逐渐增加。低温处理时数不仅影响萌发率，还影响萌芽的整齐性及器官形态，在低温处理 336~672 h 期间，虽有芽萌发但萌芽所需时间长，萌芽不整齐，发育不正常如花柄不伸长，而当处理 840 h 时，花芽的萌发率及叶芽的萌发率分别达到 78.95% 和 80.49%，而且萌芽整齐，所需时间短，器官发育正常，说明此时已满足枝芽对冷量的要求，打破了自然休眠，甜樱桃庄园的需冷量为 840 h 左右，以后随低温处理时数的增加，花芽萌发率变化不大，但萌发时间缩短，萌芽更整齐，叶芽萌发率增加，到低温处理 1 008 h 时，萌芽率最高，而且在打破休眠前的萌发率也是花芽大于叶芽，因此，可以认为叶芽对冷量的要求大于花芽。

表 6-2　低温处理时间与萌芽率的关系

日期（月-日）	11-11	11-18	11-25	12-2	12-9	12-16	12-23	12-30
低温处理时数（h）	168	336	504	672	840	1 008	1 176	1 344
花芽萌发率（%）	0.00	8.33	23.08	40.00	78.95	69.23	75.00	80.95
叶芽萌发率（%）	0.00	4.00	9.18	30.99	80.49	89.16	77.78	85.33

6.8.2　低温处理对六年生'庄园'枝芽中可溶性蛋白质含量的影响

从图 6-38 可以看出，在枝条的各组织中以木质中可溶性蛋白质含量最低，其次是枝皮，芽中含量最高，但叶芽和花芽间差异不明显。在整个低温处理过程中，蛋白质含量呈减少的趋势，但不同组织中的变化不同，其中花芽出现两个高峰，一个出现在低温处理初期，第 2 个出现在休眠解除期，前一次可能是为适应低温而出现的一种自我适应反应，而后一个高峰可能是休眠解除引起的。叶中芽也出现两个峰，并且都刚好比花芽晚，这可能与叶芽对冷量需求大、短时间处理反应不明显有关；枝皮中可溶性蛋白质在低温处理的初期增加，之后减少，然后增加，之后一直呈减小的趋势，枝皮中的变化可能与芽中的变化相关，而木质中可溶性蛋白质的变化则相对的比较简单，一直呈减小的趋势，只是前期减少得快，后期减少得慢。蛋白质含量呈减少的趋势，可能与处理过程中蛋白质消耗有关。

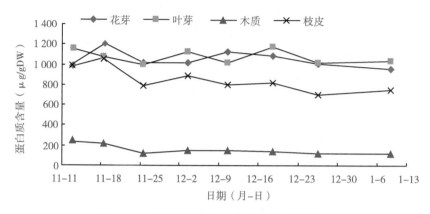

图 6-38　低温处理过程中枝芽内蛋白质的变化

6.8.3　低温处理六年生'庄园'枝芽中氨基酸含量的变化

从图 6-39 可以看出，在低温处理过程中，枝芽中氨基酸总量发生着显著的变化，其中枝皮和木质中变化较大，叶芽、花芽中变化相对较小，从图中可以明显看出花芽中的总氨基酸含量较低，12 月 2 日前有一急剧下降期，之后含量较为稳定，到 12 月 16 日又急剧上升，下降和上升的幅度都比较大，而且这一变化发生在休眠解除前后，可用这一趋势作为判定休眠解除的生理指标。叶芽中总氨基酸含量虽有变化，但变化幅度不大。枝皮中总氨基酸含量变化最大，在低温处理开始时略有下降，之后急剧增加，随即又迅速下降，到 12 月 9 日即自然休眠解除临界点达到最低，之后又稍有上升。在木质中总氨基酸含量最高，它的变化趋势和枝皮的变化趋势有一定的相似之处，即在低温处理初期稍有下降，之后急剧上升，然后下降，到最低点后又急剧上升，然后又下降，所不同的是在第一次达最高点后，开始下降很慢直到解除休眠临界点，才开始急剧下降。可以用花芽、木质、皮中总氨基酸的这种变化趋势变化来作为休眠解除的生理指标。

在低温处理过程中，不仅氨基酸的总量在发生着变化，氨基酸的种类也在发生着变化，如表 6-3 至表 6-6 所示，在枝芽中共检测出 15 种氨基酸和氨，但不同组织中所含氨基酸的种类和数量不同，花芽中含量最高的依次是精氨酸、脯氨酸、亮氨酸、丝氨酸、谷氨酸、丙氨酸，酪氨酸、缬氨酸，叶芽中含

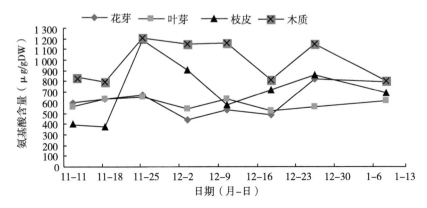

图 6-39 低温处理过程中枝芽内氨基酸含量的变化

量最高的依次是精氨酸、脯氨酸、亮氨酸、丝氨酸、谷氨酸、天门冬氨酸、丙氨酸，酪氨酸、缬氨酸，枝皮中含量最高的依次是精氨酸、脯氨酸、亮氨酸、谷氨酸、苏氨酸，酪氨酸，丝氨酸，天门冬氨酸，木质中含量最高的是精氨酸、谷氨酸、苏氨酸和脯氨酸。就所含氨基酸种类来说，在自然休眠解除前的叶芽和花芽中不含苏氨酸，而是在休眠解除后则可检测到，并且含量较高，叶芽里可检测出时间较花芽为晚，因此，可以将叶芽、花芽中突然出现苏氨酸作为枝芽通过自然休眠的标志。

表 6-3　低温处理过程中花芽内氨基酸及氨含量的变化

氨基酸名称	11-11	11-18	11-25	12-2	12-9	12-16	12-23	12-30
天门冬氨酸	2.67	24.98	35.00	28.79	27.74	32.65	28.16	28.93
苏氨酸	0.00	0.00	0.00	0.00	0.00	17.96	20.54	20.51
丝氨酸	42.27	47.26	45.62	31.38	37.01	21.05	33.62	35.52
谷氨酸	35.03	45.69	38.39	29.04	34.61	29.49	35.95	41.87
甘氨酸	1.17	1.27	1.52	0.99	1.44	1.20	0.92	1.00
丙氨酸	22.00	26.05	22.22	16.58	18.79	17.89	22.38	2.36
胱氨酸	0.00	0.00	0.00	0.00	0.00	0.00	0.00	1.40
缬氨酸	11.29	12.81	13.97	10.36	18.79	12.29	11.32	3.47
蛋氨酸	0.00	0.00	0.00	0.00	0.00	0.00	0.00	0.00
异亮氨酸	0.00	0.00	0.00	0.00	0.00	0.00	0.00	0.00
亮氨酸	56.84	62.45	62.38	67.86	56.28	50.23	57.78	23.10

（续表）

氨基酸名称	11-11	11-18	11-25	12-2	12-9	12-16	12-23	12-30
酪氨酸	4.98	5.88	6.54	4.63	12.71	14.17	11.74	5.10
苯丙氨酸	8.53	8.99	10.36	8.68	9.30	9.35	10.67	5.79
赖氨酸	3.86	4.55	5.63	3.56	4.23	4.14	5.63	4.89
氨	4.47	4.58	5.00	3.65	3.35	3.89	3.66	3.29
组氨酸	6.06	7.19	6.50	3.99	6.38	5.54	9.82	10.97
精氨酸	224.91	209.92	268.09	153.37	186.06	172.33	416.66	447.75
脯氨酸	151.06	177.36	151.38	74.05	118.67	89.51	155.20	151.34
氨基酸总量	599.80	638.88	672.61	436.93	528.67	481.70	824.07	797.28

表 6-4　低温处理过程中叶芽内氨基酸含量的变化

氨基酸名称	11-11	11-18	11-25	12-2	12-9	12-16	12-23	12-30
天门冬氨酸	24.89	32.30	48.33	32.25	35.92	28.69	33.86	38.30
苏氨酸	0.00	0.00	0.00	0.00	0.00	0.00	9.33	9.43
丝氨酸	31.58	36.21	36.80	29.39	39.63	33.76	22.66	27.80
谷氨酸	31.22	31.73	32.48	31.67	36.08	35.07	27.42	29.26
甘氨酸	1.06	1.05	1.14	1.08	1.38	1.07	0.73	0.82
丙氨酸	16.74	20.34	19.50	17.93	19.85	21.74	18.55	18.77
胱氨酸	1.21	0.98	3.21	0.96	2.70	0.00	0.96	1.11
缬氨酸	10.20	11.02	12.96	10.97	13.41	11.92	10.70	12.02
蛋氨酸	0.00	0.00	0.00	0.00	0.00	0.00	0.00	0.00
异亮氨酸	0.00	0.00	0.00	0.00	0.00	0.00	0.00	0.00
亮氨酸	50.99	67.26	83.66	58.33	47.95	63.70	59.93	69.90
酪氨酸	12.15	9.22	22.90	18.47	26.30	33.44	13.12	18.22
苯丙氨酸	7.16	10.79	11.88	10.77	9.73	11.37	10.21	11.35
赖氨酸	3.48	4.75	0.00	0.00	5.22	4.49	6.20	7.14
组氨酸	6.11	6.01	6.19	6.31	6.95	6.73	6.22	7.00
精氨酸	271.38	319.15	292.92	259.99	253.62	215.72	280.77	275.41
脯氨酸	83.67	82.08	79.01	57.24	133.80	54.80	60.83	84.87
氨基酸总量	557.84	637.08	655.83	539.44	637.51	526.02	565.43	615.65
氨	5.99	4.17	4.87	4.07	4.97	3.49	3.93	4.26

表6-5 低温处理过程中枝皮内氨基酸及氨含量的变化

氨基酸名称	11-11	11-18	11-25	12-2	12-9	12-16	12-23	12-30
天门冬氨酸	10.67	6.86	11.52	12.66	3.31	13.18	11.42	12.91
苏氨酸	22.85	15.71	40.26	31.41	15.00	33.01	37.18	28.13
丝氨酸	10.72	7.75	13.54	13.73	7.06	13.97	10.62	11.50
谷氨酸	24.43	19.88	38.12	27.36	23.05	34.32	32.65	33.01
甘氨酸	0.59	0.55	0.84	0.86	0.42	0.83	0.79	0.64
丙氨酸	13.10	9.77	14.15	17.96	8.80	13.68	13.46	12.01
胱氨酸	0.00	0.00	0.00	0.00	0.00	0.00	0.00	0.00
缬氨酸	9.44	7.36	10.15	10.82	8.94	10.37	10.63	9.99
蛋氨酸	0.00	0.00	0.00	0.00	0.00	0.00	0.00	0.00
异亮氨酸	0.00	0.00	0.00	0.00	0.00	0.00	0.00	0.00
亮氨酸	25.25	16.69	35.76	36.99	25.83	34.02	23.37	31.54
酪氨酸	15.03	9.00	6.38	13.02	7.20	0.00	7.00	6.84
苯丙氨酸	4.79	3.34	5.70	8.09	5.70	5.90	6.38	4.86
赖氨酸	4.43	2.98	8.14	6.30	4.68	6.94	4.15	5.58
组氨酸	5.08	3.60	6.27	6.39	5.23	4.66	5.39	5.74
精氨酸	203.68	255.15	973.85	680.63	446.72	542.36	684.45	510.62
脯氨酸	41.32	16.18	18.49	34.90	10.73	6.88	8.90	13.00
氨基酸总量	394.90	378.16	1187.47	905.84	576.48	724.07	860.92	689.89
氨	3.53	3.45	4.29	4.72	3.82	3.95	4.53	3.52

表6-6 低温处理过程中木质内氨基酸及氨含量的变化

氨基酸名称	11-11	11-18	11-25	12-2	12-9	12-16	12-23	12-30
天门冬氨酸	9.03	8.38	8.15	10.61	10.66	8.16	10.33	6.96
苏氨酸	16.99	11.79	0.00	19.41	20.58	14.33	16.91	12.33

（续表）

氨基酸名称	11-11	11-18	11-25	12-2	12-9	12-16	12-23	12-30
丝氨酸	11.87	8.11	35.49	17.32	17.18	11.09	12.32	8.88
谷氨酸	18.34	14.59	17.45	16.35	16.87	15.95	16.47	13.34
甘氨酸	0.60	0.54	0.81	0.56	0.57	0.79	0.56	0.52
丙氨酸	9.69	9.97	10.21	12.15	12.02	7.71	8.65	7.78
胱氨酸	0.00	2.47	0.00	2.84	2.13	0.00	0.00	0.00
缬氨酸	8.92	9.97	8.37	10.19	10.34	8.19	13.33	7.74
蛋氨酸	0.00	0.00	2.73	0.00	0.00	0.00	0.00	0.00
异亮氨酸	0.00	0.00	0.00	0.00	0.00	0.00	0.00	0.00
亮氨酸	9.02	12.67	8.07	12.26	14.90	8.39	8.92	7.94
酪氨酸	6.80	4.19	2.72	2.28	5.45	5.72	0.00	3.08
苯丙氨酸	3.17	2.79	1.46	13.75	13.39	8.46	6.76	6.58
赖氨酸	6.15	4.20	3.47	6.55	5.65	6.10	2.03	4.85
组氨酸	4.84	3.45	3.72	3.86	3.99	3.03	3.79	2.57
精氨酸	719.10	675.08	1 076.66	973.06	980.58	701.80	1 030.35	713.07
脯氨酸	12.85	18.32	23.57	34.88	37.08	8.79	13.79	8.44
氨基酸总量	841.17	791.53	1 209.06	1 147.44	1 158.72	812.77	1 149.39	807.75
氨	3.80	4.99	6.17	7.37	7.32	4.28	5.18	3.64

　　比较处理过程中各部位氨基酸及氨的变化，发现氨的变化最具有规律性，先是随低温处理时间的增加含量逐渐增加，在解除休眠临界点急剧变化，花芽中的氨含量在12月2日即低温处理672 h后急剧下降，叶芽在12月16日即低温处理1 008 h后急剧下降，枝皮中的氨也是在低温处理672 h时急剧下降，木质部中在12月16时即低温处理1 008 h后急剧下降，因此，可以将枝芽中氨的突然减少，作为自然休眠解除的生理指标之一。

6.9　讨论与小结

6.9.1　关于休眠加深过程中^{15}N丰度减少的原因

结果与分析显示，休眠加深过程中^{15}N丰度减少的原因时提到"但也不排除部分氮损失"，也就是推测在这一阶段树体的地上部分有氮的挥发。据李生秀等（1995）以油菜为试材研究发现在油菜的生长过程中会释放氮化物，尤其在生长的后期释放更多，可释放N_2O和NH_3，以NH_3数量较大。田霄鸿（1992）和陈冠雄（1990）等分别以不同的作物为试材都得出了与李生秀相似的结论。房玉林等（2011）葡萄休眠及萌发过程中的氮素代谢研究表明，总氮、总蛋白和可溶性蛋白质在葡萄不同部位的含量高低为：冬芽>根>韧皮部>木质部，冬芽中的总氮和总蛋白在萌芽时显著上升；可溶性蛋白质在葡萄不同部位的趋势为休眠期逐渐下降，萌发期渐渐上升。葡萄休眠过程中，不同器官的硝酸还原酶（NR）活性为冬芽>根部>韧皮部>木质部，从休眠期到萌发期，各部位的硝酸还原酶活性均呈现下降趋势。在葡萄各器官中，冬芽的谷氨酰胺合成酶（GS）活性最高，在生理休眠期活性降到最低；冬芽中谷氨酰胺合成酶的活性变化的总趋势为上升，并出现了两个峰值。在休眠初期，蛋白酶的活性随休眠的加深而降低，随休眠的解除和萌发的进行而升高（除冬芽外）；在葡萄休眠期检测到大量蛋白质。本研究结果显示，休眠期间^{15}N丰度减少，因此，推测甜樱桃幼树在休眠加深过程也可能向外释放氮化物，从而使植株中^{15}N丰度减少。但本研究更倾向于认为此期^{15}N丰度减少是由于氮的转移造成的，由于这种转移是由较低丰度部分转到较高丰度的部分，转入部分氮的总量增加了，但^{15}N所占的比例却降低了，从而使各部分^{15}N丰度都减少。

6.9.2　温度对氮代谢有关酶的影响

温度影响谷氨酰胺合成酶的活性，陆彬彬（2002）以水稻为试材发现在23℃下生长的叶的GS活性显著低于生长在32℃下的叶的活性，但在本试验中温度对GS活性的影响因物候期不同而不同，在萌芽期高温条件下GS活性高于低温条件下的，但是在花芽分化期则看不出这一趋势，可能是在花芽分化期对温度不太敏感，而对其他条件比较敏感，如光质、盐胁迫等。逐渐降温处理和迅速降温处理均明显提高了山定子根系谷氨酰胺合成酶（GS）活性，但谷氨酸合酶（GOGAT）和谷氨酸脱氢酶（GDH）活性有所下降，迅速降温处理对酶活性的影响较大。氮代谢关键酶活性对氮素水平的反应不一致，GS 活性表现为中氮高氮低氮，GOGAT 活性表现为低氮高氮中氮，GDH 活性表现为高氮中氮低氮。低温显著提高了根系 GS/GDH 比值，尤其是高氮条件下低温处理 GS/GDH 比值变化最大。低温降低了根系可溶性蛋白质质量分数，迅速降温处理可溶性蛋白质质量分数最低；无论何种温度，可溶性蛋白质质量分数均表现为高氮中氮低氮。低温提高了根系游离脯氨酸质量分数，逐渐降温处理脯氨酸质量分数最高，氮素水平对游离脯氨酸质量分数的影响较小（王英等，2009）。李德红（1998）发现用白光处理的水稻幼苗其 GS 活性明显高于用红光和蓝光处理。在日光温室条件下萌芽期芽刚露绿、光照弱，因此，芽的 GS 活性对温度反应比对光反应敏感。而在花芽分化期叶面积大、光照强，此期光对 GS 的影响可能增大，再加上本试验所设的两个温度在此期内可能都在甜樱桃的适宜范围之内，这就导致温度在花芽分化期对 GS 活性影响不大。

谷丙转氨酶（GPT）能催化谷氨酸和丙酮酸可逆地转化为丙氨酸和 α- 酮戊二酸，它可参与 NAD-苹果酸酶类型 C_4 植物光合叶肉细胞和维管束鞘细胞间的 C_3 单位的穿梭以维持 C-N 的平衡、参与种子贮藏蛋白氨基酸的合成及抗逆反应。在植株氮代谢中十分重要，影响其活性的因素也很多，在逆境条件下 GPT 活性大量增加。莫良玉认为在高温胁迫下水稻植株根或叶 GPT 活性显著高于对照是一种抗逆反应，在本试验中花芽分化期低温使 GTP 酶活性增加也是一种抗逆反应，分析如前。在花芽分化期二者差异不大可能是这两个温度都在甜樱桃的适宜范围之内。硝酸还原酶（NR）活性在萌芽期高温条件下大于低温条件下的但在花芽分化期则刚好相反，说明随物候期的不同，树体吸收 NO_3^--N 的能力对温度的反应不同。

6.9.3 秋季甜樱桃叶片的生理指标变化

对一年生作物研究证明，随着叶片的衰老叶中的氮代谢向分解的方向进行，如可溶性蛋白质含量、DNA 和 RNA 含量逐渐下降，而蛋白酶和核酸酶活性逐渐升高（王月福，2003），叶片氮含量逐渐降低，硝酸还原酶（NR）活性、叶绿素、游离氨基酸和可溶性蛋白质含量降低（李向东等，2001），约有

80%以上的氮素在衰老过程中输向其他器官（冷锁虎等，2001）。但甜樱桃秋季叶片中游离氨基酸含量没有下降，可溶性蛋白质含量直到一次严寒后才开始下降，从秋初到秋末才有8.11%~14.46%的氮运转出叶片，谷氨酰胺合成酶、谷丙转氨酶活性没有降低，硝酸还原酶活性与秋初相比也下降不多，这就是说一年生作物衰老叶片出现的生理现象甜樱桃植株都没有明显出现，与苹果相比蛋白质含量虽有下降、谷氨酰胺合成酶也有上升，但出现的时间晚，且都出现在低温来临后，这说明在沈阳地区甜樱桃叶片在秋季并没有正常衰老，其正常的生理功能没有减弱，叶片丧失功能是由突然受冻引起的，在甜樱桃主栽地区是否也是这样值得进一步研究。甜樱桃叶片的这一特点提醒我们一定要重视甜樱桃的秋季管理，不可认为甜樱桃叶片会在秋季迅速衰老。

对一年生作物来说，随着叶片的衰老叶中约有80%以上的氮素在衰老过程中输向其他器官（冷锁虎等，2001）。但甜樱桃秋季叶片中的氮素从秋初到秋末只有8.11%~12.44%的氮运转出叶片，而长枝皮中增加31.89%，长枝木质增加21.36%，短枝增加6.97%；枝干中增加的量较叶片中减少得多，同时叶片中的可溶性蛋白质虽有减少，但叶中的游离氨基酸不仅没有减少，反而有所增加，也说明叶中的氮素不是主要以氨基酸的形式向枝干中运输。硝酸还原酶在整个秋季都保持较高的活性，叶片中有较多的 NO_3^-，这些 NO_3^- 只能是来自土壤，这说明秋季也是甜樱桃的一个氮素吸收高峰期，可能是由于此期从土壤中吸收的氮素增加引起，而不是由于叶中的氮向树体中再分配引起。

6.9.4 小 结

甜樱桃植株在休眠期间也具有吸氮能力，只是在不同的阶段其吸氮能力不同，在解除休眠前植株吸氮能力很弱，但此期氮素发生了再分配，由木质部运往皮部；解除休眠后植株吸氮能力增强。枝芽萌发时最先调动的是枝干中的氮素，枝干是向外运输的主要器官。高温条件下根中贮藏的氮素向外运输，但在低温条件下根中贮藏的氮素不向外运输或向外运输的量少于枝干中向根中运输的量。

甜樱桃果实并不是简单地从其他器官调运自己所需含氮物质，而是利用吸收的含氮物质进行了复杂的代谢活动，以合成自己所需营养物质。

甜樱桃叶片中的氮素向树体内回撤时间晚，在沈阳地区叶片不能正常衰老。温室中叶片氮向树体中的回流量比露地的少。

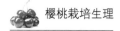樱桃栽培生理

甜樱桃品种'庄园'的需冷量是 840 h。在自然休眠解除前的叶芽和花芽中不含苏氨酸，休眠除后在叶芽和花芽内都可检测出苏氨酸，而且含量较高，但叶芽中出现的时间较花芽晚，可以将叶芽、花芽中突然出现苏氨酸作为枝芽通过自然休眠的标志。

7 樱桃抗寒生理及抗寒指标研究

近年来果树生产规模日渐扩大，在农业产业结构调整及生态农业建设中发挥了重要的作用。无论北方落叶果树还是南方常绿果树，栽培中常会遭受不同程度的低温伤害，每年由于低温为害所造成的农作物、园艺作物、经济作物的损失是十分惊人的。美国佛罗里达州 1983—1985 年三年大冻，每年损失柑橘果实 500 万吨，许多橙汁厂因缺乏原料而倒闭。1947—1989 年，每隔 10 年左右就发生一次严重的冻害，果树大量死亡，给生产带来巨大的损失。1954 年、1977 年我国南方大冻，柑橘、香蕉百万株受冻。我国北方由于低温几乎每年都会发生不同程度的果树冻害（富强，1992）。1956 年和 1957 年冬季，辽宁省熊岳地区气温降至 −25℃ 以下，造成大量甜樱桃受冻毁园（吴禄平等，2003）。2001 年 3 月 28 日的晚霜（−8～−6℃）使我国华北地区近 10 万亩核果类果树花器官受冻而减产或绝产，造成直接经济损失近 5.6 亿元（沈洪波，2002）。由此可见，果树冻害、寒害严重影响着果树发展，所以研究果树的抗寒生理就显得尤为重要。

抗寒性是植物对低温寒冷环境长期适应中通过本身的遗传变异和自然选择获得的一种能力。果树对零下低温的抗性主要来自两个方面的适应性变化：一是膜体系稳定性的提高；二是避免细胞内结冰和脱水能力的加强。国内外学者在果树抗寒生理、抗寒性鉴定、抗寒资源评价及抗寒性遗传育种等方面做了大量的研究，并取得了可喜的研究成果，为果树业发展做出了卓越的贡献。

7.1 樱桃抗寒性相关研究

樱桃素有"北方春果第一枝"的美誉，是落叶果树中露地栽培成熟期最早的果树之一，近年来随着鲜果市场上甜樱桃售价升高，各地樱桃栽培面积也日益扩大（陈新华，2014）。由于樱桃喜温、不耐寒，容易发生冻害，因此，栽培中对樱桃抗寒品种和抗寒砧木的选择至关重要。目前关于苹果、梨等其他抗寒性研究报道较多，有关樱桃树体抗寒性的研究多采用电导法和恢复生长法以及检测相关生理指标来进行，该类方法测定的抗寒性生理指标较多，且所反映的抗寒性强弱比较复杂（闫鹏，2013）。关于樱桃砧木抗寒性研究报道较多，李勃等（2006）采用电导法和恢复生长法对'吉塞拉5''吉塞拉6'（*Prunus cerasus*×P. *canescens*）、'考特'（P. *avium*×P. *pseudocerasus*）和山樱桃（P. *serrulata*）的抗寒性进行了初步鉴定，结果表明，'吉塞拉5'抗寒性最强，在深度休眠时能耐-32.5℃的低温，考特抗寒性最差-40～-20℃低温处理后，不同砧木枝条内脯氨酸的绝对含量和SOD活力均发生明显变化。抗寒性最强的'吉塞拉5'脯氨酸绝对含量变化最稳定，不同砧木枝条内脯氨酸绝对含量与抗寒性并不存在相关关系；'吉塞拉5''吉塞拉6'和山樱桃的SOD活力变化趋势先升后降，考特的SOD活力从-20℃以后总的趋势是下降的，SOD活力与砧木的抗寒性关系密切，可以作为衡量砧木抗寒性的一个指标。甜樱桃'宾库'的低温放热（LTE）的数值与其小花不对应，每个原基LTE百分率为75%～90%，春季早期萌发花芽原基首先停止过冷却。在酸樱桃中，一个花芽内所有花原基同时停止深度过冷却（Callan，1990）。将解除锻炼的花原基深度过冷却与花芽内生性休眠联系在一起，因为当低温单位积累加速时，解除锻炼的花原基停止深度过冷却较容易。根据Mathers（2004）研究，酸樱桃花芽抗寒性与商业化生产范围有关而与地理分布无关。

陈新华等（2009）对4个甜樱桃品种进行抗寒测定，结果表明，樱桃'龙冠'的相对电导率和MDA含量均低于其他3个品种，SOD、POD酶活性、可溶性蛋白、脯氨酸含量均高于其他3个品种，表现出较强的抗寒性，樱桃'龙宝''红蜜'次之，'龙丹'的抗寒性最弱。陈秋芳等（2008）采用自然鉴定法和电导法对嫁接到山'樱桃''大青叶''吉塞拉5'等不同砧木上的'早大果'抗寒性鉴定，结果显示，以'吉塞拉5'砧嫁接的早大果冻害率最低，抗寒性最强。然后是山樱桃砧，抗寒性最差的是大青叶砧。施海燕（2012）对不同品种甜樱桃的花器官进行抗寒性比较。结果表明，9个甜樱桃品种的抗冻能力为：'先锋'>'红灯'>'巨红'>'早大果'>'宇宙'>'胜利'>'佳红'>8-129>8-102；甜樱桃不同花器官在同一低温条件下抗冻能力依次为花瓣>花梗>雄蕊>雌蕊，蕾期的抗寒性>盛花期；花粉活力随着低温胁迫的加剧而迅速降低。近些年学者们对樱桃栽培抗寒预防积累了大量的经验，如选择抗寒性较强的樱桃品种建园，甜樱桃品种有'意大利早红''红灯''芝罘红''红艳''佳红'

'红樱桃''那翁''大紫''宾库'等，提倡早春栽植建园，采取树干培土，生长后期摘心或喷布 PP_{333} 提高树体营养水平，在每年 11 月中、下旬到 12 月初土壤封冻前，全园灌一次封冻水，或采用保护地栽培均能够在减少冻害发生同时提高樱桃产量和品质（刘润元，1999）。

7.2 樱桃抗寒砧木资源

欧洲甜樱桃［*Cerasus avium*（L.）Moench］又称甜樱桃，富含糖和铁质，色泽艳丽，风味优美，成熟期早。近年来全国竞相扩大栽培，发展潜力很大。但由于一直未找到理想的砧木，极大地限制了甜樱桃的生产和发展。

7.2.1 中国樱桃砧木

樱桃［*Cerasus pseudocerasus*（Lindl.）G. Don］，俗称中国樱桃，原产我国，在长江至黄河流域分布广泛。品种类型很多，除作品种栽培外，很多类型用作甜樱桃砧木，但耐寒力均较弱。

东北山樱桃［*Cerasus sachalinensis*（Fr. Schn）Kom.］是中国砧木资源中较抗寒的种类，与甜樱桃嫁接亲和力好，植株生长健壮，开花结果正常，苗木的根系发达，对土壤的适应性强，抗旱力较强，但由于小脚现象明显，易感染根癌病，抗涝性较差，应用受到一定限制。

毛樱桃［*Cerasus tomentosa*（Thunb.）Wall.］是一种抗寒性很强的小灌木，多用作桃、李等的砧木。适应性强，对土壤要求不严格，耐瘠薄，也较耐涝，抗旱性较强，很少受晚霜的危害，是一种有发展潜力的砧木类型。但与甜樱桃嫁接亲和性差，也有通过中国樱桃作中间砧来提高亲和力（伍克俊等，1997）。但目前尚未被生产上广泛利用。

7.2.2 国外甜樱桃砧木

马扎德（*Mazzard*）为甜樱桃的野生种的统称，是欧洲和美国普遍应用的抗寒砧木。树体大，寿命长，与甜樱桃各品种嫁接亲和性都好，根深，固地性强，耐湿，抗疫菌性根腐病，对细菌性溃疡病、萎蔫病、根癌病和褐腐病均敏感。

欧洲酸樱桃（*Cerasus vulgaris* Mill.）中的毛把酸是一种较抗寒的樱桃砧木，其嫁接亲和力强，成活率高，嫁接树生长旺盛，并有一定的矮化作用。结果早，丰产，寿命长。抗旱、耐寒，耐瘠薄。但根浅，易倒伏，易感根癌病、流胶病。

圆叶樱桃［*Cerasus mahaleb*（Linn.）Mill.］为南部欧洲的野生种，是国外常用的甜樱桃砧木，幼树根系发达，与甜樱桃嫁接亲和性好，抗旱、抗寒。但对土壤要求高，成龄树细根少，树势易衰弱。

'考特'是英国东茂林试验站用欧洲甜樱桃和中国樱桃做亲本育成的一种半矮化砧木。其根系发达，固地性强，抗风，抗寒。与甜樱桃嫁接亲和力好，但不抗旱，易感染根癌病。

'吉塞拉'系由德国吉森（Giessen）市的贾斯特斯·里贝哥（Justus Liebig）大学育成，是一种非常抗寒的砧木。有一定的矮化作用，早实性明显。且抗樱桃细菌性、真菌性和病毒病害。张力思等（2001）认为吉塞拉系对土壤适应性强，是一种矮化密植栽培、特别是保护地栽培的良好砧木类型。可在生产上试用。

苏联的一些的砧木品种都是好的抗寒砧木类型，如 ПН、Л-2、11-59-2、Лц-52、ВСЛ-1、ВСЛ-2、ВЦ-13 等都是比较有应用价值和发展前途的砧木品种。生长迅速，树体紧凑，结果早，丰产。易繁殖，耐湿，抗细菌病，抗根癌病。可以引进试用。

国内关于樱桃抗寒性研究的报道较少，只有少量报道樱桃砧木的抗寒性。有报道称国外新引进的樱桃砧木多数不抗寒，只有'考特'抗寒性稍强，且考特和甜樱桃的亲和性好，但根瘤重。毛樱桃具有极强的抗寒性（可耐-35℃的低温），用毛樱桃做基砧，用中国樱桃做中间砧，使甜樱桃的抗寒性增强（伍克俊等，1997），但目前生产上还未广泛利用。关于樱桃组培自根苗与嫁接苗之间抗寒性研究报道很少。针对上述情况，本研究采用不同繁殖方式的 3 种苗木，对低温驯化期间及低温处理过程中生理生化指标测定。了解不同繁殖方式的 3 种苗木的抗寒力水平，为樱桃生产服务。

7.3　不同繁殖方式樱桃抗寒性试验设计

7.3.1　试验材料与方法

供试材料为二年生盆栽苗。分为嫁接苗［砧木为大窝娄叶（*Cerasus pseud-*

ocerasus L.)，接穗品种为'早红宝石'（*Cerasus avium* L.）]、组培苗（早红宝石）和砧木苗（大窝娄叶）3 种类型苗木。材料取自沈阳农业大学果树试验基地。盆栽苗在生长季正常管理，每天浇水 1 次，每周施肥水 1 次、松土 1 次。保持土壤和管理条件一致，植株生长发育健壮整齐。

7.3.2 冷冻低温处理及其电导率的测定

7.3.2.1 生长季低温诱导处理

在生长季（8 月中下旬），将生长正常的盆栽苗木选取 12 盆和生长势相近的当年生枝条 30 根带回室内。分去盆带土坨整株苗、带叶的当年生枝条和不带叶的当年生枝条 3 种材料。将 3 种材料置于 mLR-350H 型光照培养箱进行低温诱导，低温诱导的条件设为：光照 10 h，温度为（8±1）℃；黑暗 14 h，温度为（4±1）℃。室外温度（25±2）℃／（15±2）℃，光照约 12 h 为对照。每处理 1 d、3 d、5 d、7 d 后取材，带土坨的整株苗每次取材 3 盆，离体带叶枝条和离体去叶枝条每次取枝条 3~4 根，取材后进行相关生理生化指标测定，分析比较研究。

7.3.2.2 休眠期枝条低温处理

秋末当温度渐降，自然低温诱导的过程中，每隔一段时间（9 月 8 日、9 月 28 日、10 月 12 日、11 月 6 日、12 月 7 日、1 月 6 日）取材，每次每种苗木取材 3 株。将枝条、根系、根茎肢解后分别测定相关生理生化指标，并与人工低温诱导的材料做比较研究。

在櫻桃落叶进入休眠后，将待试的盆栽苗木搬进温室，上覆草帘，室内温度在 2~6℃，作为处理的对照温度。用低温冰箱进行低温处理，每处理 10 个枝条。冷冻的温度处理为：-13℃、-16℃、-19℃、-22℃、-25℃，低温维持 10h。降温速度和冷冻后解冻速度均控制为 4℃／h，温度变化幅度为±0.5℃。低温处理前 0℃预冷 12 h，处理后 0℃回温 12 h。对低温处理的枝条进行相关生理生化指标测定。

7.3.2.3 根系低温处理

取粗度为 2~3 mm，根段长 4~5cm 的根 25~30 条进行低温处理，处理前先洗去表面的泥沙和死表皮，减小本底电导率。将洗好的根用滤纸吸干表面的水，用聚乙烯袋装好，在 0℃下预冷 2h，用冰盐混合降温法降温（郭修武，

1990）。用 WNY－150A 型数字测温仪准确测温。温度处理为：室温（CK）、－4.0℃、－7.1℃、－9.0℃、－11.5℃、－13.5℃、－16.5℃。温度变化幅度为±0.5℃，低温处理的时间为 3 h，处理后 0℃回温 2 h 后测定。

7.3.2.4　电导率的测定

（1）清洗用具和材料

由于电导率变化极为灵敏，所以应用洗衣粉仔细清洗玻璃器皿，再用自来水冲刷 4~6 次，蒸馏水润洗 3 次。烘干后备用。为了减小误差，材料在低温处理前也要清洗干净。

（2）浸提与测量

将处理的材料剪成 2~3mm 的小段，称取 2 g（根取 0.5 g）装入 50mL 的三角瓶中，加入 20 mL 蒸馏水，置于 25℃下的恒温箱中浸提 12h。用 DDS－307型电导仪测定浸出液的电导率，代表处理材料的电解质渗出量（C_1），然后将三角瓶盖上冷凝盖，置沸水浴中煮沸 30min，杀死组织，将三角瓶在恒温箱中静止 12 h，测定其电导率，为煮沸后的电导率（C_2）。每个处理重复 2~3 次。处理材料的电解质参考计算公式如下。

电解质渗出率（%）＝（C_1 / C_2）×100

7.3.3　生长法测定

将低温处理后的枝条水插，放在光照培养箱中培养，温度 25℃和光照 14 h，湿度 15℃，黑暗 10 h。经过一个月左右，未受冻的枝条萌芽展叶，记录萌芽展叶情况并拍照。

7.3.4　枝条处理后过氧化物同工酶分析

采用聚丙烯酰胺凝胶电泳法（张宪政等，1994）。

7.3.4.1　酶液的制备

称取 0.5g 枝条韧皮部剪碎于研钵中，用 $5×10^{-2}$mol/L 磷酸缓冲液（pH 值7.8）在冰浴中研磨至匀浆，4℃下以 13 000g 离心 20min，取上清液即为酶的粗提液。4~6℃冰箱中保存备用。

7.3.4.2 电泳凝胶的配制

（1）分离胶的配制

取凝胶母液按 A：B：C：水 = 1：3：1：3（体积比）配制，制备两块胶片 A 液取 5mL 即可。

（2）隔层胶的配制

取凝胶母液按 D：E：C：F = 1：3：1：3（体积比）配制，两块胶片 D 液取 2mL 即可。（ABDEF 液均按书上的药品和浓度配制；C 液取 0.14g 过硫酸铵用水溶解再加入核黄素 4 mg，用蒸馏水定容到 100 mL。）上述凝胶按比例分别放在不同的小烧杯中，在-650 mmHg 下抽气 15min 备用。

7.3.4.3 凝胶片的制备

取干净的玻璃片模板 4 块，其中 2 块为凹形，2 块为方形，组成 2 组。每组中凹形和方形板各 1 块。注胶前间层左、右及底部边缘用特制的塑料条封闭（为防止漏胶，可在胶条上适当涂些凡士林）模板封闭完毕后，用铁夹将模板垂直固定在模板架上，然后在日光下将抽气的凝胶母液混匀后注入模板。分离胶高度一般在距凹形板凹线 3~4cm 即可，然后用注射器沿玻璃板轻轻注入蒸馏水压平胶面，蒸馏水的高度在 1cm 左右较合适，分离胶在光下约 40min 可聚合，吸取蒸馏水，注入隔离胶，并立刻插入梳子。隔层胶凝聚后（约30min），在梳子上加一层水，然后缓慢拔下梳子，用滤纸条吸干梳子孔内的水和残留的胶体。胶片制好后，连同模板一起固定在电泳槽上，凹面模板在内。

7.3.4.4 点样与电泳

每个点样槽穴用微量进样器注入酶粗提液 50 μL。电泳槽上层加入稀释后的电极缓冲液至没过胶片处，并滴入 3~5 滴 0.1%溴酚蓝，电泳槽下层加入电极缓冲液至没过胶片，并用长的弯针将胶片与缓冲液相交处的气泡抽走。电泳时，用稳压电泳仪，隔层胶电压控制在 100~120V。8℃下约 6 h 可完成。

7.3.4.5 过氧化物同工酶的染色

（1）染色液的配制

取 0.2g 联苯胺，加入 3mL 热醋酸溶解后，加入 3mL 5% EDTA-Na$_2$ 溶液，再加入 3mL 4% NH$_4$Cl 定容到 220 mL，加入 1 mL H$_2$O$_2$，混匀后备用（现用现配）。

（2）染色

将电泳后的胶片取下后，浸入配好的染色液中，并不时地晃动，5min 后，出现清晰的过氧化物同工酶谱带。当谱带刚由蓝色转为褐色时，将胶片用蒸馏水冲洗后保存并拍照。

7.3.5 樱桃枝条中相关生理生化指标的测定

取一年生枝条进行抗寒相关生理生化指标的测定，其中可溶性糖的测定采用蒽酮法测糖（邹琦，2000）。淀粉的测定采用高氯酸降解淀粉，用蒽酮法测定（邹琦，2000）。可溶性蛋白含量的测定 采用考马斯亮蓝 G-250 法测定（邹琦，2000）。游离脯氨酸测定采用茚三酮显色法（邹琦，2000）。花青素含量测定采用盐酸乙醇法（郝建军，2000）。

7.3.6 樱桃枝皮中 SOD 活性及丙二醛含量的测定

7.3.6.1 SOD 提取及测定

（1）酶的提取

酶的提取同过氧化物同工酶测定中酶提取，酶的粗提液可同时用于酶的活性测定和丙二醛含量的测定。

（2）酶的活性测定

取透明度好、质地相同的 15mL 试管 4 支，2 支为测定管，2 支为对照管。测定管中加入：0.05mol/L 磷酸缓冲液 1.5mL；130mmol/L Met 溶液 0.3mL；750μmol/LNBT 溶液 0.3mL；100μmol/L EDTA-Na$_2$ 溶液 0.3mL；20μmol/L 核黄素溶液 0.3mL；酶液 50μL（对照 2 支管以缓冲液代替）；蒸馏水 0.5mL。总体积为 3.25mL。混匀后给一支对照管罩上比试管稍长的双层黑色塑料袋遮光，与其他各管同时置于 4 500 lx 日光灯下反应 40min（要求各管照光情况一致，反应温度控制在 25~30℃）。反应结束后，用黑布罩上试管，终止反应。以遮光的对照管作为空白，分别在 560nm 波长下测定各管的吸光度值，计算 SOD 活性（邹琦，2000）。

7.3.6.2 丙二醛含量的测定

采用紫外分光光度法（邹琦，2000）。

7.3.7　枝条木质部与韧皮部的测量与比较研究

　　将休眠的枝条取回后洗净，剪成 5cm 的枝段。枝段在清水里浸泡 24 h 左右，用滑走切片机切下 20μm 厚的切片，将切片在载玻片上展开，用番红和固绿对染，使韧皮部染成绿色，木质部染成红色，在显微镜下用标尺测出木质部和韧皮部以及枝条半径的大小。记录比较研究。

7.4　自然低温诱导及休眠期间樱桃体内生理生化指标的变化

7.4.1　樱桃不同部位可溶性糖含量的变化

7.4.1.1　枝条中可溶性糖含量的变化

　　如图 7-1 所示，从 9 月 8 日到 10 月 12 日期间，樱桃枝条中可溶性糖不断积累，到 10 月 12 日左右樱桃落叶进入休眠，枝条中糖含量出现峰值。深休眠期间枝条中可溶性糖含量有少许的波动，并呈缓慢下降的趋势。从图中可以明

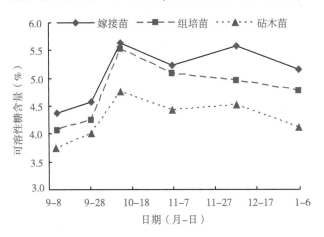

图 7-1　不同时期枝条中可溶性糖含量的变化

显看出，在低温驯化和休眠期嫁接苗枝条中糖含量始终最高，组培苗糖含量居

中，砧木苗糖积累量最少。可溶性糖一方面是原生质代谢可直接利用的原料，另一方面可溶性糖又增加原生质的浓度，减少细胞内失水和结冰，因而提高植株抗寒性（万清林，1990）。本试验结果证实，在低温诱导樱桃抗寒性的同时枝条中可溶性糖含量增加。

7.4.1.2 根系中可溶糖含量的变化

如图7-2所示，在9月8日到9月28日期间嫁接苗与组培苗的根系中糖含量有一个剧增过程。砧木苗根系中糖含量剧增延续到10月12日前后。冬季休眠期三者根系中的糖含量总体趋势为缓慢增加。从三条曲线上看，嫁接苗的根系中糖含量最高，组培苗居中，砧木苗最低。休眠期根系中可溶性糖有渐增的趋势，这可能是一部分淀粉分解的结果（简令成，1965）。图中根系中糖都大量积累，根系中细胞液浓度有一定的提高，有助于降低冰点，提高植株根系抗寒性。王世珍（2002）提出根系中的可溶性糖含量与根系的抗寒性相关，根系糖含量较高的抗寒性强。因此，可以认为冬季樱桃根系中可溶性糖含量的增加与根系抗寒性的提高有一定相关性。

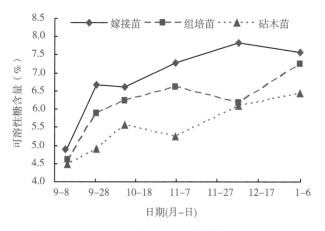

图7-2　不同时期根系中可溶性糖含量的变化

7.4.1.3 根颈中可溶性糖含量的变化

试验结果显示，组培苗与砧木苗根颈中可溶性糖含量变化呈现相同趋势。糖含量均在10月12日左右出现小峰值，到11月6日附近有回降，而后又缓慢升高。嫁接苗糖含量峰值出现较早，在9月28日左右，但峰值不明显，到

10月12日附近有少许回降，而后迅速增加，且增加量明显高出9月28日左右出现的峰值。致使在深休眠期间嫁接苗根颈中可溶性糖含量明显高于组培苗和砧木苗（图7-3）。分析原因可能是，嫁接苗可能由于砧穗互作促进糖积累。一般认为可溶性糖在植物体内的作用不仅仅局限于直接提高植物的抗性（Steponkus，1984），更作为一种碳源的贮备（王世珍等，2002）。因此，根颈中糖积累在深冬提高植株体内的营养水平，对植株抗寒性的提高有重要的作用。

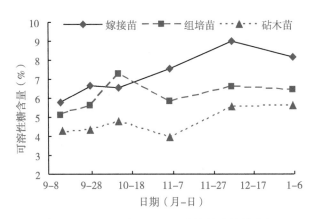

图7-3 不同时期根颈中可溶性糖含量的变化

7.4.2 樱桃不同部位淀粉含量的变化

7.4.2.1 枝条中淀粉含量的变化

从图7-4中可以看出，由落叶进入休眠（9月8日至10月12日），3种苗木淀粉的积累均较少。这可能是有一些淀粉分解，分解的淀粉增加了可溶性糖含量，从而增加细胞液的浓度，提高了抗寒性。10月12日至11月6日，淀粉进行了大量的积累，且以嫁接苗积累最多。11月6日后，淀粉开始分解，生成小分子的糖，从而使细胞的渗透浓度升高，增加了细胞的保水能力，提高了抗寒性。

7.4.2.2 根系中淀粉含量的变化

如图7-5所示，在落叶的同时根系中积累了大量的淀粉。根系中淀粉积

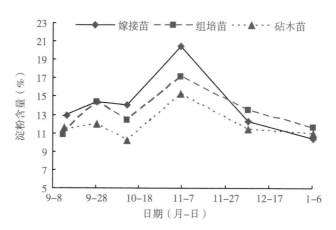

图 7-4　不同时期枝条中淀粉含量的变化

累量大，且积累的峰值出现较早。进入休眠期后，根系中的淀粉开始分解。嫁接苗的根系中淀粉积累量大，且分解得较快。分解的量较大。砧木苗根系中淀粉积累少，且分解得缓慢，分解的量较小。淀粉分解提高了根系细胞中的糖液浓度，与根系抗寒性的提高密切相关。

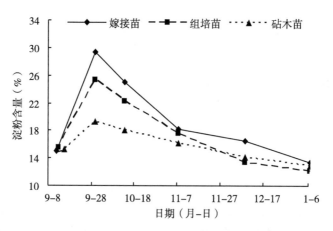

图 7-5　不同时期根系中淀粉含量的变化

7.4.2.3　根颈中淀粉含量的变化

试验结果显示，嫁接苗根颈淀粉的含量较稳定，且一直维持较高水平。而组培苗与砧木苗，先是有一个淀粉积累的小高峰，之后又下降，在 11 月 6 日后保持一平稳的淀粉含量。根颈中淀粉含量较根系和枝条中的高，并且在休眠期间波动不大。根颈中积累一定量的淀粉有助于提高植株的营养水平，提高植株整体的抗寒性（图 7-6）。

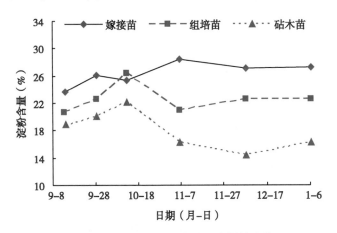

图 7-6 不同时期根颈中淀粉含量的变化

7.4.3 樱桃不同部位可溶性蛋白含量的变化

7.4.3.1 枝条中可溶性蛋白含量的变化

图 7-7 显示，3 种苗木枝条中可溶性蛋白的含量呈现相似的变化规律，即在低温驯化期（9 月 8—28 日），3 种苗木的枝条中可溶性蛋白累积并不明显。9 月 28 日至 10 月 12 日，可溶性蛋白含量急剧增加，在深冬休眠期，枝条中可溶性蛋白含量呈微小的波动，且保持较高蛋白含量水平。就不同的苗木而言，嫁接苗从秋末到深冬期间可溶性蛋白明显增多，各期含量均高于组培苗和砧木苗。众多研究已表明，植物在低温锻炼期间，细胞内可溶性蛋白含量和抗冻性之间呈明显的正相关，即可溶性蛋白含量随低温锻炼抗冻性的提高而增加（王淑杰，1996；王丽雪，1996）。

7.4.3.2 根系中可溶性蛋白含量的变化

如图 7-8 所示，3 种苗木根系中可溶性蛋白含量变化的规律没有枝条中明显，嫁接苗根系中可溶性蛋白积累较快，在 9 月 28 日出现高峰，而组培苗与砧木苗可溶性蛋白积累的高峰出现稍晚，在10月12日左右出现。除10月12日一点外，嫁接苗的根系中可溶性蛋白的含量始终最高。高含量的可溶性蛋白增加了细胞液浓度，对提高根的抗寒性有重要作用。

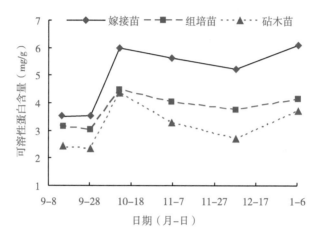

图7-7 不同时期枝条中可溶性蛋白含量的变化

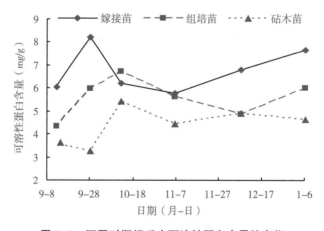

图7-8 不同时期根系中可溶性蛋白含量的变化

7.4.3.3 根颈中可溶性蛋白含量的变化

如图7-9所示，3种苗木根颈中的可溶性蛋白含量变化呈现相似的规律。在冷驯化前期，根颈可溶性蛋白积累较缓慢。9月28日至10月12日，根颈中可溶性蛋白含量急剧增加，出现蛋白含量的高峰。而在休眠期间蛋白含量呈现缓慢的下降趋势，这与前人（姚胜蕊，1991）研究相似。整个秋末至深休眠期间，嫁接苗中可溶性蛋白含量始终最高，高含量的可溶性蛋白提高了细胞液浓度，对植株体抗寒性的提高有一定作用。

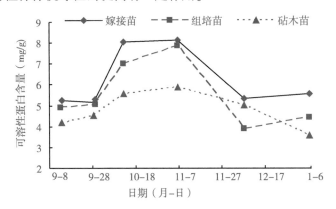

图 7-9　不同时期根颈中可溶性蛋白含量的变化

7.4.4　櫻桃枝条中 SOD 酶活性的变化

如图 7-10 所示，从深秋的寒冷驯化到初冬进入休眠期，SOD 酶活性不断升高，11 月 6 日达到顶峰，深休眠期间，SOD 酶活性有一定波动，但保持较

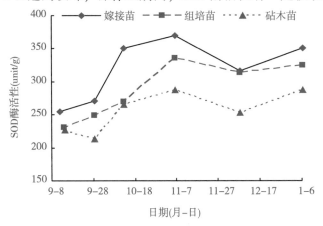

图 7-10　不同时期枝条中 SOD 酶活性的变化

高的水平。且嫁接苗 SOD 酶活性始终最高。SOD 酶作为防御细胞膜系统受活性氧伤害的保护酶之一，与植株的抗寒性密切相关。彭昌操等（2000）在研究低温锻炼期间柑橘原生质体 SOD 酶和 CAT 活性变化中指出，低温锻炼期间，植株在获得抗寒力的同时 SOD 酶活性增强，且抗寒性强者保持较高的SOD 酶活性水平。

7.4.5 枝皮中丙二醛含量的变化

如图 7-11 所示，低温驯化期间枝皮中的丙二醛（MDA）含量有一定量增加，在 9 月末达到顶点。结合图 7-10 可以看出，在继续降温时，MDA 含量开始下降，同时 SOD 活性开始增强。因此可以得出结论，在逆境条件下酶保护系统加强，清除自由基的能力增强，产生的膜质过氧化产物少，能适应逆境条件下生存。图 7-11 中可以看出，砧木苗枝皮中 MDA 含量最高，组培苗居中，嫁接苗最低。说明三者抵御低温逆境的能力有一定的差距，嫁接苗抵御逆境的能力较强，组培苗居中，砧木苗较弱。

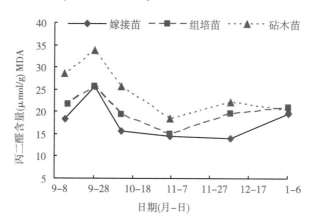

图 7-11　不同时期枝皮中丙二醛含量的变化

7.4.6 櫻桃不同部位游离脯氨酸含量的变化

7.4.6.1 枝条中游离脯氨酸含量的变化

图 7-12 中清晰地看出 3 种苗木枝条中游离脯氨酸的变化具有相似的规律，

在9月末到10月上旬低温驯化期间，脯氨酸急剧积累。嫁接苗枝条中游离脯氨酸增加近5倍，组培苗增加4倍多，砧木苗增加最多，达到14倍以上。但游离脯氨酸净含量以嫁接苗含量最高，组培苗居中，砧木苗最低。在深休眠期间，脯氨酸含量渐降，到1月含量又回到原来位置。脯氨酸具有很强的亲水性，对原生质的保水能力及胶体稳定性有一定作用，可以用作防冻剂或膜稳定剂。何若韫等（1984）研究草莓叶片的低温驯化效应中发现，低温使草莓叶片中游离脯氨酸含量增加20~30倍，但未表现出品种抗冻性与游离脯氨酸含量的相关性。因此，推断驯化期间游离脯氨酸含量的增加更主要的是一种伴生的低温效应。而艾希珍等（1999）研究指出，低温胁迫下黄瓜嫁接苗较自根苗为高的游离脯氨酸和水溶性糖含量是其抗冷性增强的内在原因。本试验研究也认为低温驯化期间枝条中脯氨酸的积累对枝条抗寒性提高有一定的作用。

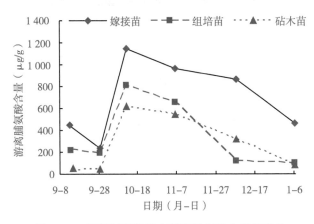

图7-12 不同时期枝条中游离脯氨酸含量的变化

7.4.6.2 根系中游离脯氨酸含量的变化

从图7-13中可以看出，低温驯化期间，根系中游离脯氨酸有一定积累，与枝条中相比，根系中游离脯氨酸增加的幅度小一些。且游离脯氨酸积累没有枝条中的积累集中。从9月初开始就有积累，到10月中旬达到顶峰，增加只有2~3倍。而在深休眠期间，游离脯氨酸下降的幅度没有枝条中的明显，在嫁接苗的根系中呈现一定得波动，但总量没有明显下降的趋势，致使明显比组培苗与砧木苗含量高。嫁接苗根系中高游离脯氨酸含量提高细胞液浓度，对其根系抗寒性提高有一定的作用。

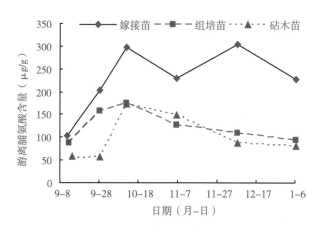

图 7-13 不同时期根系中游离脯氨酸含量的变化

7.4.6.3 根颈中游离脯氨酸含量的变化

从图 7-14 中可以看出，嫁接苗与组培苗及砧木苗的根颈中游离脯氨酸含量呈现不同的规律性，嫁接苗的根颈中游离脯氨酸积累有一个明显的高峰，且高峰出现较早，在 10 月中旬。深休眠期间，游离脯氨酸含量一直高于其他苗木。组培苗和砧木苗游离脯氨酸的累积高峰出现在 11 月上旬，且在深休眠期间，游离脯氨酸含量一直呈现渐降趋势。根颈是果树储存营养的一个重要部

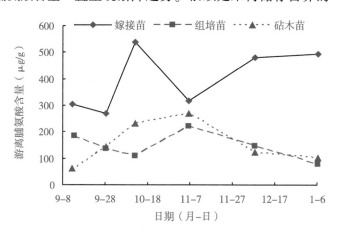

图 7-14 不同时期根颈中游离脯氨酸含量的变化

位，也是果树冬季受冻的主要部位，嫁接苗根颈中游离脯氨酸含量一直较高，可能是砧穗的互作效应引起的，根颈中高含量的游离脯氨酸含量对提高植株的抗寒性有一定的作用。

7.4.7　一年生枝皮中花青素含量的变化

如图7-15所示，在低温驯化期间（9月8日至10月12日），枝皮中的花青素含量变化不明显，嫁接苗与砧木苗有少量的花青素积累，组培苗甚至出现花青素降低的现象。入冬后进入休眠期，嫁接苗与组培苗枝皮中的花青素含量迅速积累，深冬花青素含量达到一个较高水平。砧木苗休眠期花青素含量几乎没有积累。Леонченко（1988）研究指出，在寒冷的条件下，由于植物对不良环境的反应而导致花青素的合成，许多植物的叶片和茎干变红。苹果树抗寒性程度与枝条皮层花青素的积累之间呈正相关。本研究得出低温使樱桃枝皮中花青素含量积累，且不同苗木之间积累量有差异。

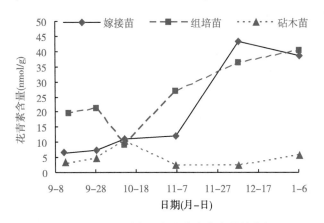

图7-15　不同时期枝条中花青素含量的变化

7.4.8　枝皮中过氧化物同工酶酶谱分析

如图7-16所示，不同时期嫁接苗、组培苗及砧木苗枝皮中过氧化物同工酶谱带均分3个区。A区内的谱带相对活性较强，B、C区内的谱带活性较弱。图中1~6的泳道是嫁接苗在不同时期（9月8日、9月28日、10月12日、11

月6日、12月7日、1月6日）取材枝皮中过氧化物同工酶的谱带分布情况（彩图112-A）。从图7-16中看出，9月8日和9月28日的枝皮中的过氧化物同工酶谱带只有4条，即只有A区的1谱带（$R_f = 0.086$）、2谱带（$R_f = 0.122$）和B区的4谱带（$R_f = 0.244$）、5谱带（$R_f = 0.272$）。10月12日的枝皮中过氧化物同工酶谱带比9月28日多出2条谱带，一条为A区的3谱带（$R_f = 0.151$）和C区的7谱带（$R_f = 0.437$）。且10月12日的枝皮过氧化物同工酶谱带中谱带2有明显加深的趋势。图7-16中7~12泳道为组培苗在不同时期（同上）取材枝皮中过氧化物同工酶的谱带分布情况。组培苗过氧化物同工酶谱变化规律与嫁接苗相似。图7-16中13~18泳道为砧木苗不同时期（同上）枝皮中过氧化物同工酶谱。从图中可以看到，砧木苗比组培苗和嫁接苗多一条谱带，砧木苗与嫁接苗和组培苗在相同时间取材，但谱带条数不同。这条多出的谱带是由于种性或遗传的差异造成的（梁立峰，1994）。驯化期间砧木苗谱带新增一条谱带3（$R_f = 0.151$），同时谱带6（$R_f = 0.387$）和谱带3有明显加深的趋势。从11月6日开始有谱带4、5减弱的迹象。

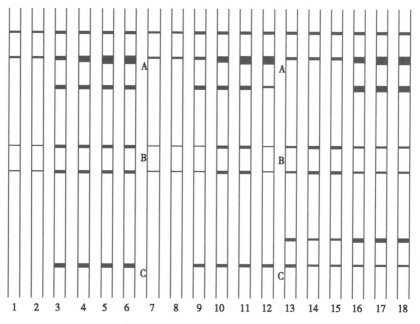

图7-16　不同时期枝皮中嫁接苗、组培苗及砧木苗过氧化物同工酶谱

综上所述，秋末经过低温驯化，植株抗寒性增强。嫁接苗与组培苗低温驯化期间，新增谱带 3、谱带 7，同时谱带 2 的活性加强；砧木苗新增谱带 3，同时谱带 6 和谱带 2 的活性明显增强。这与植株经过抗寒锻炼后其抗寒性增强有一定相关性。组培苗在 1 月 6 日的枝皮过氧化物同工酶谱带 4、5 有减弱的迹象，砧木苗在 11 月 6 日开始也有谱带 4、5 减弱的迹象。具体原因尚且不清，有待于进一步研究。

7.4.9 不同时期根系活跃吸收面积的变化

由图 7-17 可以看出，在寒冷驯化期间，三种苗木的根系活跃吸收面积明显减少，以砧木苗减少的幅度最大，组培苗居中，嫁接苗最小。进入休眠期后，根系的活跃吸收面积开始缓慢增加。深冬期间，嫁接苗的根系活跃吸收面积最大，组培苗居中，砧木苗最小。低温胁迫经常导致水分胁迫，致使伤害发生。一定活跃的吸收面积保证了休眠期吸收水分的需要，避免低温引起水分胁迫。因此，根系具有一定活跃吸收面积是根系抗寒的先决条件。

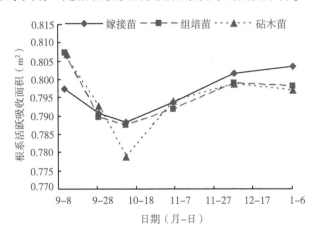

图 7-17 不同时期根系活跃面积的变化

7.4.10 不同时期根系比表面积的变化

由图 7-18 可以看出，3 种苗木的根系在寒冷驯化的初期，根系的比表面积均呈下降趋势，且以砧木苗下降得最多，嫁接苗居中，组培苗最少。进入休眠期后，根系的比表面积开始增加，在整个休眠期，以嫁接苗根系比表面积最大，组培苗居中，砧木苗最小。比表面积为根系的总吸收面积与根系体积的比值。嫁接苗比表面积大，即相同体积的根系总吸收面积大，保证了在休眠期微弱的生理生化反应所需的水分，避免低温引起的水分胁迫。

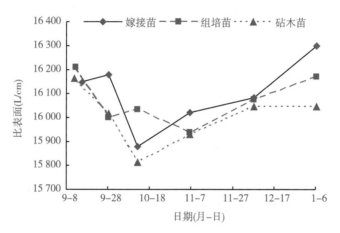

图 7-18　不同时期根系比活跃面积的变化

　　综上所述，在自然低温驯化阶段，樱桃枝条、根系及根颈中的可溶性糖、可溶性蛋白含量均大量积累，在深休眠糖和蛋白均维持一个较高的水平。其中嫁接苗增加幅度大，总含量最高，组培苗含量居中，砧木苗含量最低。淀粉在低温驯化期间得到积累，在深休眠期间，淀粉降解为可溶性糖，增加细胞液的渗透浓度，提高植株抗寒性。其中嫁接苗积累量大，降解迅速。组培苗积累量居中，降解较快。砧木苗积累量少，深冬降解缓慢。SOD 活性在低温驯化期间不断升高，在深休眠期间 SOD 活性维持较高水平，加强了低温下保护系统功能。相比较之下嫁接苗 SOD 活性高，组培苗 SOD 活性居中，砧木苗 SOD 活性低。低温驯化期间，游离脯氨酸含量急剧增加，脯氨酸的积累与抗寒性增强有一定的关系。总之，植株体内发生一系列生理生化反应，提高植株对低温的适应能力。抗寒性不同的植株发生的适应性反应亦不同。

7.5 生长季低温诱导樱桃植株体内生理生化指标的变化

7.5.1 低温诱导樱桃中可溶性糖含量的变化

7.5.1.1 常规枝条中可溶性糖含量的变化

从图 7-19 中可以看出，嫁接苗枝条中可溶性糖含量高，随低温诱导时间延长，枝条中可溶性糖含量增加的幅度较大，诱导从第 1 d 到第 7 d 可溶性糖增加 1.3 个百分点，组培苗可溶性糖含量也增加了 1.1 个百分点，而砧木苗可溶性糖含量低，且只增加了 0.6 个百分点。可见低温锻炼期间不同枝条中可溶性糖含量有不同程度的增加，以嫁接苗糖含量高，且增加的幅度大，组培苗糖含量和增加的幅度居中，砧木苗糖含量和增加的幅度低。

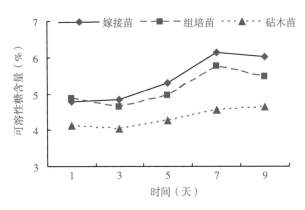

图 7-19 低温诱导不同时间枝条中可溶性糖含量的变化

7.5.1.2 离体带叶枝条中可溶性糖含量的变化

如图 7-20 所示，随着低温诱导时间的延长，枝条中可溶性糖含量均呈递增趋势，且糖含量的高峰提前到诱导的第 5 d。嫁接苗可溶性糖含量高，且增加的幅度大，净增约 2.2 个百分点，组培苗糖含量与增加的幅度均居中，糖净增约 1.4 个百分点，而砧木苗糖含量与糖增加的幅度最小，糖净增约 1.1 个百分点。由此可见，在低温诱导下离体枝条可溶性糖能够积累，诱导出抗寒性。

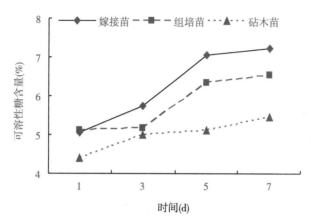

图7-20 低温诱导不同时间离体枝条中可溶性糖含量的变化

7.5.1.3 离体去叶枝条可溶性糖含量的变化

如图7-21所示，三种苗木在低温诱导时去叶的枝条中糖均有少量的增加的趋势，但三者的增加幅度均较小，说明低温下糖含量的积累与叶片密切相关。同时在低温诱导的第5天出现峰值，其中嫁接苗略高于组培苗，二者枝条中可溶性糖含量均高于砧木苗。

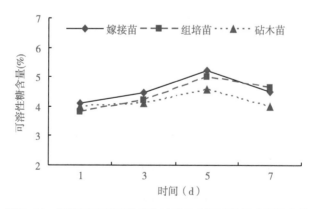

图7-21 低温诱导不同时间去叶枝条中可溶性糖含量的变化

综上所述，离体的枝条低温诱导明显比整株诱导的过程中可溶性糖含量高，分析原因可能是整株诱导时糖的积累一部分运往根部，致使枝条中糖的浓度不是很高。而去叶后的枝条可溶性糖积累很少。由此可见，低温诱导抗寒性可以在离体枝条中完成，且需要有叶片的存在。

7.5.2 低温诱导樱桃枝条中淀粉含量的变化

7.5.2.1 常规枝条中淀粉含量的变化

由图7-22可以看出，3种苗木枝条中的淀粉含量均呈现单峰曲线变化，均在诱导的第5天达到最高值。其中嫁接苗枝条中淀粉含量始终最高，组培苗淀粉含量居中，砧木苗淀粉含量始终最低。可见，低温诱导过程中淀粉的积累在不同种类枝条中有一定的差异。低温诱导抗寒性发生是使枝条中的淀粉先积累，而后又降解成小分子的糖，增加细胞液的浓度，一定程度提高了枝条对逆境的适应能力，提高抗寒性。

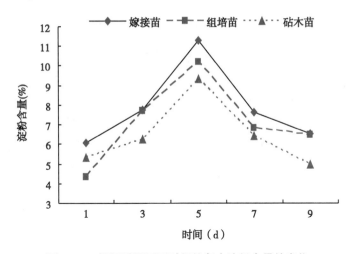

图7-22 低温诱导不同时间枝条中淀粉含量的变化

7.5.2.2 离体带叶枝条中淀粉含量的变化

从图7-23中能够看出，低温诱导离体枝条期间，枝条中淀粉也呈单峰曲线变化。嫁接苗的峰值出现在低温诱导第5天，组培苗与砧木苗的峰值出现在低温诱导第3天。在诱导过程中，嫁接苗枝条中淀粉积累量较高，组培苗淀粉含量居中，砧木苗淀粉含量较低。说明枝条在离体条件下可以进行淀粉的积累和降解，达到提高抗寒性的目的。在离体枝条中淀粉的积累量不少于整株中的积累。且不同苗木枝条中积累和降解淀粉的能力是不同的，即 3 种苗木对低温的适应能力是有差异的。

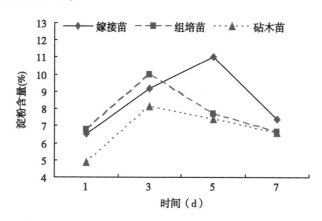

图 7-23　低温诱导不同时间离体枝条中淀粉含量的变化

7.5.2.3　离体去叶枝条中淀粉含量的变化

从图 7-24 中可以看出，在去除叶片枝条中淀粉的积累相对较少。3 种苗木在低温处理的过程中，随着时间的延长呈现单峰曲线的变化趋势，嫁接苗和砧木苗在低温处理的第 5 天出现峰值，组培苗在低温诱导的第 3 天出现峰值。枝条中淀粉含量以嫁接苗淀粉含量最高，组培苗居中，砧木苗最低。

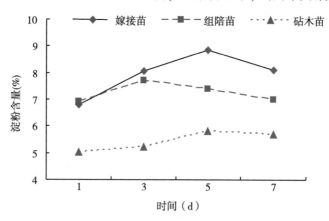

图 7-24　低温诱导不同时间去叶离体枝条中淀粉含量的变化

综上所述，离体的枝条低温诱导过程中有一定量的淀粉积累，积累量与整株诱导相当，而去叶后的枝条淀粉积累很少。淀粉的积累可能是叶片感受低温和短日照后，发生一系列生理生化反应的结果。低温诱导抗寒性可以在离体枝条中进行，且需要有叶片的存在。因此，推测低温诱导抗寒性可能在落叶前完成。

7.5.3 低温诱导樱桃枝条中可溶性蛋白含量的变化

7.5.3.1 常规枝条中可溶性蛋白含量的变化

研究结果显示，在低温诱导期间，三种苗木均有可溶性蛋白积累，呈相似规律。即低温诱导的第 1~3 天可溶性蛋白积累缓慢，甚至还有降低现象。而到低温诱导的后期（5~9 d 内），可溶性蛋白积累很明显，这与可溶性糖积累是同步的。嫁接苗枝条中糖含量和蛋白含量的变化曲线呈极显著相关，$r=$ 0.959 1[**]；组培苗枝条中二者含量呈显著相关，$r=0.957\ 3$[*]；砧木苗枝条中二者含量变化相关但不显著，$r=0.775\ 3$。Chen 等（1982）在研究马铃薯在寒冷驯化期间的生理反应后指出，设想出低温驯化的过程为：低温→糖的积累→渗透浓度提高→游离 ABA 含量增加→诱导蛋白合成→增加抗寒性。本试验证明诱导过程中糖积累和蛋白的积累有内在的联系（图 7-25）。

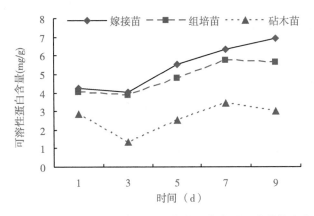

图 7-25 低温诱导不同时间去叶离体枝条中淀粉含量的变化

7.5.3.2 离体枝条中可溶性蛋白含量的变化

如图 7-26 所示，离体的枝条在诱导期间，枝条中可溶性蛋白含量均有积累，且蛋白积累的规律与整株相似。说明枝条在诱导期间可以不通过根系进行新的蛋白质的合成。枝条中的糖含量与蛋白含量变化呈正相关。嫁接苗的相关系数为：$r = 0.830\,0$，组培苗的相关系数为：$r = 0.747\,3$，砧木苗的相关系数为：$r = 0.110\,4$。从相关性分析上看，前两种苗木枝条中糖含量与蛋白含量变化相关系数较大，但都未达到显著水平。砧木苗两物质含量变化相关系数较小。这说明离体枝条在低温诱导过程中蛋白合成与枝条中糖含量有一定的关

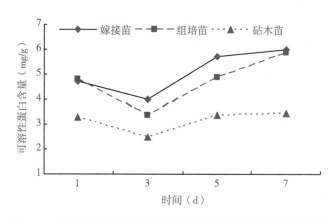

图 7-26 低温诱导不同时间离体枝条中可溶性蛋白含量的变化

系，但又不完全依赖于枝条中糖的积累。

7.5.3.3 离体去叶枝条中可溶性蛋白含量的变化

如图 7-27 所示，去叶的枝条在低温诱导下可溶性蛋白的含量呈降低—升高—降低的趋势，分析原因可能是诱导期间糖的积累较少，不能启动蛋白合成的体系进行蛋白合成。在低温诱导的 3~5 d，可溶性蛋白含量的增加可能来源于膜蛋白的降解（Faw，1976）。而在 5~7 d 中蛋白又有所降低，原因尚不清楚，有待进一步研究。三种苗木枝条中蛋白的含量与糖含量均呈正相关，但相关系数均不显著。嫁接苗的相关系数为：$r = 0.541\,5$；组培苗的相关系数为：$r = 0.441\,9$；砧木苗的相关系数为：$r = 0.449\,0$。这说明离体去叶枝条中可溶性蛋白积累与糖含量关系不大，即可溶性蛋白合成较少。

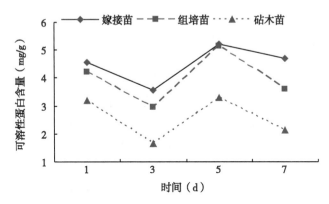

图 7-27　低温诱导不同时间离体去叶枝条中可溶性蛋白含量的变化

7.5.4　低温诱导樱桃枝条中 SOD 活性的变化

7.5.4.1　常规枝条中 SOD 活性的变化

从图 7-28 中可以看出，低温诱导对三种苗木枝皮中 SOD 活性的影响具有相似的规律。在组培苗与嫁接苗低温诱导的 1~3 d，SOD 活性呈降低趋势，砧木苗在 1~3 d 呈缓慢的增长，在低温诱导的 3~7 d 内，SOD 活性迅速增加，且嫁接苗枝条中 SOD 活性最高，组培苗枝条中 SOD 活性居中，砧木苗中 SOD

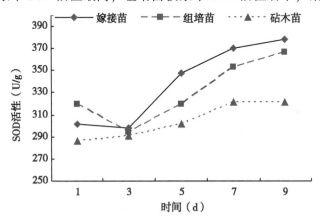

图 7-28　低温诱导不同时间枝条中 SOD 活性的变化

活性最低。在低温诱导达到 9 d 时，嫁接苗和组培苗枝条中 SOD 活性比第 7 天仍有一定的增高，而砧木苗有下降的趋势。低温诱导下 SOD 活性越强，在低温下对自由基的清除能力增强，对低温逆境的适应能力越强，抗寒性越强。

7.5.4.2 离体枝条中 SOD 活性的变化

如图 7-29 所示，低温诱导离体的樱桃枝条能激活 SOD 的活性，在诱导的第 7 天，酶活性达到最高。低温诱导期间离体枝条 SOD 活性缓慢增加，没有迅速增加的区域。这说明低温诱导 SOD 活性增加可以在离体枝条中发生，但根系对酶活性提高有一定的影响。无论整株还是离体枝条都需要一段时间，才能诱导出 SOD 高活性，紧接着一系列抵御逆境的保护体系被建立。

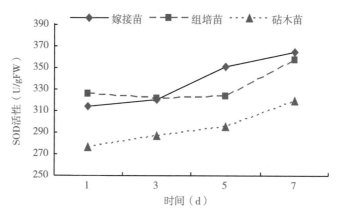

图 7-29 低温诱导不同时间离体枝条中 SOD 活性的变化

7.5.5 低温诱导樱桃枝条中丙二醛（MDA）含量的变化

7.5.5.1 常规枝条中丙二醛（MDA）含量的变化

如图 7-30 所示，在低温诱导的第 3 天 MDA 含量出现高峰，在低温诱导时间延长时，MDA 含量开始降低。结合图 28 可以看到，低温诱导的第 3 天 SOD 活性最低。这说明在低温诱导的前期，由于 SOD 活性没有被激活，致使 MDA 有了一定量的积累。当继续低温诱导时，SOD 活性得到加强后，增加了清除自由基能力，减少了对膜的损伤，MDA 含量自然就减少了。就三者比较而言，在低温诱导的第 5 天以后，砧木苗 MDA 含量明显高于嫁接苗和组培苗。

说明砧木苗自由基清除能力较弱，对低温的适应能力差。

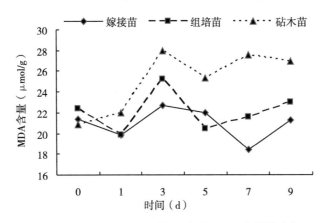

图 7-30 低温诱导不同时间枝条中 MDA 含量的变化

7.5.5.2 离体枝条中丙二醛（MDA）含量的变化

如图 7-31 所示，在低温胁迫的第 3 天出现 MDA 含量的高峰，但在继续低温诱导下，MDA 的含量下降的趋势并不明显，组培苗甚至出现继续升高的趋势。结合图 7-29 不难看出离体枝条在第 5~7 天的低温诱导过程中，SOD 活性增加得很少，清除自由基的能力较弱，而自由基不断产生，破坏膜系统，致使 MDA 不断积累。

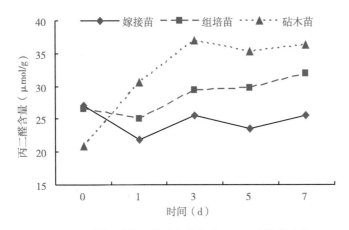

图 7-31 低温诱导不同时间枝条中 MDA 含量的变化

7.5.6　低温诱导枝条中游离脯氨酸含量的变化

7.5.6.1　常规枝条中游离脯氨酸含量的变化

如图 7-32 所示，低温诱导的第 1 天 3 种苗木枝条中游离脯氨酸含量均较高。说明生长季樱桃突遇低温后，有大量的游离脯氨酸合成。这是植物抵御逆境的自然生理反应（张宪政，1994）。在继续低温诱导下，植物体适应了低温环境后，游离脯氨酸的含量有大幅度下降。且下降的幅度以嫁接苗为最大，组培苗居中，砧木苗最小。在低温诱导的第 5 天游离脯氨酸含量达到最低值。继续低温诱导使枝条中游离脯氨酸含量又开始积累。图中显示砧木苗积累脯氨酸含量较嫁接苗和组培苗明显多，原因有待于进一步研究。

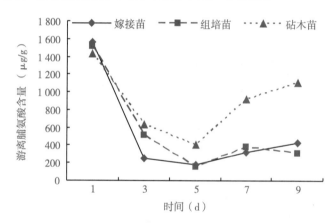

图7-32　低温诱导不同时间枝条中游离脯氨酸含量的变化

7.5.6.2　离体枝条中游离脯氨酸和含量的变化

如图 7-33 所示，低温诱导的第 1 天枝条中游离脯氨酸含量并未急剧增加，而到第 7 天时，游离脯氨酸急剧增加。且组培苗和嫁接苗中游离脯氨酸含量超过了砧木苗。游离脯氨酸具有很强的亲水性，对原生质的保水能力及胶体稳定性有一定作用，可用作防冻剂或膜稳定剂（Thebud，1981）。因此，低温诱导生成的大量游离脯氨酸对增加枝条抗寒性有一定作用。

7.5.6.3　离体去叶枝条中游离脯氨酸含量的变化

从图 7-34 中可以看出，在低温诱导的第 1 天，3 种苗木游离脯氨酸含量

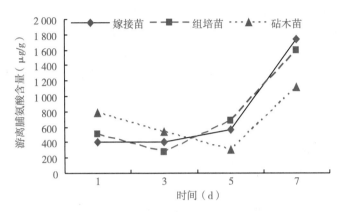

图 7-33 低温诱导不同时间枝条中游离脯氨酸含量的变化

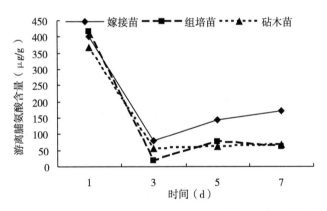

图 7-34 低温诱导不同时间离体去叶枝条中游离脯氨酸含量的变化

均在 350~450 μg/g，在继续低温诱导下，三种苗木的游离脯氨酸含量均急剧下降，降至 100 μg/g 以内，在继续低温诱导下游离脯氨酸增量很少。

由图 7-32 与图 7-33 比较可知，常规枝条中游离脯氨酸合成、积累的变化规律与离体枝条不同，说明游离脯氨酸合成、积累与植株的根系有一定关系。由图 7-34 比较看出，离体去叶枝条中游离脯氨酸几乎没有积累，说明低温诱导游离脯氨酸的含量只有在叶片参与下才能完成。这一点在葡萄柚上得到相同的结论（马翠兰等，1998）。

综上所述，在生长季进行低温诱导植株抗寒性试验中表明，在低温诱导期间，植株中可溶性糖、淀粉、可溶性蛋白含量均有一定的积累。且嫁苗含量高，增加的幅度大。组培苗含量居中，增加的幅度居中。砧木苗含量低，增加幅度小。植株中 SOD 活性也在低温诱导时被激活。同时证明低温诱导在没有根的离体枝条中基本可以顺利进行，而在去叶的情况下，一些生理反应被阻止，低温诱导的原初部位可能是叶片。即叶感受短日照，启动一系列生理生化反应进行抗寒性的诱导，来使植物体适应低温环境。

7.6　休眠期樱桃植株抗寒性鉴定

7.6.1　电导法测定一年生枝条相对电导率的变化

从图 7-35 中可以看出 3 种苗木低温处理后，枝条电导率值均大致呈"S"形曲线变化。嫁接苗枝条电解质渗出最低，出现电解质急剧增加的温度在 −25～−22℃。组培苗的电解质渗出率居中，出现电解质急剧增加的温度在 −22～−19℃。砧木苗电解质渗出率最高，且出现电解质急剧增加的温度在 −19～−16℃。从图中可以估计出樱桃低温的半致死温度范围，比较出品种间抗寒性的相对强弱。抗寒性由强至弱的顺序为：嫁接苗>组培苗>砧木苗。

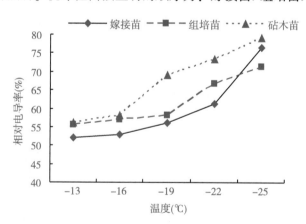

图 7-35　低温诱导后枝条的相对电导率的变化

7.6.2 电导法测定一年生枝条伤害率的变化

由图 7-36 可以看到，低温胁迫下枝条伤害率变化大致呈 "S" 形曲线。嫁接苗枝条在高于-22℃处理时，伤害率增加缓慢，在-25℃处理时枝条的伤害率急剧增加。-25℃处理后发生了不可逆转的低温伤害，达到致死温度。组培苗在高于-19℃处理时，低温对枝条的伤害增加很少。在-22℃的低温处理时枝条的伤害率急剧增加，发生了不可逆伤害。砧木苗在-16～-13℃的低温处理时，枝条伤害率增加缓慢，在-19℃处理后伤害率急剧增加，造成了枝条的不可逆低温伤害。因此，图 7-36 显示了发生低温不可逆伤害的温度范围。从而确定低温使枝条致死的温度，确定枝条的抗寒性。

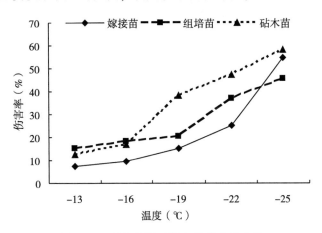

图 7-36 低温诱导后枝条伤害率的变化

7.6.3 生长法鉴定一年生樱桃枝条的抗寒性

将低温处理后的枝条置于光照培养箱中培养，待打破休眠后枝条萌芽展叶，观察记录萌芽展叶的比率如表 7-1 所示。嫁接苗在高于-19℃的处理时为可逆的伤害，通过自身的修复系统基本可以修复还原伤害，处理后大部分可以正常萌芽展叶，恢复生长。-22℃时有 25% 的枝条萌芽展叶，50% 的枝条未萌芽。这说明低温到达-22℃时已经达到半致死温度。但在-25℃嫁接苗仍有 16.67% 的枝条萌芽展叶，说明嫁接苗的枝条在-25℃处理时，有一定的恢复能力。组培苗在高于-19℃低温处理时为可逆伤害，多数可以通过自身修复恢复生长。在-22℃低温处理时，有50%的枝条萌芽但未展叶，说明在高于-22℃时，就已达到组培苗的低温半致死温度。在-25℃时也有12.5%的枝条萌芽，说明组培苗的枝条也有一定的抗低温能力。砧木苗在-13℃处理时，多数可以正常萌芽展叶，在-16℃有一半的枝条被冻死，一半的枝条萌芽展叶。说明砧木苗在-16℃达到半致死温度。由此看出，砧木苗对低温适应能力较差。具体情况详见彩图113，彩图114，彩图115。

表7-1　低温处理后枝条水培萌芽展叶情况

苗木种类	处理温度（℃）					
	CK	-13	-16	-19	-22	-25
嫁接苗	萌芽展叶	萌芽展叶	萌芽展叶	85%萌芽展叶 15%未萌芽	25%萌芽展叶 25%萌芽未展叶 50%未萌芽	16.67%萌芽展叶 83.33% 未萌芽
组培苗	萌芽展叶	萌芽展叶	萌芽展叶	90%萌芽展叶 10%未萌芽	50%萌芽未展叶 50%未萌芽	12.5%萌芽展叶 87.5%未萌芽
砧木苗	萌芽展叶	90%萌芽 展叶10% 未萌芽	50%萌芽 展叶50% 未萌芽	未萌芽	未萌芽	未萌芽

综上，结合电导法和生长法测定樱桃枝条抗寒性，既简便又具有说服力，是适合樱桃抗寒性鉴定的方法。

7.6.4　低温胁迫下枝条中可溶性糖含量的变化

如图7-37所示，3种苗木在开始低温处理时枝条中可溶性糖含量均比对照有所增加，达到致死温度后可溶性糖开始下降。低温胁迫使枝条中糖含量增加是植株抵御低温的表现（Yelenosky，1985，Lasheen and chaplin，1971）。图中显示抗寒性强的嫁接苗糖含量始终最高，抗寒性较弱的砧木苗糖含量最低，而抗寒性居中的组培苗糖含量居中。且用三种苗木-19℃的电导率值和糖含量值做相关分析，二者呈负相关（$r=-0.9932$）。砧木苗在低温胁迫下糖含量在不断上升，在-16℃时达到顶峰，同时在-16℃时砧木苗达到半致死温度，在继续低温处理下，枝条中的糖含量开始下降。嫁接苗与组培苗在到达半致死温度处理时枝条中糖含量均升高且达到最大值，而后糖含量急剧下降，这说明糖在枝条抵御外界低温胁迫时起到很重要的作用。

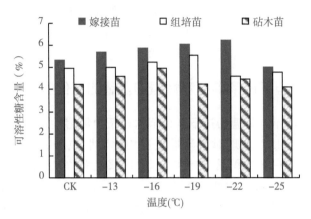

图 7-37　低温处理后枝条中可溶性糖含量的变化

7.6.5　低温胁迫下枝条中淀粉含量的变化

如图 7-38 所示，低温处理后嫁接苗与组培苗淀粉积累呈现相近的规律，而砧木苗呈现不同于前两者的规律。对照枝条中淀粉含量为嫁接苗>组培苗>

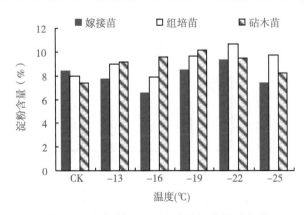

图 7-38　低温处理后枝条中淀粉含量的变化

砧木苗。在低温处理时，抗寒性强的嫁接苗枝条中淀粉开始降解，含量大幅度降低。组培苗枝条中淀粉有一部分降解，但降解没有嫁接苗中淀粉降解量大。而抗寒性弱的砧木苗，枝条中淀粉含量无降解发生，相反有一定量淀粉积累。这说明嫁接苗对低温适应能力较强。低温下嫁接苗能将一部分淀粉分解成小分子的可溶性糖，增加了细胞的保水能力，增加了抗寒性。在−19℃低温处理后，嫁接苗和组培苗枝条中淀粉开始积累，可能是由于低温使枝条发生了不可逆伤害，一些生理生化反应平衡被打破的结果。

7.6.6　低温胁迫下枝条中可溶性蛋白含量的变化

如图 7-39 所示，低温胁迫下 3 种苗木枝条中可溶性蛋白含量变化具有相似的规律。即在−13℃处理时可溶性蛋白均比对照枝条有所降低，温度降到−16℃时可溶性蛋白开始积累。3 种苗木中抗寒性强的嫁接苗可溶性蛋白含量最高，且增加的幅度大，净增为 3.26 mg/g。组培苗增加的幅度居中，净增蛋白含量为 2.76 mg/g。砧木苗增加的幅度最小，净增量为 1.55 mg/g。用 3 种苗木−19℃的电导率值和蛋白含量值做相关分析，二者呈负相关（$r = -0.9903$），这说明枝条中可溶性蛋白含量与枝条的抗寒性密切相关。在−19℃处理后，三者蛋白含量均开始下降。但在−22℃处理时嫁接苗和组培苗蛋白含量有少量回升，砧木苗无此现象。这与−19℃处理时砧木苗的枝条受到伤害不可逆

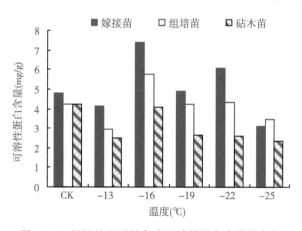

图 7-39　低温处理后枝条中可溶性蛋白含量的变化

性有一定的关系。而嫁接苗和组培苗在-19℃低温伤害后一部分可自行修复，修复的程度也可以从蛋白的增加幅度上看出来。这与生长法得到的结论基本吻合。

7.6.7　低温处理后枝皮中 SOD 酶活性的变化

如图 7-40 所示，低温胁迫下 3 种苗木枝皮中 SOD 酶活性变化有相似的规律，即在低温胁迫的初期（可逆伤害期）SOD 酶活性大体呈现增加的趋势，到达临界伤害温度时 SOD 酶活性剧增，达到极值，而后急剧下降。嫁接苗在-22℃左右达到极值，组培苗在-19℃到-22℃达到极值，砧木苗在-16℃左右达到极值。低温胁迫能激活 SOD 酶活性，冻害临界点 SOD 酶活性的剧升则为樱桃对低温伤害的抵御反应。3 种苗木忍耐低温时 SOD 酶活性的跃升与其枝条的半致死温度相近。当超过其临界温度时，SOD 酶活性则显著下降。由此认为，对樱桃各种苗木在低温胁迫下测出 SOD 酶活性的跃升与下降的临界点，可以确定半致死温度临界点，从而确定其耐寒力。用 3 种苗木-19℃的电导率值和 SOD 酶活性单位值做相关分析，二者呈负相关（$r = -0.9569$），这说明枝条中 SOD 酶活性与抗寒性密切相关。

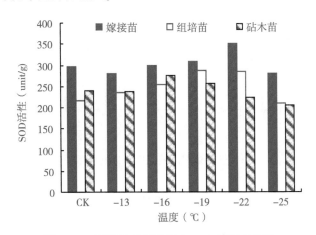

图 7-40　低温处理后枝条中 SOD 活性的变化

7.6.8 低温处理后枝条中丙二醛（MDA）含量的变化

如图 7-41 所示，砧木苗在低温-13～-16℃处理时，MDA 含量变化不明显，到-19℃处理时，MDA 含量急剧增加。组培苗在-22℃处理后 MDA 含量急剧增加，嫁接苗在-25℃才出现 MDA 含量剧增的情况发生。3 种苗木 MDA 含量剧增点与 SOD 活性下降的温度基本一致，说明随着温度的降低，胁迫加重，保护酶活性下降，清除自由基的能力下降，膜透性大大提高。电解质大量外渗，造成不可逆伤害，直到植株死亡。将低温处理后枝条中 MDA 含量与低温处理后电导率值作相关分析，三者的相关系数分别为：嫁接苗 $r = 0.984\ 8^{**}$；组培苗 $r = 0.946\ 9^{**}$；砧木苗 $r = 0.964\ 1^{**}$。三者均达到极显著正相关。说明，低温胁迫使膜质发生过氧化和电解质外渗是密切相关的。电导率增加和 MDA 含量增加是低温处理后植株体受伤害的主要表现，因此，电导率和 MDA 含量均可以作为植株抗寒性直接鉴定指标。

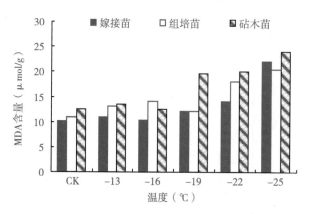

图 7-41　低温处理后枝条中丙二醛含量的变化

7.6.9 低温处理后游离脯氨酸含量的变化

如图 7-42 所示，低温胁迫下抗寒性强的嫁接苗随温度的降低，游离脯氨酸迅速积累，组培苗随温度的降低，游离脯氨酸也有一定的积累，但嫁接苗游离脯氨酸积累幅度比组培苗大。而抗寒性弱的砧木苗游离脯氨酸只有少量的积累，随温度的继续降低，游离脯氨酸还有下降的趋势。由此看出，经低温胁迫后游离脯氨酸含量增加，增加的幅度与苗木的抗寒性强弱有关，抗寒性强的嫁接苗游离脯氨酸增加幅度大，游离脯氨酸含量高。抗寒性弱的砧木苗游离脯氨酸增加幅度小，游离脯氨酸含量低。说明抗寒性强的苗木对低温适应性强，可以调动内源物质来抵御低温伤害。用三种苗木 $-19℃$ 的电导率值和游离脯氨酸含量做相关分析，二者呈负相关（$r = -0.958\ 4$）。这说明游离脯氨酸含量越高，枝条电导率越低，枝条抗寒性越强。

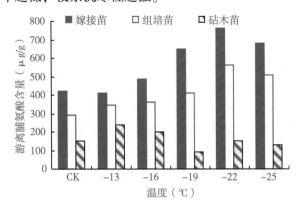

图 7-42　低温处理后枝条中游离脯氨酸含量的变化

7.6.10　低温处理后一年生枝皮中花青素含量的变化

由图 7-43 可以看出，在低温胁迫下 3 种苗木的花青素含量呈不同的变化

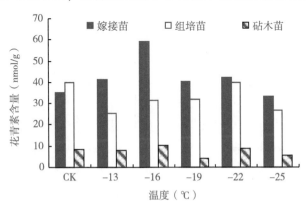

图 7-43　低温处理后枝条中花青素含量的变化

规律，嫁接苗在低温胁迫中花青素含量积累最显著，且花青素含量最高，组培苗在低温胁迫中花青素积累较少，且含量居中。砧木苗在低温胁迫期间几乎没有积累，且含量最低。这再次验证了 Леонченко В. Г. （1988）提出的在寒冷的条件下植物对不良环境反应而导致花青素合成的结论。用三种苗木-19℃的电导率值和花青素含量值做相关分析，二者呈负相关（$r=-0.9974$），这说明枝条皮层花青素的积累与抗寒性密切相关。

7.6.11 低温处理后枝皮中过氧化物同工酶的变化

低温处理后枝皮中过氧化物同工酶变化见图7-44和彩图112。图7-44中的1~6泳道显示的是嫁接苗不同温度处理（CK，-13℃，-16℃，-19℃，-22℃，-25℃）的枝皮中过氧化物同工酶的酶带分布情况。第7~12泳道是组培苗不同温度处理后的枝皮中过氧化物同工酶的谱带分布情况，第13~18泳道是砧木苗不同温度处理后枝皮中过氧化物同工酶的谱带分布情况。嫁接苗与组培苗酶带均为6条，砧木苗酶带共7条。这些谱带可分为3个区（图7-44），

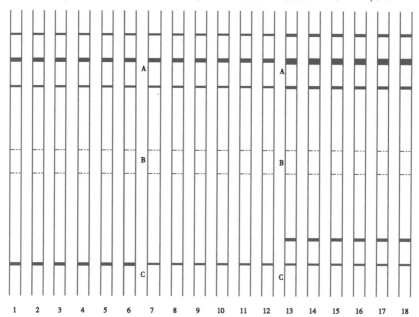

图7-44 低温处理后嫁接苗、组培苗和砧木苗枝皮中过氧化物同工酶谱

其中 A 区内的谱带相对活性较强，B 区和 C 区相对较弱。特别是 B 区的酶带活性很弱。比较嫁接苗、组培苗与砧木苗的谱带可以知道，嫁接苗、组培苗与砧木苗的过氧化物同工酶带条数在同样的温度条件下是不同的。这种谱带上的差异性反映出前两者与后者在种性和遗传上的差异。

由图 7-44 可见，3 种苗木不同处理后过氧化物同工酶谱带都没有新的谱带生成，也没有原有谱带的消失，同时也无谱带深浅程度的变化。这可能是低温处理时间短，处理之间差异小，致使低温胁迫过程中过氧化物同工酶无明显变化。

7.7 休眠期樱桃根系抗寒性的鉴定

7.7.1 低温处理后根系相对电导率的变化

试验结果显示，根系在低温胁迫下细胞的外渗电导率值大致呈"S"形曲线变化。嫁接苗的根系最抗寒，在高于-11.5℃的处理相对电导率增加的较缓慢，受伤害程度浅。在低于-11.5℃的低温处理后，电导率急剧增加，在-13.5℃处理时相对电导率达到 79.52%，增加了近 15 个百分点，发生了不可逆的低温伤害。在-16.5℃处理时电导率达到 91.78%，根系截面整个变褐，组织松散，完全致死。组培苗在-9~-4℃处理时为可逆的低温伤害。在-11.5℃处理后电导率剧增达到 82.49%，电导率增加了 22 个百分点。-11.5℃后伤害不可逆。-13.5℃处理后电导率达到 86.57%，已完全致死。砧木苗的根系极不抗寒，在-7.1℃处理后相对电导率就急剧增加，达到 72.52%，净增了 27 个百分点。-7.1℃已造成了砧木苗根系的不可逆伤害。-9℃处理后电导率达到 85.8%，已完全致死，在继续降温处理时电导率增加很少。通过根系相对电导率变化曲线可以大致比较出 3 种苗木根系的相对强弱。3 种苗木根系的抗寒性强弱顺序为：嫁接苗根系>组培苗>砧木苗（图 7-45）。

7.7.2 低温处理后根系伤害率的变化

图 7-46 显示了低温对根系的伤害率的影响。从图中可以看到低温胁迫下

根系伤害率的变化规律与相对电导率相似。伤害率大致呈"S"形曲线变化，伤害率的增加均有一个剧增区域，伤害率的急剧变化的温度即为根系发生不可逆伤害的温度。从图中可以看出，嫁接苗的伤害率急剧变化在－16.5～－11.5℃，组培苗的伤害率急剧变化在－11.5～－9℃，砧木苗的伤害率急剧变化在-9～-4℃。从伤害率的变化规律可以大概的推算根系抗寒性强弱。估算结果与前述的结论基本吻合。

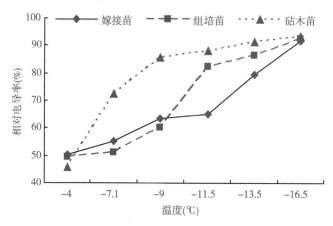

图7-45 低温处理后根系相对电导率的变化

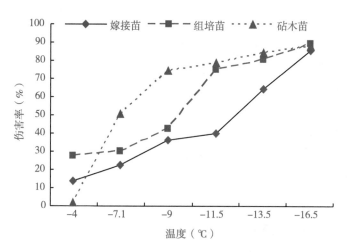

图7-46 低温处理后根系的伤害率的变化

7.7.3　田间观察法鉴定盆栽樱桃的抗寒性

11月中下旬，将盆栽的樱桃放置在室外，进行自然的低温处理，每天早6点、晚9点各记录地温和气温两次，计算平均温度作为处理温度。当温度降至所需的温度时，立即将盆栽的樱桃从室外取回，待通过休眠后，观察其萌芽展叶及发新根情况，作为抗寒性鉴定的辅助检验指标。

本次田间试验共设3个处理，分别为：地温-9.0℃，气温-12℃；地温-12℃，气温-15.5℃；地温-17.5℃，气温-22℃。处理后的盆栽樱桃，通过休眠后观察萌芽展叶情况。经过地温-9.0℃，气温-12℃处理后的盆栽苗，3种苗木的地上部分均萌芽展叶，详见彩图113-A。地下部分的根系也均萌发长出新根，详见彩图113-B和彩图113-C。经过气温-15.5℃，地温-17.5℃处理后的盆栽苗木，嫁接苗和组培苗均能够恢复正常的生长，地上部分萌芽展叶，而砧木苗地上部分没有萌发展叶，详见彩图114-A。嫁接苗和组培苗地下部分长出新根，而砧木苗的地下部分没能长出新根，详见彩图114-B和彩图114-C。经过地温-17.5℃，气温-22℃处理后的盆栽苗木，三种苗木虽然通过休眠，地上地下均不能恢复生长。详见彩图115-A、彩图115-B和彩图115-C。从试验的结果可以看出，砧木苗不抗寒，只能耐-9.0℃的地温和-12.0℃的气温。在地温-12℃，气温-15.5℃处理后不能恢复生长。而嫁接苗和组培苗相对砧木苗来说较抗寒，在地温-12℃，气温-15.5℃处理后仍能恢复正常的生长。在地温-17.5℃，气温-22℃处理后不能恢复正常的生长（彩图116）。这与离体的枝条和根系的低温处理试验得到的结论基本相符。同时也可以看到，地上和地下部分具有同步性，低温对整株树的胁迫表现在对地下和地上同时的胁迫，地上和地下密切相关。因此只有地上和地下同时具有耐低温的能力，才能使整株树具有较高的抗寒力。

7.7.4　枝条的解剖结构与枝条抗寒性

由表7-2中的数据通过相关分析和显著性检验得出，枝条的韧皮部厚度与枝条电导率呈现负相关，相关系数$r=-0.821\ 2$。两者的直线回归方程为：$\hat{y}=-6.484\ 7\ x+119.06$。即随枝条韧皮部的减小，枝条的电导率增加。即枝条的韧皮部越厚，枝条越抗寒。而枝条的木质部与枝条的电导率无相关性。枝条中韧皮部比率、木质部比率以髓占的比率均与枝条的电导率无显著相关性。

表 7-2　樱桃枝条的解剖结构与抗寒性的关系

苗木种类	韧皮部厚度 （μm）	木质部厚度 （μm）	韧皮部比率 （%）	木质部比率 （%）	髓比率 （%）	电导率（%）
嫁接苗	9.90	16.07	28.51	46.27	25.22	56.12
组培苗	8.70	13.80	26.31	41.73	31.96	58.20
砧木苗	8.20	15.08	27.77	51.07	21.16	69.02

注：图中数据为测量 30 次取平均值

7.8　讨论与小结

7.8.1　抗寒性鉴定的方法

植物抗寒性是一个复杂的生理过程，既取决于植物本身的遗传性（作物的种类、品种），又受到植株生长环境的影响，所以植物抗寒性的鉴定有一定的难度。植株抗寒性鉴定关系到 3 个方面的问题：一是抗寒性鉴定的时期。同一植物在不同的生长发育阶段具有不同的抗低温能力。北方落叶果树在生长期抗寒性远低于休眠期。抗寒性在秋季低温短日照的诱导下才能表现出来。因此，鉴定落叶果树的抗寒性应在休眠期鉴定才有一定的意义。二是抗寒性鉴定的方法。田间鉴定是最直接、最接近于生产的鉴定方法，但由于田间的影响因素十分复杂，鉴定时极易受环境条件的影响，很难获得准确结论，所以将人为低温处理和田间自然降温相结合鉴定植物的抗寒性，既准确又具有生产实践意义。三是抗寒性鉴定的生理指标。植物的耐寒性是植物在低温胁迫下，通过自身的遗传性和生理、生化等方面的反应，减弱低温伤害的影响而维持正常生长发育的一种特性。所以，植物的抗寒性在不同作物和不同品种之间表现是不同的，也是可以遗传的，并能够在低温诱导过程中植株相关的生理和生化指标上反映出来。因此，植物耐寒性的鉴定，就是利用植株在低温胁迫条件下，相关的生理生化指标的变化分析植物适应性的过程。

植物抗寒性鉴定方法的研究从很早就已经开始了。果树抗寒性在葡萄（郭修武，1989；王淑杰等，1996；王文举等，2007；鲁金星等，2012）、柑橘（区呈祥等，1981；宿文斌，2009；马文涛，2014）树种上研究较深入。抗寒性鉴定的方法一直是抗寒性研究的主要内容。目前果树抗寒性鉴定方法主要采用3种方法如下。

7.8.1.1 生长法

生长法是一种传统、简便的鉴定植物抗寒性的方法（牛立新等，1991）。该方法是对材料进行低温处理后，以是否可以恢复生长作为鉴定的指标。如：枝条的萌芽展叶情况、根系发新根的情况、叶片长愈伤组织的情况等。这是一种综合的指标测定。生长法在葡萄（牛立新等，1991；郭修武，1989）抗寒性测定上有一定的应用，这种方法一般作为其他鉴定方法的辅助方法。该方法具有直观性强，简单等特点，但也因费时，受组织休眠、发病或其他因素干扰等缺点，制约了其应用范围。根段培养是生长法在根系抗寒性测定上的应用，对于葡萄而言根段培养法很适用，因其简单、可靠且效果很明显，与电导法结合使用，相关性好（郭修武，1989）。李勃等（2006）采用电导法和恢复生长法对'吉塞拉5''吉塞拉6''考特'和'山樱桃'的抗寒性进行了初步鉴定，结果表明'吉塞拉5'抗寒性最强，在深度休眠时能耐-32.5℃的低温，'考特'抗寒性最差。本试验对樱桃根系进行根段培养，虽进行了一定的激素处理，但鲜活的根也未发根。本试验采用整株培养法，在低温处理后培养出新根（彩图114、彩图115和彩图116）。这说明樱桃根系萌动生长可能需要地上部分启动，需要在今后的研究中验证。

7.8.1.2 外渗电导法

此方法是以生物膜学说作为依据的。Lyons（1965）提出低温胁迫使植物的细胞透性发生不同程度的增大，电解质大量外渗，胞间物质浓度增大，使电导率值变大，抗寒性强的品种受害程度轻，膜透性增大程度轻，且透性变化可逆转恢复正常。反之，抗寒性差的品种膜透性增加得大，不能恢复正常。因此，测量电解外渗量的变化，可以比较植物的抗寒性。此法在葡萄（郭修武，1989；徐伟，2014）、苹果（张玉兰等，1984；曲柏宏等，1998；金明丽等，2011）、梨（陈长兰等，1991；王震星等2002；李俊才等，2008）、柑橘（区呈祥等，1981；罗正荣等，1992；宿文斌，2009；马冠华，2014）、李（刘威生等，1999）、桃（刘天明等，1998）、香蕉（周碧燕等，1999）、杏（王飞等，1998）等很多树种上有较好的应用效果。目前，电导法是最普遍的鉴定植株抗寒性的方法。该方法较简便、快捷适用于大量品种抗寒性的区分。朱根海等（1986）提出的应用 Logistic 方程确定植物组织低温半致死温度。并指出此法以植物组织经受低温处理后的电解质透出率作为基本数据来估计 LT_{50}。通常，即使未受过任何低温处理的组织，在去离子水中浸提一段时间后，也具有一定的电解质透出量，这种类似于"本底"的电导率在各种植物材料上不尽相同，因而需要消除这种影响，这种方法测定抗寒性在离体小麦叶片，蚕豆叶片及葡萄上均取得满意效果，认为低于半致死温度的冻害，组织变褐、坏死，而高于半致死温度的冻害仍能保持绿色或恢复生长（刘威生等，1999）。本试验中测定一年生枝条本底电导率大且变化区间小（对照枝条电导率在40%以上，-25℃处理未达到80%）。因此还不能简单地用电导率减去本底电导率。本试验利用伤害率这一指标，从3种苗木发生不可逆伤害的温度范围，比较三者的抗寒性，效果较好。

7.8.1.3 组织褐变法

就是在低温处理后进行组织褐变多少的测定，通过组织在低温胁迫后组织褐变的程度，来确定植株的抗寒性。组织变褐法不仅可以检查冻害程度，而且可以与其他方法对照，作为说明其他方法的依据，因而是检查冻害的简便而直接的方法（周恩等，1982）。牛立新等（1992）将组织变褐法改进，在葡萄上用一年生枝条的次生木质部作为调查部位，并依照其次生木质部变褐面积大小作为冻害分级的基础。具有客观可靠、便于观察等优点。在葡萄抗寒性鉴定上有好的应用前景。只是在樱桃抗寒性鉴定中，樱桃的韧皮部极易褐变，对调查产生的误差影响较大，一般樱桃抗寒性测定不宜采用。

本试验在枝条的解剖结构与枝条抗寒性研究认为，枝条韧皮部厚度与枝条电导率呈负相关。即枝条韧皮部越厚，相同处理下枝条电导率越低，枝条的抗寒性越强。枝条的木质部厚度、木质部比率、韧皮部比率及髓比率等指标均与枝条电导率无相关性。而彭伟秀等（2002）提出，枝条的木质部比率与抗寒性呈正相关，皮层比率与抗寒性呈负相关，木质部所占比例越大，皮层所占比例越小，品种的抗寒性越强；相反，木质部所占比例越小，皮层所占比例越大，品种的抗寒性越弱。可以把木质部和皮层在茎的结构中所占比率作为杏抗寒性的一个形态结构鉴定指标之一，这与本研究得出的结果不一致。研究证实，桃树不同器官抗性由强到弱的顺序为枝条、叶芽、花芽，枝条组织的耐寒力由强到弱的顺序为韧皮部、木质部、形成层、髓（Lichev *et al.*，2007）。本研究结果显示，枝条的韧皮部厚度及比率与枝条电导率呈现及显著负相关，枝条木质部和髓占的比率与相对电导率相关性不显著。嫁接苗和组培苗韧皮部厚度差异不显著，可能是二者抗寒性差异不大的主要原因之一。

7.8.2 抗寒性鉴定的生理指标

植物的抗寒性是一个复杂的生理过程，植株的寒害表现涉及了生理、生化、组织形态和生长发育等许多方面，是一个综合的反应。很难在不同树种、不同的处理环境中寻找到一个完全适用的指标，对耐寒性进行全面的评价值。所以，必须根据具体植物和具体环境条件采用适宜的鉴定指标，才能获得较好的试验结果。前人研究表明，可溶性糖（朱立武等，2001）、可溶性蛋白（王丽雪等，1996）、游离脯氨酸含量（艾希珍等，1999）、SOD 活性（彭昌操等，2000；杨盛昌等，2003；李敏等，2004）、MDA 含量（彭昌操等，2000）等指标在植株抗寒性获得过程中变化规律性明显。

通过植株抗寒期间生理指标的变化来研究植株的抗寒性已被大多数学者采用。用相对电导率来评价植物抗逆性已经被大多数学者应用（杨凤军等，2009）。刘畅等（2014）对不同苹果砧木枝条抗寒性研究得出，不同枝条的相对电导率在-30℃时剧烈增加；所有砧木枝条中 MDA 含量在-35℃以后总体呈下降趋势，表明细胞后期已经死亡；SOD 和 POD 酶活性整体呈先增后降变化趋势；而 CAT 酶活性在整个降温过程中呈现先升后降又升的趋势。付晓伟等（2014）评价葡萄抗寒性时指出，随着处理温度的降低，各品种根系的可溶性糖、可溶性蛋白、游离脯氨酸和 MDA 含量逐渐升高，不同品种升降的速度和幅度有明显差异，而这些生理生化指标与半致死温度相关性极高，可以作为抗寒性鉴定的指标。本试验中抗寒性鉴定采用了一系列生理生化鉴定指标。对自然低温诱导期间、生长季低温诱导期间以及低温处理过程中枝条，进行了可溶性糖、游离脯氨酸、可溶性蛋白、SOD 活性、MDA 含量等生理指标测定。这些生理指标和其他学者的相关研究规律基本一致，可以作为樱桃抗寒性鉴定主要指标。刘贝贝等（2018）采用测定相对电导率、半致死温度、脯氨酸含量、可溶性糖含量、超氧化物歧化酶（SOD）活性、丙二醛（MDA）含量等生理指标的变化综合评价 6 个石榴品种的抗寒性，用 LT_{50} 评价石榴抗寒性是一种可行及可靠的方法。本研究采用生理指标结合 LT_{50} 很好评价了樱桃嫁接苗和组培苗枝条和根系抗寒性的差异。

研究表明，矮牵牛可能通过积累渗透调节物质可溶性糖来提高植株的抗寒能力（Bhowmik *et al.*，2006）物在越冬前积累可塑性物质的基本形式是淀粉（范少然，2015），淀粉在低温胁迫下可以通过转化成转糖、脂肪、纤维素等化合物的方式增强细胞内含物浓度，从而增强抗寒性（刘天明，1998）。淀粉含量均呈单峰曲线变化，有一定的规律，可以作为抗寒性测定的辅助指标（李荣富等，1997）。花青素含量在低温下有一定的合成，也可作为抗寒性鉴定的辅助指标之一（Леонченко В. Г.，1988）。对自然低温诱导期间根系活力进行测定，根系活力低温诱导期间降低，可以作为根系抗寒性鉴定的辅助指标之一。本研究同时对自然低温诱导期间和低温胁迫过程中枝皮中过氧化物同工酶谱分析，同工酶条带与植株抗寒性有着显著相关性，过氧化物同工酶在低温诱导过程中有谱带新增和原有谱带加深的现象，这与吴经柔（1990）对苹果抗寒性研究得出的结论相同。但是在低温处理后过氧化物同工酶无酶带的增减发生，这可能是低温处理时间短，处理间差异小。因此，低温诱导过程中过氧化物同工酶可作为抗寒性鉴定辅助方法之一。

7.8.3 不同繁殖方式樱桃抗寒性鉴定

樱桃为蔷薇科樱桃属果树。目前我国栽培的有以下 4 个主要种：中国樱桃、甜樱桃、酸樱桃、毛樱桃，以及一些种间杂交类型。毛樱桃抗寒性强于酸樱桃和甜樱桃，中国樱桃最不抗寒。对不同繁殖方式樱桃苗木抗寒性的国内研究报道很少。本文做了这方面的研究。结果表明，嫁接苗与组培苗的枝条抗寒性很相近。嫁接苗根系较组培苗抗寒性稍强。嫁接苗与组培苗枝条均较砧木苗（大窝娄叶）抗寒性强。这与前人研究的甜樱桃的抗寒性强于中国樱桃的结论相符。采用自然鉴定法和电导法对山樱桃、大青叶、吉塞拉 5 号嫁接的甜樱桃品种早大果的抗寒性进行了鉴定、比较。结果表明，吉塞拉 5 号砧的早大果冻害率最低，抗寒性最强，其次是山樱桃砧，大青叶砧嫁接的早大果抗寒性最差。3 种砧木嫁接的甜樱桃在不同低温下的电解质渗出率存 在明显差异（陈秋芳等，2008）。Lichev 等（2006）发现，樱桃'Bigarreau burlat'芽嫁接在'吉塞拉 5'上时抗寒性弱，嫁接在 P1（*P. mahaleb* L.）上时抗寒性强。车玉红等（2011）研究还发现，新疆引进的 5 个甜樱桃品种和 4 种砧木类型在经历了极端低温天气后，'早大果''雷佰娜'和'艳阳'3 个品种和'吉塞拉5'和'吉塞拉6'2 种砧木类型在田间表现出了较强的抗寒性，建议今后在该区域生产上推广应用。

7.8.4　小　结

在生长季人为进行低温、短日照等模拟抗寒性诱导，与自然降温驯化期间比较，植株体内发生相似的生理生化反应。因此，在设施栽培中可以在生长季进行低温诱导使植株提前进入休眠。也用作樱桃抗寒性早期鉴定。通过对整株、离体枝条、离体去叶枝条等3种材料低温诱导过程中生理生化指标测定，证实离体的枝条可以诱导出抗寒性，而离体去叶枝条中一些生理、生化反应被阻止。推测叶片可能是抗寒性诱导的原初部位。

电导法和生长法相结合可以快速、简便、准确地鉴定樱桃枝条和根系的抗寒性。枝条中的可溶性糖含量、淀粉含量、可溶性蛋白含量、游离脯氨酸含量、SOD活性以及MDA含量与枝条抗寒性密切相关，可以作为樱桃抗寒性鉴定的主要指标。自然降温驯化过程中，植株体内酶保护体系增强，POD同工酶谱带有新增和酶带加深的现象。自然降温驯化过程枝皮中POD同工酶谱带条数和深浅可以作为樱桃抗寒性鉴定的辅助指标。

枝条的解剖结构与枝条抗寒性研究认为，枝条韧皮部厚度与枝条电导率呈负相关。枝条的木质部厚度、木质部比率、韧皮部比率及髓占比率等指标均与枝条电导率无相关性。因此除韧皮部厚度这一指标均不考虑作为樱桃抗寒性鉴定的指标。苗木的根系活力、花青素含量与根系的抗寒性有一定的相关性，因此可以将根系活力可作为抗寒性鉴定的辅助指标。嫁接苗（早红宝石/大窝娄叶）枝条-22℃左右达到半致死温度。嫁接苗根系在-11.5～-9.0℃达到半致死温度。组培苗（早红宝石）枝条-22℃左右达到半致死温度。组培苗根系在-9.0℃左右达到半致死温度。嫁接苗与组培苗的抗寒力差距不大，因而组培苗可以在嫁接苗栽培区试用推广。砧木苗（大窝娄叶）枝条-16℃达到半致死温度。砧木苗根系在-7.1℃受到伤害。可见作为砧木苗的大窝娄叶抗寒性较差。

前人对樱桃砧木及不同砧木嫁接后樱桃抗寒性研究较多，而关于同一樱桃品种组培苗和嫁接苗抗寒性研究鲜见报道。本研究结果显示，嫁接苗根系较砧木苗根系抗寒性强。这与砧穗互作效应有关。组培苗与嫁接苗抗寒性相近，因此，嫁接苗可栽培地区组培苗可以试用推广。嫁接苗以大窝娄叶为砧木，因此，嫁接苗与砧木苗具有相同的根系，但二者的根系抗寒性差异很大，原因可能是，嫁接苗由于砧穗互作效应，使嫁接苗根系中可溶性糖、可溶性蛋白和游离脯氨酸含量等积累量比砧木苗多，导致嫁接苗根系细胞浓度增加，冰点下降，抗寒性明显比砧木苗增强。

在植物抗寒生理中，枝条可溶性糖含量的提高是植物适应不良环境的重要变化之一，而且与低温胁迫密切相关，本研究也证实了这一点，低温诱导和休眠前期嫁接苗和组培苗枝条可溶性糖含量差异不显著，而深休眠期嫁接苗枝条中可溶性糖含量显著高于组培苗，深休眠期糖含量的增加可能来源于淀粉的分解。嫁接苗由于砧穗互作效应，使嫁接苗枝条中可溶性糖、可溶性蛋白和游离脯氨酸含量等积累量与组培苗有一定差异。嫁接在不同砧木上接穗具有不同的抗寒性，然而接穗品种抗寒性的影响可能更重要。秋末经过低温驯化，植株抗寒性增强。嫁接苗与组培苗低温处理后萌芽情况与枝条抗寒性密切相关，$-22℃$处理枝条后嫁接苗和组培苗萌芽率均为50%，达到其半致死温度，采用大窝娄叶做砧木的嫁接苗和组培苗抗寒性差异不显著。本研究只进行了一种砧木的抗寒比较，今后将对樱桃的其他抗寒砧木做进一步深入研究，为樱桃组培苗在栽培区栽培试用推广提供理论依据，筛选出抗寒性鉴定指标可为樱桃和其他果树抗寒性研究提供参考。

参考文献

艾希珍，马兴庄，于立明，等，2004. 弱光下长期亚适温和短期低温对黄瓜生长及光合作用的影响 [J]. 应用生态学报，5（11）：2 091-2 094.

艾希珍，于贤昌，王绍辉，等，1999. 低温胁迫下黄瓜嫁接苗与自根苗某些物质含量的变化 [J]. 植物生理学通讯，35（1）：26 -28.

曹尚银，张秋明，吴顺，2003. 果树花芽分化机理研究进展 [J]. 果树学报，20（5）：345-350.

陈新华，郭婧，祁雷，等，2014. 低温胁迫对甜樱桃一年生枝条的影响 [J]. 果树学报，31（增刊）：124-128.

陈艳秋，曲柏宏，代志国，等，2009. 应用过氧化物酶同工酶谱测定苹果新品种的抗寒性 [J]. 延边大学农学学报，22（3）：221-222.

代汉萍，李宝江，林丽华，等，2001. 草原樱桃茎尖培养技术试验 [J]. 中国果树（6）：19-21.

杜国栋，吕德国，李学强，等，2007. 限根条件下混配基质对甜樱桃生长发育的影响 [J]. 沈阳农业大学学报，38（1）：40-43.

杜振宇，马海林，王清花，等，2003. 不同基质对大樱桃试管苗生长的影响 [J]. 山东林业科学（2）：3-5.

富强，1992. 葡萄抗寒性测定方法的研究 [D]. 沈阳：沈阳农业大学.

高爱农，姜淑荣，赵锡温，等，2000. 苹果品种抗寒性测定方法的研究 [J]. 果树科学，17（1）：17-20.

高东升，束怀瑞，李宪利，2001. 几种适合设施栽培果树需冷量的研究 [J]. 园艺学报，28（4）：283-289.

龚无缺，杨静慧，王丹丹，等，2015. 不同砧木对 SUM 和 RED 樱桃生长发育的影响 [J]. 天津农林科技（3）：5-7, 19.

顾曼如，束怀瑞，周宏伟，等，1986. 苹果氮素营养研究Ⅳ. 贮藏^{15}N 的运转分配特性 [J]. 园艺学报，13（1）：25-30.

顾曼如，束怀瑞，周宏伟，等，1987. 苹果氮素营养研究 V. 不同形态^{15}N 吸收、运转特性 [J]. 山东农业大学学报，18（4）：17-24.

顾曼如，张若杼，束怀瑞，等，1981. 苹果氮素营养研究初报——植株中氮素营养的年周期变化特性 [J]. 园艺学报，8（4）：21-28.

郭修武，1989. 葡萄根系抗寒性研究 [J]. 园艺学报，16（1）：17-21.

郭修武，傅望衡，1989. 葡萄根系抗寒性的研究 [J]. 园艺学报，16（1）：17-22.

郝建军，刘延吉，2000. 植物生理学实验技术 [M]. 沈阳：辽宁科学技术出版社.

何天明，张琦，2002. 新梨 7 号小孢子败育的解剖学观察 [J]. 果树学报，19（2）：94-97.

贺普超，牛立新，1986. 电导法测定果树抗寒性中确定适当计量单位的探讨 [J]. 中国果树（4）：72-78.

黄韶华，王正荣，朱永绮，1995. 土壤微生物与土壤肥力的关系研究初报 [J]. 新疆农垦科技（3）：6-7.

黄义江，王宗清，1982. 苹果属果树抗寒性的细胞学鉴定 [J]. 园艺学报，9（3）：23-29.

霍光华，罗来水，1999. 桃花器官发育中蛋白氨基酸变化与花粉育性的关系 [J]. 江西农业大学学报，21（4）：469-475.

贾化川，崔建云，孙丽娟，2014. 鲁中山区大樱桃温室扣棚时间和升温时间分析 [J]. 安徽农业科学，42（3）：870-885.

简令成，孙德兰，施国雄，等，1986. 不同柑橘种类叶片组织的结构与抗寒性的关系 [J]. 园艺学报，13（3）：163-168.

姜建福，2009. 甜樱桃花芽分化及温度对其影响的研究 [D]. 北京：中国农业科学院.

姜卫兵，王烽磷，1994. 无花果越冬期间枝皮同工酶的变化 [J]. 果树科学，11（1）：41-42.

金方伦，黎明，敖学熙，等，2011. 不同修剪方法对樱桃树体生长的影响 [J]. 贵州农业科学，39（7）：174-176.

金万梅，董静，尹淑萍，等，2007. 冷诱导转录因子 CBF1 转化草及其抗寒性鉴定 [J]. 西北植物学报，27（2）：223-227.

靳亚忠，何晓蕾，何淑平，等，2009. 有机肥和无机肥配施对小白菜生长和硝酸盐积累的影响 [J]. 北方园艺 (11)：30-32.

靳月华，陶大立，杜英君，1990. 沈阳五种针叶树的抗冻性、色素与超氧化物歧化酶 [J]. 植物学报，32 (9)：702-706.

李宝江，代汉萍，周传生，等，2001. 抗寒樱桃新品种——草原樱桃 [J]. 北方果树 (1)：32.

李丙智，文建雷，张建平，1993. 电导法测定葡萄根系抗寒性方法的探讨 [J]. 西北林业学院学报，8 (3)：105-108.

李谦盛，郭世荣，李式军，2002. 利用工农业有机废弃物生产优质无土栽培基质 [J]. 自然资源学报，7 (4)：518-519.

李谦盛，裴晓宝，郭世荣，等，2003. 复配对芦苇末基质物理性状的影响 [J]. 南京农业大学学报，26 (3)：23-26.

李荣富，王丽雪，梁艳荣，等，1997. 葡萄抗寒性研究进展 [J]. 内蒙古农业科技 (6)：24-26.

李生秀，李宗让，田霄鸿，等，1996. 植物地上部分氮素的挥发损失 [J]. 植物营养与肥料学报，1 (2)：18-25.

李淑平，玄秀兰，张福兴，等，2007. 甜樱桃自交不亲和研究进展 [J]. 烟台果树 (4)：14-15.

李淑珍，赵文东，韩凤珠，等，2005. 不同地区设施果树的扣棚及升温时间 [J]. 北方果树 (6)：35-36.

李宪利，高东升，于振文，等，1997. 氨态和硝态氮对苹果植株 SOD 和 POD 活性的影响（简报）[J]. 植物生理学通讯，33 (4)：254-256.

李向东，万勇善，于振文，等，2001. 花生叶片衰老过程中氮素代谢指标变化 [J]. 植物生态学报，25 (5)：549-552.

李燕，李玲，李少旋，等，2011. 高温对设施甜樱桃花器官发育的影响 [J]. 中国农业科学，44 (10)：2 101-2 108.

李祝贺，吕德国，秦嗣军，等，2007. 不同形态氮肥处理对樱桃植株生长发育影响的研究 [J]. 辽宁林业科技 (3)：7-9.

梁立峰，王泽葵，周碧燕，等，1994. 低温及 PP333 对香蕉叶片过氧化物及其同工酶的影响 [J]. 华南农业大学学报，15 (3)：65-70.

刘庆忠，王甲威，张道辉，等，2011. 3 个甜樱桃矮化砧木硬枝扦插技术

研究 [J]. 中国果树 (1)：24-26.

刘仁道，刘建军，2009. 甜樱桃不同品种需冷量研究 [J]. 北方园艺 (2)：84-85.

刘祥林，印莉萍，胡秋菊，等，1994. 冬季盆栽草莓的栽培基质及营养液处理的筛选 [J]. 首都师范大学学报（自然科学版），15 (1)：65-69.

刘效义，李功，王银川，等，2001. 葡萄根系冻害研究 [J]. 中外葡萄与葡萄酒 (1)：26-28.

刘艳，赵虎成，李雄，等，2002. 梨枝条中淀粉、还原糖及脂类物质的动态变化与抗寒性关系 [J]. 内蒙古农业大学学报，23 (1)：57-60.

柳振誉，沈庆法，赖万玉，1998. 不同栽培基质对非洲菊级培苗生长的影响 [M]. 福建农业科技 (2)：13-14.

陆彬彬，周卫，张吉，等，2002. 温度对水稻谷氨酰胺合成酶和 NADH-谷氨酸合酶表达的影响 [J]. 武汉大学学报（理学版），48 (2)：239-242.

吕德国，2000. 土壤转换对二年生平邑甜茶根系发生与功能的影响 [J]. 园艺学报，27 (2)：135-136.

吕德国，2000. 限根对果树生长发育的影响 [J]. 沈阳农业大学学报，31 (4)：361-364.

吕德国，杜国栋，刘国成，2002. 促花措施对日光温室甜樱桃幼树成花及坐果的影响 [J]. 沈阳农业大学学报，33 (1)：17-21.

罗新书，杨兴洪，1990. 桃、杏枝条萌芽前对 ^{15}N—尿素的吸收和萌芽后的运转与分布 [J]. 果树科学，7 (1)：26-30.

莫良玉，吴良欢，陶勤南，等，2002. 高温胁迫下水稻氨基酸态氮与铵态氮营养效应研究 [J]. 植物营养与肥料学报，8 (2)：157-161.

牛立新，贺普超，1991. 生长法作为葡萄抗寒性鉴定的研究 [J]. 果树科学，8 (1)：40-42.

彭昌操，孙中海，2000. 低温锻炼期间柑橘原生质体 SOD 和 CAT 酶活性的变化 [J]. 华中农业大学学报，19 (4)：384-387.

钱国珍，张玉兰，苏福才，等，1999. 欧李花芽分化及器官形成 [J]. 内蒙古农牧学院学报，20 (1)：52-55.

乔进春，朱梅玲，杨敏生，等，2002. 扁桃的开花结果习性 [J]. 果树学报，19（3）：167-170.

曲泽洲，孙云蔚，1990. 果树种类论 [M]. 第一版. 北京：农业出版社，103-111.

束怀瑞，1993. 果树栽培生理学 [M]. 北京：农业出版社，71-93.

苏向辉，秦伟，刘立强，等，2012. 低温胁迫对李属 4 种砧木几个抗寒指标的影响 [J]. 新疆农业大学学报，35（2）：112-115.

睢薇，丁晓东，霍俊伟，等，1999. 草原樱桃与欧洲甜樱桃远缘杂交不亲和原因初探 [J]. 东北农业大学学报，30（2）：148-153.

睢薇，丁晓东，李光玉，1994. 适宜寒地栽培的樱桃新种类——草原樱桃 [J]. 中国国树（4）：30-31.

睢薇，丁晓东，李光玉，1995. 草原樱桃和果实生长发育动态的研究 [J]. 东北农业大学学报，26（1）：50-55.

睢薇，丁晓东，李光玉，等，1995. 草原樱桃开花习性的研究 [J]. 北方园艺，102（3）：6-8.

谭钺，2010. 设施桃低温需求量与需热量关系机制的初步研究 [D]. 济南：山东农业大学.

唐亚平，张凯，李忠娴，等，2011. 1964—2008 年辽宁省旱涝时空分布特征及演变趋势 [J]. 气象与环境学报，27（2）：50-55.

田吉林，汪寅虎，2000. 设施无土栽培基持的研究现状、存在问题与展望（综述）[J]. 上海农业学报，16（4）：87-92.

田景花，王红霞，2012. 核桃属 4 树种展叶期抗寒性鉴定 [J]. 园艺学报，39（12）：2 439-2 449.

田莉莉，方金豹，2001. 甜樱桃开花结果习性的初报 [J]. 落叶果树（6）：10-12.

田竹希，李咏富，龙明秀，等，2017. 甜樱桃采后无害化保鲜技术研究进展 [J]. 黑龙江八一农垦大学学报，29（5）：78-84.

王传印，马妍超，2019. 大樱桃栽培中常见问题及解决措施 [J]. 果农之友（9）：14.

王飞，陈登文，李嘉瑞，1998. 应用 Logistic 方程确定杏枝条低温半致死温度的研究 [J]. 河北农业技术师范学院学报，12（4）：30-35.

王海波，刘凤之，王宝亮，等，2009. 落叶果树的需冷量和需热量 [J].

中国果树（2）：50-53.

王杰君，孙红艳，2004. 库尔勒香梨冻害腐烂病优斑螟综合防治措施 [J]. 山西果树（6）：50-51.

王金龙，赵立新，白剑虹，2008. 不同形态的氮肥对甜樱桃根系生长发育的影响 [J]. 北方农业学报（3）：46-46.

王力荣，朱更瑞，方伟超，等，2003. 桃品种需冷量评价模式的探讨 [J]. 园艺学报 30（4）：379-383.

王顺平，张婷，张溪敏，2018. 浅论我国基质栽培研究现状 [J]. 现代园艺（3）：14-15.

王霞，高树仁，孙丽芳，2015. 不同溶液 EMS 试剂处理花粉对玉米结实率的影响 [J]. 种子（9）：84-86.

王霞，孙丽芳，高树仁，2013. 不同类型玉米自交系花粉生活力的研究 [J]. 种子（3）：28-29.

王小蓉，熊庆娥，曾伟光，2000. 日本晚樱绿枝扦插生根解剖特性的研究 [J]. 四川农业大学学报，18（3）：249-151.

王毅，杨宏福，李树德，1994. 园艺植物冷害和抗冻性的研究——文献综述 [J]. 园艺学报，21（3）：239-244.

王玉华，曲桂敏，沈向，等，2001. 欧洲甜樱桃花芽分化的研究 [J]. 山东农业大学学报，32（3）：373-376.

王玉珍，2001. 韶关地区柑橘冻害调查分析与防冻技术措施 [J]. 韶关学院学报（自然科学版），22（9）：50-51.

王月福，于振文，李尚霞，等，2003. 氮素营养水平对小麦旗叶衰老过程中蛋白质和核酸代谢的影响 [J]. 植物营养与肥料学报，9（2）：178-183.

王振英，祁忠占，杨吉，等，1996. 低温胁迫下植物体内 POD、COD、ATPase 同工酶的变化 [J]. 南开大学学报（自然科学版），29（3）：29-34.

蔚承祥，张连忠，杜秀敏，2005. 生物有机肥对土壤和甜樱桃生长发育的影响 [J]. 北方果树（5）：5-7.

吴禄平，吕德国，刘国成，2002. 甜樱桃无公害生产技术 [M]. 北京：中国农业出版社.

吴瑕，刘芳，王茹华，等，2010. 大果沙棘嫩枝扦插繁殖技术 ［J］. 北方园艺，(1)：71-72.

吴瑕，吕德国，杜国栋，等，2019. 甜樱桃嫁接苗与组培苗枝条抗寒生理差异分析 ［J］. 作物杂志，188 (1)：174-180.

吴瑕，吕德国，刘坤，2005. 甜樱桃嫁接苗与组培苗抗寒性比较 ［J］. 沈阳农业大学学报 (1)：95-97.

伍克俊，苟永平，1997. 毛樱桃做基砧中国樱桃做中间砧对大樱桃生长发育和抗寒性的影响 ［J］. 落叶果树 (2)：4-5.

谢海生，1986. 氮肥施用期对苹果幼树吸收、贮藏和再利用^{15}N 的影响 ［J］. 山东农业大学学报 (4)：45-52.

许方，姚宜轩，1992. 甜樱桃胚和胚乳发育及其与果实生长的相关性研究 ［J］. 莱阳农学院学报，9 (4)：243-247.

许晖，王飞，郝文红，1992. 甜樱桃果实发育及其营养成分的变化 ［J］. 果树科学，9 (4)：228-230.

玄成龙，李冬梅，邢建军，等，2011. 控根容器栽培对甜樱桃生长发育的影响 ［J］. 现代农业科技 (15)：112-114.

闫鹏，王继勋，马凯，等，2013. 中亚大樱桃与甜樱桃一年生枝条的抗寒性研究 ［J］. 新疆农业科学，50 (9)：1 620-1 625.

杨凤军，李天来，臧忠婧，等，2009. 不同基因型番茄种子萌发期和幼苗期耐盐性评价 ［J］. 中国蔬菜 (22)：39-44.

杨凤军，臧忠婧，吴瑕，2015. 草原樱桃种内和种间授粉亲和性的荧光显微观察 ［J］. 果树学报 (5)：175-179+265-266.

杨天仪，李世诚，蒋爱丽，等，2001. 葡萄品种需冷量及打破休眠的研究 ［J］. 果树学报，18 (6)：321-324.

杨阳，钟晓敏，闫志刚，等，2010. 氮素形态对巨峰葡萄果实品质的影响 ［J］. 植物营养与肥料学报，16 (4)：1 037-1 040.

姚宜轩，许方，张长胜，1992. 甜樱桃大孢子的发生和雌配子体的形成 ［J］. 莱阳农学院学报，9 (4)：248-251.

姚宜轩，许方，张长胜，1993. 甜樱桃花芽分化的解剖学观察 ［J］. 莱阳农学院学报，10 (2)：127-130.

姚宜轩，张长胜，许方，1992. 甜樱桃小孢子和绒毡层的发育 ［J］. 莱阳农学院学报，9（3）：170-175.

伊华林，徐强，陈春丽，2003. 两个柑橘品种花粉母细胞减数分裂行为的观察［J］. 华中农业大学学报，22（2）：172-174.

臧忠婧，吴瑕，2010. 草原樱桃扦插繁殖生根解剖学分析［J］. 北方园艺（3）：43-45.

曾骧，韩振海，郝中宁，1991. 果树叶片氮素贮藏和再利用规律及其对果树生长发育的影响［J］. 北京农业大学学报，17（2）：97-102.

张福锁，1992. 土壤与植株营养研究新动态（第一卷）［M］. 北京：北京农业大学出版社.

张福锁，曹一平，1992. 根际动态过程和植物营养［J］. 土壤学报，29（3）：239-250.

张钢，2005. 国外木本植物抗寒性测定方法综述［J］. 世界林业研究，18（5）：14-20.

张力思，张龙江，刘秀芳，2001. 甜樱桃砧木应用现状［J］. 落叶果树（2）：16-18.

张宪政，1994. 植物生理学实验技术［M］. 沈阳：辽宁科学技术出版社.

赵德英，程存刚，张少瑜，等，2010. 果树对低温的响应及抗寒评价体系研究进展［J］. 中国林副特产（6）：81-84.

赵国栋，赵同生，李春敏，等，2018. 11 个苹果野生砧木品种低温处理抗性指标的综合评价［J］. 西北林学院学报，33（6）：145-151.

赵剑波，姜会，郭继英，等，2002. 桃的扦插繁殖技术研究进展［J］. 北京农业科学（2）：14-17.

赵德英，刘国成，吕德国，等，2008. 日光温室条件下甜樱桃授粉受精期间环境因子对花粉行为的影响［J］. 果树学报（4）：62-65+180.

赵敏，马万征，邹长明，等，2019. 不同 EC 和 pH 值的营养液对温室黄瓜生长发育的影响［J］. 绥化学院学报（11）：41.

赵明，李祥云，高峻岭，等，2002. 育苗基质不同施肥量对茄果类蔬菜幼苗生长的影响［J］. 土壤肥料（5）：11-14.

钟晓红，1994. 李树授粉试验及其花粉活力的测定［J］. 湖南农业大学学报，20（2）：139-142.

朱立武，李绍稳，刘加法，等，2001. 李抗逆性生理生化指标及其相关性

研究 [J]. 园艺学报, 28 (2)：164-166.

庄维兵, 章镇, 侍婷, 2012. 落叶果树需冷量及其估算模型研究进展 [J]. 果树学报, 29 (3)：447-453.

邹琦, 2000. 植物生理学实验指导 [M]. 北京：中国农业出版社.

Beppu K, Kataoka I, 1999. Characteristics of pollen germination in sweet cherry (*Prunus avium* L.) [J]. Technical Bulletin of the Faculty of Agriculture Kagawa University, 51 (1)：5-13.

Beppu K, Suehara T, Kataoka I, 2001. Embryo sac development and fruit set of ′Satohnishiki′ sweet cherry as affected by temperature, GA_3 and paclobutrazol [J]. Journal of the Japanese Society for Horticultural Science, 70 (2)：157-162.

Cantini C, Iezzoni A F, Lamboy, W F, *et al*, 2001. DNA fingerprinting of tetraploid cherry germplasm using simple sequence repeats [J]. Journal of the American Society for Horticultural Science, 126 (2)：205-209.

Duryea M L, 1984. Evaluating seedling quality：principles, procedures, and predictive abilities of major tests：proceedings of the workshop held October 16-18.

Fallahi E, Righetti T Proebsting E L, 1993. Pruning and nitrogen effects on elemental partitioning and fruit maturity in 'Bing' sweet cherry [J]. Journal of Plant Nutrition. 16 (5)：753-763.

Furukawa Y, Bukovac M J, 1989. Embryo sac development in sour cherry during the pollination period as related to fruit set [J]. HortScience, 24 (6)：1 001-1 008.

Geogiev S, 1988. The effect of nitrogen fertilization on the chemical composition of young cherry tree leaves [J]. Rasteniev" dni Nauki, 25 (16)：68-73.

Glenn D U, Welker W V, 1991. Controling tree productivity though root system：orchard floor system for the future [J]. Compact fruit tree, 24：45-46.

Grassi G, Millard P, Wendler R, *et al*, 2002. Measurement of xylem sap amino acid concentrations in conjunction with whole tree transpiration estimates spring N remobilization by cherry (*Prunus avium* L.) trees [J]. Plant Cell and Environmrnt, 25 (12): 1 689-1 699.

Hedhly A, Hormaza J I, Herrero M, 2003. The effect of temperature on stigmatic receptivity in sweet cherry (*Prunus avium* L.) [J]. Plant, Cell & Environment, 26 (10): 1 673-1 680.

Jadczuk E, sadowski A, Stepniewskam, 1995. Nutrient status of 'Schattenmorelle' cherry trees in relation to the width of herbicide strips, N fertilisation and root type [J]. Acta-Horticulturae (383): 89-95.

Kaempf A N, Jung M, 1991. The use of carbonized rice hulls as a horticultural substrate [J]. Acta Hort, 29 (294): 271-284.

Koshita Y, Takahara T. Ogata T, *et al*, 1999. Involvement of endogenous plant hormones (IAA, ABA, GA3) in leaves and flower bud formation of stasuma mandarin Citrus unshiu Marc [J]. Scientia horticulturae, 79 (34): 185-194.

Lyuch J M, 1990. Substrate flow in the rhizosphere [J]. Plant and soil, 129 (1): 1-10.

Mancuso S, Paolo Nicese F, Masi E, *et al*, 2004. Comparing fractal analysis, electrical impedance and electrolyte leakage for the assessment of cold tolerance in Callistemon and Grevillea spp [J]. The Journal of Horticultural Science and Biotechnology, 79 (4): 627-632.

Martin R, 1990. Contribution of rhizophere to the maintenance and growth of soil microbial [J]. Soil Biology & Biochemistry, 22 (20): 141-147.

Mashkina, 1983. Study of meiosis in the case of microsporogenesis and haploid mitosis inpollen of sweet cherry and ground cherry in connection with the prediction of results of hybridization [J]. Cytology - and - genetics, 17 (3): 32-36.

Matzner F, 1982. Maurer E. Mineral content of "Scha ttenmorelle" leaves, in relation to increasing nitrogen supply [J]. Garten bauwi ssenschaft, 47 (3): 131-135.

Melakeberhan H, Jones A L, Sobiczewski P, *et al*, 1993. Factors associated with the decline of sweet cherry trees in Michigan: nematodes, bacterial canker, nutrition, soil pH, and winter injury [J]. Plant Disease, 77 (3):

266-271.

Norton J M, 1990. Carbon flow in the rhizosphere of ponderosa pine seedings [J]. Soil Biology & Biochemistry, 22 (4): 149-155.

Pirlak K, Bolat I, 1998. An investigation on the effects of some biostimulant substances on pollen germination and tube growth of apricot and cherry [J]. Bahce, 27 (1-2): 55-62.

Pirlak L, Bolat I, 2001. The effects of temperature on pollen germination and tube growth of apricot and sweet cherry [J]. Ziraat Fakultesi Dergisi Ataturk Universitesi, 32 (3): 249-253.

Ravindra K, 1994. Effect of various levels of nitrogen on leaf nutrient composition of apple (malus pumila mill) cv [J]. Red Delicious Pecent Horticulture (1): 49-51.

Repo T, Zhang G, Ryyppö A, et al, 2000. The electrical impedance spectroscopy of Scots pine (Pinus sylvestrisL.) shoots in relation to cold acclimation [J]. Journal of Experimental Botany. 51 (353): 2 095- 2 107.

Sadowski A, Jadczuk E, 2001. Results of 11-year N-fertiliser trial in a sour cherry orchard [J]. Acta-horticulturae, 564: 279-284.

Sadowski A, Jadczuk E, 1996. Effects of nitrogen fertilisation in a sour cherry orchard [J]. Acta Horticulturae, 448: 475-780.

Schembecker F K, 1989. Influence of N supply on fruit/leaf ratio, chlorophyll content of the leaves and net Photosynthesis rate of Cox Orange rootstock-clone combinations [J]. Mitteilungen Kloster neuburg, Debe und Wein, Obstbau und Früch-tererwertung, 39 (5): 196-201.

Scholz K P, Helm H U, 2000. N-nutrition of apple, part I: principles of N -supply [J]. Ermerbsobstbau, 42 (5): 192-200.

Sikora L J, EnkiriN K, 2000. Eficiency of c o m post—fertilizer blends compared with fertilizer alone [J]. Soil Science, 165 (5): 444-451.

Szwedo J, Maszczyk M, 2000. Effects of straw-mulching of tree rows on some soil characteristics, mineral nutrient uptake and cropping of sour cherry trees [J]. Journal of Fruit and Omamental Plant Research, 8 (3-4): 147-153.

Topp B L, Serman W B, 2000. Breeding strategies for developing temperate fruits for the subtropics, with particular reference to prunus [J]. acta horti-culture (522): 235-240.

Wutscher H K, 1989. Alteration of fruit tree nutrition t hough rootstocks [J]. Hortscience, 24 (4): 578-583.

Ystaas J, 1990. The influence of cherry rootstocks on the content of major nutri-ents of 3 sweet cherry cultivars [J]. Acta Horticulturae, 274: 517-519.

Ystaas J, Froynes O, 1995. The influence of Colt and F 12/1 rootstocks on sweet cherry nutrition as demonstrated by the leaf content of major nutrients [J]. Acta Agriculturae Scandinavica Section B Soil and Plant Science, 45 (4): 292-296.

Zhu S S, Liu P F, Liu X L, *et al*, 2008. Assessing the risk of resistance in Pseudoperonospora cubensis to the fungicide flumorph in vitro [J]. Pest Management Science, 64 (3): 255-261.

彩图1　中国樱桃（小樱桃）

彩图2　中国樱桃（黑珍珠）

彩图3　欧洲甜樱桃（大樱桃）

彩图4　欧洲酸樱桃

彩图5　毛樱桃

彩图6　马哈利甜樱桃

彩图7　欧洲甜樱桃（那翁）

彩图8　欧洲甜樱桃（大紫）

彩图9　欧洲甜樱桃（红灯）

彩图10　欧洲甜樱桃（红蜜）

彩图11　欧洲甜樱桃（红艳）

彩图12　欧洲甜樱桃（芝罘红）

彩图13　欧洲甜樱桃（佐藤锦）

彩图14　欧洲甜樱桃（雷尼）

彩图15　欧洲甜樱桃（宾库）

彩图16　欧洲甜樱桃（拉宾斯）

彩图17　欧洲甜樱桃（斯坦勒）

彩图18　欧洲甜樱桃（先锋）

彩图19　欧洲甜樱桃（意大利早红）

彩图20　欧洲甜樱桃（美早）

彩图21　欧洲甜樱桃（状元红）

彩图22　欧洲甜樱桃（晚红珠）

彩图23　中国樱桃（黑珍珠）

彩图24　中国樱桃（诸暨短柄樱桃）

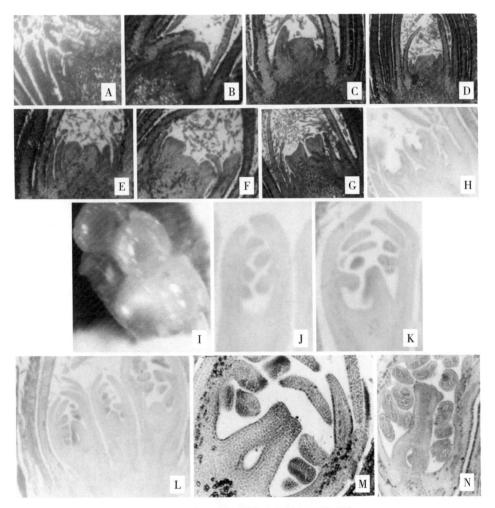

彩图25 草原樱桃花芽分化的解剖学观察

注：A和B为未分化期花纵切面（40×）；C和D为花芽分化初期纵切面（40×）；E和F为花蕾分化期纵切面（40×）；G为萼片分化期纵切面（40×）；H为花瓣分化期纵切面（40×）；I为花瓣分化期剥芽观察（60×）；J为雄蕊分化期纵切面（100×）；K为雌蕊分化期纵切面（100×）；L为雌蕊分化期，多个小花蕾（40×）；M为雌蕊形成，子房出现纵切面（200×）；N为花药的分化及胚珠原基的出现（200×）

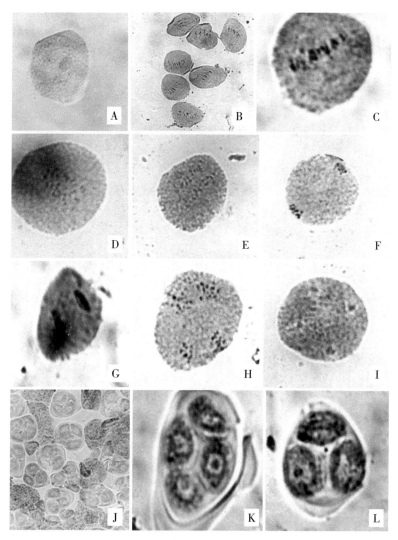

彩图26　草原樱桃花粉母细胞减数分裂的观察

注：A为分裂前期Ⅰ（200×）；B为分裂中期Ⅰ（100×）；C和D为分裂中期Ⅰ（200×）；E为分裂后期Ⅰ（200×）；F分裂末期Ⅰ（200×）；G为分裂中期Ⅱ（200×）；H为分裂后期Ⅱ（200×）；I为分裂末期Ⅱ（200×）；J为四分体时期（100×）；K为四分体时期观察到四个单体（400×）；L为四分体时期观察到3个单体（400×）

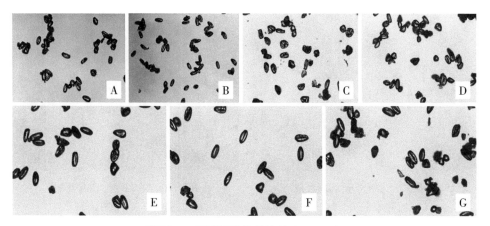

彩图27　不同樱桃花粉比较（100×）

注：A为'希望'；B为'阿斯卡'；C为'新星'；D为'毛樱桃'；E为'中国樱桃'；F为'红灯'；G为'红蜜'

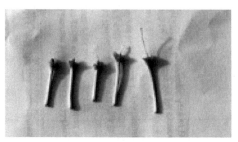

彩图28　草原樱桃雌蕊败育

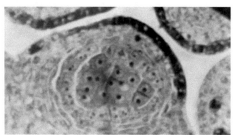

彩图29　花药内的小孢子母细胞排列紧密（200×）

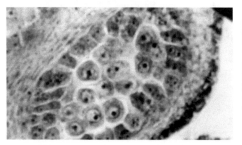

彩图30　花药内的小孢子母细胞排列变松（200×）

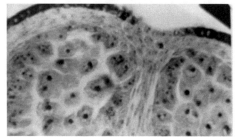

彩图31　小孢子母细胞进行第一次分裂（200×）

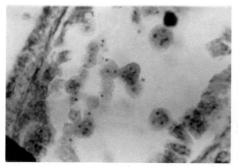

彩图32　小孢子母细胞形成
四分体（200×）

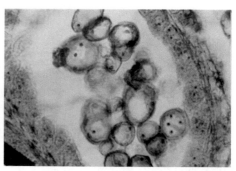

彩图33　四核细胞、二核细胞
同时存在（200×）

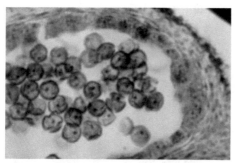

彩图34　四分体结束后的
单核花粉粒（200×）

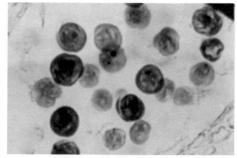

彩图35　二核花粉粒（200×）

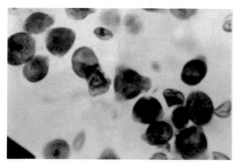

彩图36　成熟花粉粒（200×）

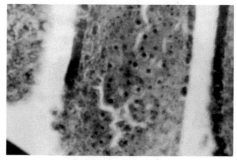

彩图37　低温条件下次生造孢细胞
仍在分裂（200×）

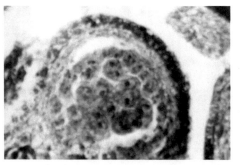

彩图38　低温条件下的小孢子
母细胞（200×）

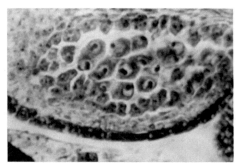

彩图39　第一次减数分裂的
小孢子母细胞（200×）

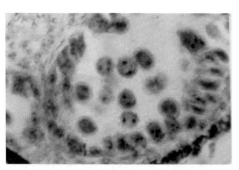

彩图40　小孢子母细胞完成第一次减数分裂
进行第二次分裂（200×）

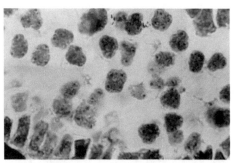

彩图41　低温条件下进入
四分体时期（200×）

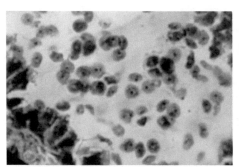

彩图42　刚结束四分体（200×）

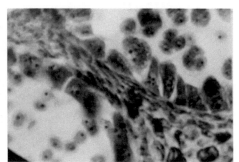

彩图43　同一花药不同药室的细胞
发育不同（200×）

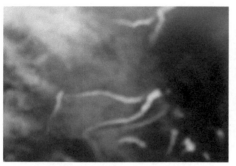

彩图44　授粉后3h花粉萌发
花粉管进入柱头（33×）

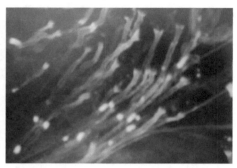

彩图45　授粉后12h花粉萌发状（33×）

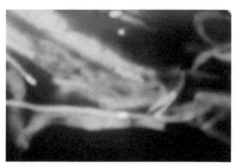

彩图46　授粉后36h到达花柱基部的
花粉管（33×）

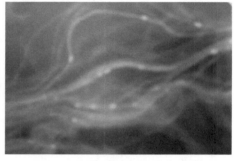

彩图47　授粉后60h花柱中下部的
花粉管（33×）

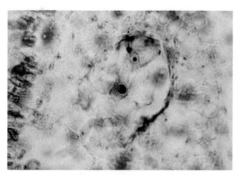

彩图48　授粉后120h精核
接近卵核（200×）

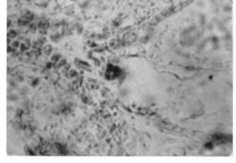

彩图49　授粉后144h看到合子分裂为
4个细胞（100×）

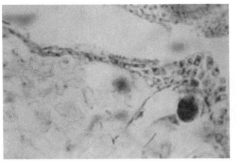

彩图50　授粉后15d，成多细胞球胚（100×）

彩图51　授粉25d后发育成子叶胚

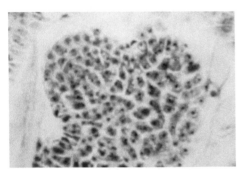

彩图52　造孢细胞（200×）

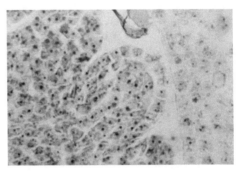

彩图53　大孢子母细胞（200×）

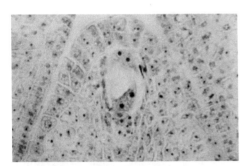

彩图54　四核胚囊（200×）

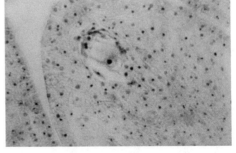

彩图55　七核胚囊（200×）

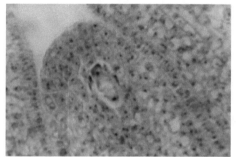

彩图56　二核胚囊（200×）

彩图57　小花原基的萼片原基（20×）

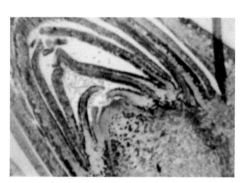

彩图58　刚长出的小花原基（20×）

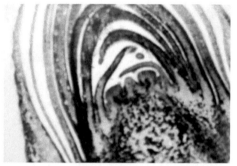

彩图59　未出现萼片原基的小花原基（20×）

彩图60　萼片原基内出现花瓣原基（20×）

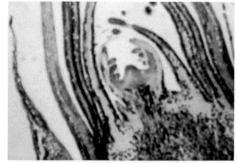

彩图61　雌蕊原基、雄蕊原基
都已出现（20×）

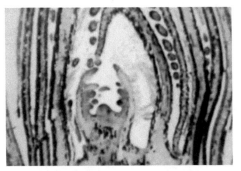

彩图62 雌蕊原基、雄蕊原基
进一步发育（20×）

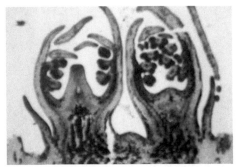

彩图63 花芽分化已基本完成（50×）

彩图64 花芽分化完成（50×）

彩图65 低温下的小花原基和
苞片原基（20×）

彩图66 低温下的小花上的
萼片原基（20×）

彩图67 低温下的萼片原基内刚
长出花瓣原基（20×）

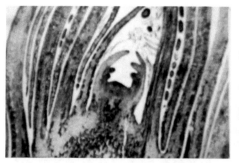

彩图68 低温下的刚分化出雌蕊原基和
雄蕊原基（20×）

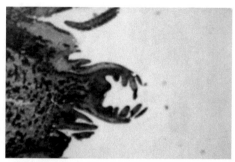

彩图69 低温下的雌蕊原基和雄蕊原基
进一步分化（20×）

彩图70 低温下的雌蕊原基和雄蕊原基
进一步伸长（20×）

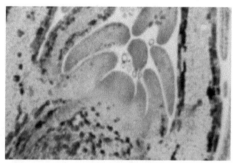

彩图71 同一花序内的花发育不一致（20×）

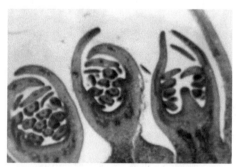

彩图72 花药成蝶形，花基本分化完（20×）

彩图73 露地未开始分化的芽（50×）

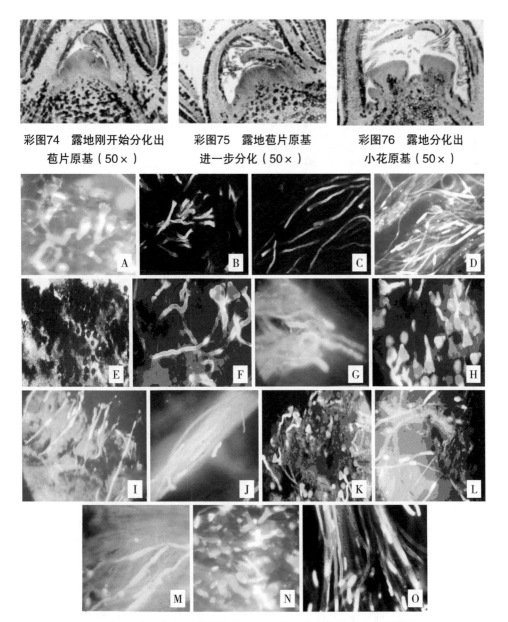

彩图74　露地刚开始分化出
苞片原基（50×）

彩图75　露地苞片原基
进一步分化（50×）

彩图76　露地分化出
小花原基（50×）

彩图77　草原樱桃与其他樱桃间授粉花粉管生长的荧光显微观察

　　注：A～D为阿斯卡×毛樱桃；E～G为新星×红灯；H～J为阿斯卡×中国樱桃；K～M
为阿斯卡自交图；N～O为阿斯卡×希望

彩图78　绿枝扦插30d后萌发的新芽

彩图79　绿枝扦插20d后生根

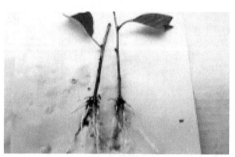

彩图80　绿枝扦插30d后生根

彩图81　半木质化硬枝扦插

彩图82　硬枝扦插生根

彩图83　移栽后的根插苗生长

彩图84　沙床上生长的　　　彩图85　负极性根插生根　　　彩图86　根插苗移栽
　　　　根插苗　　　　　　　　　　　　　　　　　　　　　　　苗钵中生长

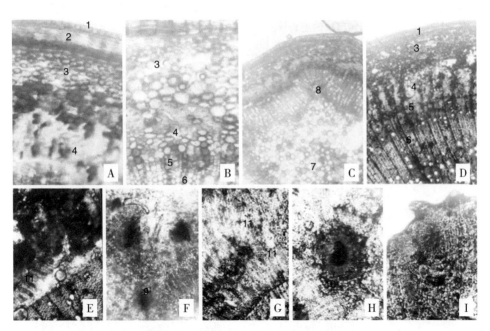

彩图87　草原樱桃枝插生根的解剖观察

注：A和B为嫩枝横切面（100×）；C为嫩枝横切面（40×）；D为硬枝横切面（40×）；E为形成层产生愈伤组织（100×）；F和G为愈伤组织中产生根源基（100×）；H和I为形成不定根；1为表皮；2为周皮；3为皮层；4为韧皮部；5为形成层；6为木质部；7为髓；8为叶迹；9为不定根源基；10为不定根；11为愈伤组织

彩图88　基质成分为炉渣、腐叶土和园土
（2：1：1）时未修剪根的生长状

彩图89　基质成分为炉渣、腐叶土和园土
（2：1：1）时修剪根生长状

彩图90　基质成分为草炭、腐叶土和园土
（2：1：1）时未修剪根生长状

彩图91　基质成分为草炭、腐叶土和园土
（2：1：1）时修剪根生长状

彩图92　基质成分为炭化稻壳、腐叶土和
园土（2：1：1）时未修剪根生长状

彩图93　基质成分为炭化稻壳、腐叶土和
园土（2：1：1）时修剪根生长状

彩图94　基质成分为砂砾、腐叶土和园土
（2∶1∶1）时未修剪根生长状

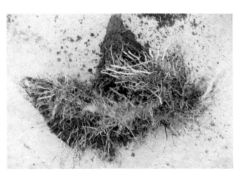

彩图95　基质成分为砂砾、腐叶土和园土
（2∶1∶1）时修剪根生长状

彩图96　基质成分为蛭石、腐叶土和园土
（2∶1∶1）时未修剪根生长状

彩图97　基质成分为蛭石、腐叶土和园土
（2∶1∶1）时修剪根生长状

彩图98　基质成分为炉渣、腐叶土和园土
（4∶1∶1）时未修剪根生长状

彩图99　基质成分为炉渣、腐叶土和园土
（4∶1∶1）时修剪根生长状

彩图100　基质成分为草炭、腐叶土和园土
（4∶1∶1）时未修剪根生长状

彩图101　基质成分为草炭、腐叶土和园土
（4∶1∶1）时修剪根生长状

彩图102　基质成分为蛭石、腐叶土和园土
（4∶1∶1）时未修剪根生长状

彩图103　基质成分为蛭石、腐叶土和园土
（4∶1∶1）时修剪根生长状

彩图104　基质成分为炭化稻壳、腐叶土和
园土（4∶1∶1）时未修剪根生长状

彩图105　基质成分为炭化稻壳、腐叶土和
园土（4∶1∶1）时修剪根生长状

彩图106　基质成分为砂砾、腐叶土和园土
（4:1:1）时未修剪根生长状

彩图107　基质成分为砂砾、腐叶土和园土
（4:1:1）时修剪根生长状

彩图108　基质成分为腐叶土和园土
（1:1）时未修剪根生长状（1）

彩图109　基质成分为腐叶土和园土
（1:1）时修剪根生长状（1）

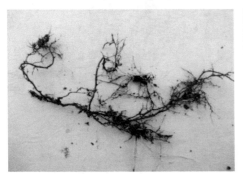

彩图110　基质成分为腐叶土和园土
（1:1）时未修剪根生长状（2）

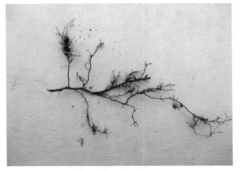

彩图111　基质成分为腐叶土和园土
（1:1）时修剪根生长状（2）

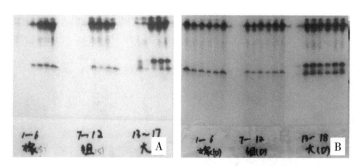

彩图112　3种苗木枝条过氧化物同工酶谱

注：A为不同时期酶谱分析；B为不同低温处理酶谱分析

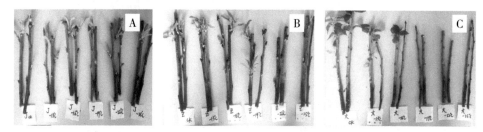

彩图113　低温处理后3种苗木萌芽展叶情况

注：A为嫁接苗萌芽展叶情况；B为组培苗萌芽展叶情况；C为砧木苗萌芽展叶情况

彩图114　地温-9.0℃，气温-12℃处理后植株恢复生长情况

注：A为枝条萌芽展叶情况；B和C为根系发新根情况

彩图115　地温-12℃，气温-15.5℃处理后植株恢复生长情况

注：A枝条萌芽展叶情况；B和C为根系发新根情况

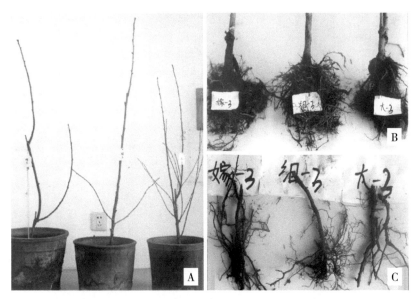

彩图116　地温-17.5℃，气温-22℃处理后植株恢复生长情况

注：A为枝条萌芽展叶情况；B和C为根系发新根情况